高职高专大学生竞赛浅谈

赵菲菲 著

北京理工大学出版社
BEIJING INSTITUTE OF TECHNOLOGY PRESS

内容简介

本书介绍淄博职业学院智能制造专业群所对应的行业企业发展状况，并对智能制造专业群毕业生就业情况进行分析，从而确定了智能制造专业群建设的思路和方向；在专业群建设的过程中为提高培养学生的质量进行了项目导师制培养模式探索，介绍导师制的建设和管理情况；详细介绍了通过项目导师制管理模式组织学生参加全省、全国各种专业竞赛的案例。

本书适合高职高专院校智能制造专业群建设和高职高专院校教师指导学生参加各项专业竞赛的参考用书。

图书在版编目(CIP)数据

高职高专大学生竞赛浅谈／赵菲菲著. --北京：北京理工大学出版社，2019.8

ISBN 978-7-5682-7513-2

Ⅰ.①高…　Ⅱ.①赵…　Ⅲ.①智能制造系统-竞赛-高等职业教育-教学参考资料　Ⅳ.①TH166

中国版本图书馆CIP数据核字(2019)第183355号

责任编辑：多海鹏　　文案编辑：邢　琛
责任校对：周瑞红　　责任印制：施胜娟

出版发行／北京理工大学出版社有限责任公司
社　　址／北京市丰台区四合庄路6号
邮　　编／100070
电　　话／(010) 68914026（教材售后服务热线）
　　　　　(010) 68944437（课件资源服务热线）
网　　址／http：//www.bitpress.com.cn

版 印 次／2019年8月第1版第1次印刷
印　　刷／唐山富达印务有限公司
开　　本／787 mm×1092 mm　1/16
印　　张／13
字　　数／305千字
定　　价／70.00元

图书出现印装质量问题，请拨打售后服务热线，负责调换

前　言

近年来国家和地方教育主管部门举办了一系列职业竞赛，旨在促进职业教育的改革发展，推行工学结合、校企合作、教学工厂的职业教育培养模式。引进产品设计、生产项目、工艺改造、设备改造与维修等企业的真实工作任务作为教学载体，“真题真做”“真活真干”贯穿人才培养过程，将知识与技能有机融入具体学习（工作）项目任务中，实现教学过程与生产过程的深度融合。大赛不仅反映了相关技术的发展方向和企业生产实际水平，而且反映了企业对人才的需求标准。

本书以淄博职业学院为例，介绍了学院及智能制造专业群的建设情况。淄博职业学院多次组织学生参加全省、全国各种专业竞赛，取得了不错的成绩。通过比赛，改善学院实训条件，改革学院管理模式，提高教育教学水平；通过比赛，加强校企合作，改革人才培养模式，提高人才培养质量；通过比赛，提升教师水平，保证教学质量。

本书重点介绍学生参赛的具体工作。通过比赛学生的综合能力有了很大提高，学生在理论知识、动手能力、分析问题、解决问题及创新能力、组织能力、协同能力、应变能力及语言表达能力等方面有了显著的提升，学生更加了解自己的专业，认清了自己的发展方向，内心充满信心和成就感，继续前进在求知路上。作者指导学生比赛近十年，从一开始底气不足，不断充电学习新知识、新技术，到现在有一定经验，各方面均得到了提升。

由于作者水平有限，书中难免有疏漏和不当之处，敬请广大读者批评指正。

作　者

2019年3月

目　录

第一章

智能制造专业群行业企业及毕业生调研

第一节　智能制造专业群行业企业分析

本节通过对智能制造行业产业发展现状、发展趋势及该专业群技术技能人才需求情况进行分析，找出本专业群建设过程中面临的各种问题，并结合专业群现有建设基础明确下一步重点建设方向。

一、行业产业发展现状

（一）国际智能制造产业发展现状

国际智能制造产业发展现状如下：

（1）发达国家智能制造装备产业优势明显。当前，美国、日本等工业发达国家在“智能制造产业”所包含的数控机床、工业机器人、自动化仪器仪表等领域具有几十年的技术积累，优势明显，相关行业占据全世界近70%的市场份额。

（2）智能制造类跨国公司占据垄断地位。智能制造类跨国公司主要集中在美国、德国及日本等工业化发达国家，且产业集中度高。以智能控制系统为例，全球排名前50的企业中74%为美国、德国、日本的企业，其中，排名前5的企业占据44%的市场份额，垄断地位明显。

（3）亚太地区成为市场争夺焦点。从目前智能制造装备的销量数据看，亚太地区尤其是中国已成为智能制造商争夺市场的主战场，这是因为亚太等新兴市场地区工业化进程加快，资本投入和大型基础建设项目大幅增加，对智能制造装备需求量不断增强。以工业机器人为例，全球工业机器人销量前八大地区大多是亚太国家（地区），尤以中国大陆为最大，如图1－1所示。

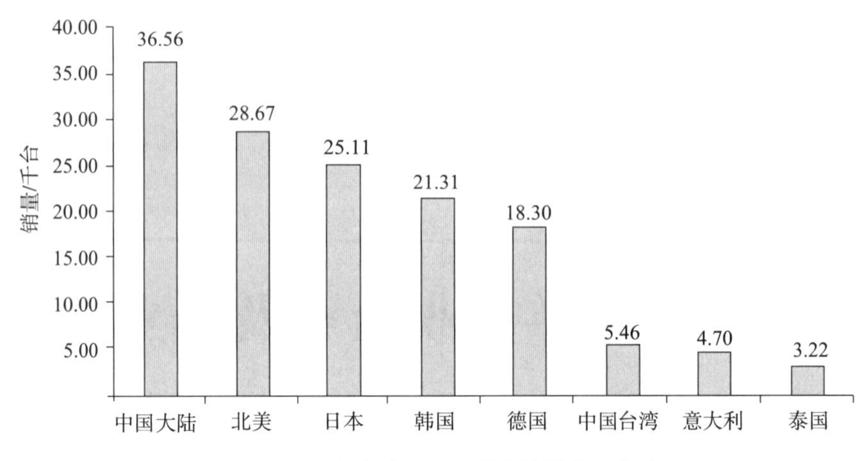

图 1－1　2013 年全球工业机器人销量前八大地区

（二）国内智能制造产业发展现状

1. 国内智能制造产业整体情况分析

随着信息技术与先进制造技术的高速发展，我国智能制造产业的发展深度和广度日益提升，以新型传感器、智能控制系统、工业机器人、自动化成套生产线为代表的智能制造产业体系初步形成，一批具有自主知识产权的重大智能制造装备实现突破。2010—2015 年我国高端智能制造产业领域销售收入从 3 400 亿元迅速增长至 10 000 亿元，年均增速达 25%，总体发展属于“平稳回升”，如图 1－2 所示。其中，智能制造装备、新能源汽车领域呈现快速发展态势，船舶工业逐步好转，高端装备创新发展出现新起色。

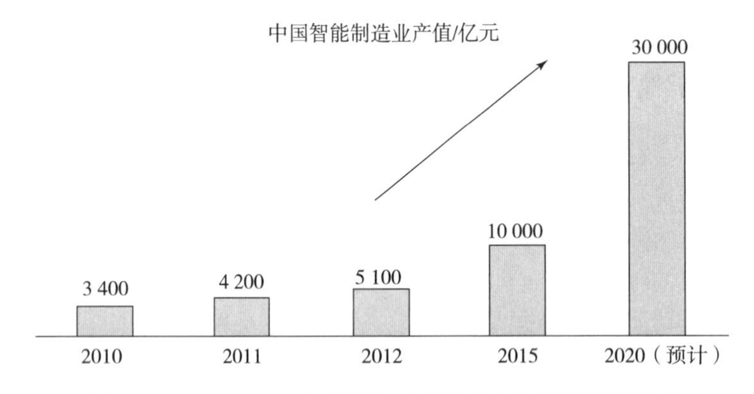

图 1－2　2010—2015 年中国智能制造业产值规模增长情况

2. 山东省智能制造产业局部情况分析

我国智能制造产业体系包括七大产业集聚区，其中环渤海地区和长三角地区是装备制造的核心区。山东省作为环渤海地区的重要制造产业基地之一，2018 年，全省智能装备制造业增加值增长 7.5%，显示了强劲增长势头，比全部规模以上工业高 0.8 个百分点，比上年提高 0.5 个百分点。装备制造业增加值占规模以上工业的比例为 29.4%，达到历史最高水平（山东省统计局）。分行业看，汽车、通用设备、专用设备等行业增加值分别增长 11.7%、8.2%、6.6%；通信设备制造、计算机制造、电子及电工机械专用设备制造等高端装备制造业均保持了 9% 以上的增长速度。

3. 淄博市智能制造产业重点情况分析

装备制造业是淄博市的传统优势产业，具有区域优势。近年来，装备制造业得到了快速发展，已成为全市的支柱产业之一。其主营业务收入占全市规模以上工业的比例为94.16%，淄博市规模以上装备制造业企业800家左右。截至2018年，全市装备工业增加值增长8.2%，占规模以上工业增加值比例达到19.5%。淄博市装备制造业产品主要分布在通用设备制造业、电气机械及器材制造业、专用设备制造业和交通运输设备制造业4个行业。通用设备制造业的主营业务收入约占全市装备制造业总规模的42%，其产品主要包括泵系列、机床、焊接材料、风机产品及包装机械等，其中，泵类产品、焊接材料等是淄博市装备制造业的传统特色产品，已经形成一批骨干企业，在同行业中长期处于领先地位。电气机械及器材制造业的主营业务收入约占全市装备制造产业总规模的21%，其产品主要包括风电装备及配件、智能电网配套设备、电气产品等。专用设备制造业的主营业务收入约占全市装备制造业总规模的16%，其产品主要包括矿山及起重运输机械、石油机械、造纸机械、建材机械、农业机械、医疗器械等主机成套产品，环保设备、化工设备等传统配套产品。交通运输设备制造业的主营业务收入约占全市装备制造业总规模的6%，其产品主要包括汽车整车及相关零部件配套产品、船舶机械及配套产品等。

“十三五”时期，高端装备制造产业重点围绕汽车及零部件产业聚集区和高端装备制造产业聚集区发展。汽车及零部件产业聚集区主要依托淄川区的汽车及零部件产业基地、高新区新能源汽车产业园区、博山区白塔镇板簧制造基地；高端装备制造产业聚集区主要依托高新区先进制造产业功能区、淄博经济开发区高端装备制造产业园。

（三）我国智能制造产业发展的突出问题

作为一个正在培育和成长的新兴产业，我国智能制造产业仍存在突出问题，主要表现在：

（1）核心技术能力欠缺。智能制造整体技术创新能力薄弱，新型传感器、先进控制、电机、减速器等核心技术匮乏。

（2）国际竞争力弱。产业规模小，产业组织结构小、散、弱，缺乏具有国际竞争力的骨干企业。

（3）产业基础薄弱。高档和特种传感器、智能仪器仪表、自动控制系统、高档数控系统、机器人市场份额不到5%。

（4）智能制造产业技能型专项人才短缺。当前，我国在推进信息技术与制造业深度融合的过程中，急需大批高级技术人才，而智能制造产业技能型专项人才短缺的现状，制约了我国制造业的发展。

二、行业产业发展趋势

制造业智能化是全球工业化的大势所趋，目前发达国家发展智能制造的基本思路是立足本国的产业基础与核心技术优势，以解决产业升级中面临的突出问题为导向，着力寻找制造业与新一代互联网技术的结合点。在发展本国智能制造的同时，还积极将本国的智能制造解决方案向其他国家输出，力图在全球制造业智能化大潮中谋求一席之地。其中，具有代表性的是美国和德国智能制造行业的发展：美国——“信息先行、标准支撑”，依托在新一代信息技术和智能软件等基础产业的全球领先优势“反哺”制造业，充分发挥标准对信息有效流动和系统快速响应所具有的重要作用；德国——“工业 4.0”计划，在制造业领域引入“物理 - 信息系统”，形成“智能工厂—智能产品—智能数据”的闭环，驱动生产系统智能化。

面对当前全球智能制造发展趋势，作为一个工业大国、经济强国，我国发展智能制造将会首先立足本国优势与问题，在《中国制造 2025》指导下重点解决四个方面的问题：一是研发出一批智能化产品；二是将信息技术应用于制造业生产经营管理的全过程，使生产和管理过程实现智能化；三是在微观的企业层面，实现信息的充分交流和共享，建立工业互联网或物联网；四是完善多层次多类型人才培养体系。

未来，山东省也将重点开展五大专项行动：“机器换人”技术改造专项行动、智能制造试点示范“1 + N”带动提升专项行动、智能装备赶超专项行动、智能制造公共服务平台创建专项行动、专业人才队伍培育专项行动。淄博市也提出力争 5 年内重点扶持工业 50 强，加快“智能化、信息化”深度融合，选择优势产业开展智能工厂培育试点，实施生产线数字化改造，建设自动化车间和智能工厂，推动 100 家企业开展“机器换人”等。

三、行业企业对智能制造专业群技术技能人才需求分析

我国现有智能制造业产业工人中，高技能人才不到 4%，而世界发达国家的比例达到 30%~40%，所以就全国范围来看，本专业群工作岗位需求较大。聚焦到山东省近几年职场行情发展上，智能制造相关专业也一直是人才需求“大户”，主要表现在人才量和质要求的双重提高。

（一）人才规模需求——量的要求

我国智能制造相关产业技术工人处于严重短缺状态，仅高级技工一项缺口就达 400 余万人。一些职业院校的学生没毕业就被“抢购”一空，汽车制造等很多热门专业的毕业生起薪往往在 5 000 元以上。教育部、人力资源和社会保障部、工业和信息化部于 2016 年 12 月印发的《制造业人才发展规划指南》（教职成〔2016〕9 号）中，对 2015—2025 年制造业十大重点领域人才需求进行了预测，如表 1 - 1 所示。

表 1 - 1　2015—2025 年制造业十大重点领域人才需求预测　　单位：万人

序号	十大重点领域	2015 年	2020 年		2025 年	
		人才总量	人才总量预测	人才缺口预测	人才总量预测	人才缺口预测
1	新一代信息技术产业	1 050	1 800	750	2 000	950
2	高档数控机床和机器人	450	750	300	900	450
3	航空航天装备	49.1	68.9	19.8	96.6	47.5
4	海洋工程装备及高技术船舶	102.2	118.6	16.4	128.8	26.6
5	先进轨道交通装备	32.4	38.4	6	43	10.6
6	节能与新能源汽车	17	85	68	120	103

续表

序号	十大重点领域	2015 年	2020 年		2025 年	
		人才总量	人才总量预测	人才缺口预测	人才总量预测	人才缺口预测
7	电力装备	822	1 233	411	1 731	909
8	农机装备	28. 3	45. 2	16. 9	72. 3	44
9	新材料	600	900	300	1 000	400
10	生物医药及高性能医疗器械	55	80	25	100	45

（二）人才职业素养 + 技术能力需求——质的要求

1. 职业素养能力需求提升

智能制造行业通常需要操作、管理、监测等多部门在信息化技术支持下联合作业，创造性地面对挑战，这就要求行业人才培养中不仅要注重专业技能的培养，还需进一步加强职业素养能力提升。通过调研发现，智能制造相关企业在新员工招聘时，更注重的能力要求中包括学习能力、专业基本技能、人际沟通与协调能力、专业核心技能、创新能力等，如图 1－3 所示。

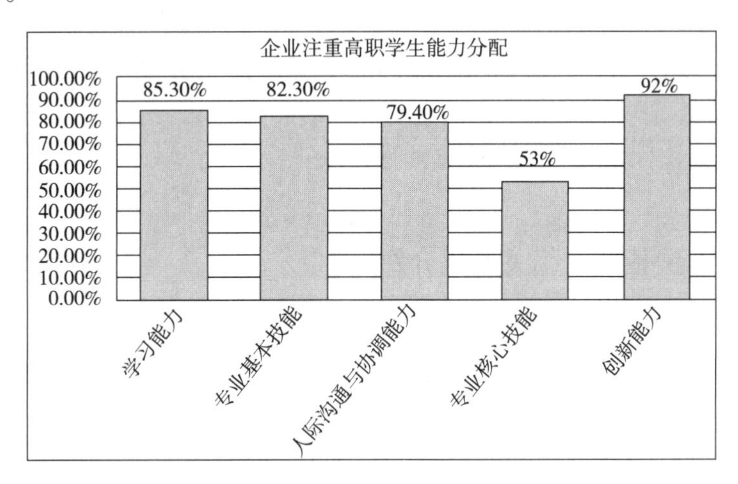

图 1－3　企业人才需求能力分布图

2. 职业实践能力需求提升

目前，制造业人才培养与企业实际需求脱节，企业在制造业人才发展中的主体作用尚未充分发挥，产教融合不够深入，工程教育实践环节薄弱，学校和培训机构基础能力建设滞后等问题造成人才培养中学生职业相关实践技能偏低，与智能制造业需求脱节。因此，需进一步加强专业技能人才实践动手能力的培养。

3. 职业人才培养方向转变

智能制造产业是信息化与工业化深度融合的重要体现，企业“机器换人”后，带来了新的岗位要求或已有岗位偏重点的改变等，如指挥官、机器人开发调试人员等。智能制造专业群内各专业方向体现在：

电气自动化技术——电气自动化技术将朝着智能控制、信息技术相互融合的国际标准的方向发展，人才培养面向智能控制、传感器技术等生产与现代制造服务。

机电一体化技术——机电一体化技术将朝着网络化、微型化、智能化、绿色化和模块化的方向发展，各种技术逐渐相互融合，人才培养面向机械制造技术、传动技术、智能控制和传感器技术等生产与现代制造服务。

汽车检测与维修技术——微型计算机控制的调节装置在汽车上的应用已越来越广泛，汽车计算机化已成为发展方向，人才培养面向汽车智能检测、机械制造技术、传动技术、传感器技术等生产与现代制造服务。

数控技术——数控机床向着智能化、开放性、网络化、信息化的方向发展，人才培养面向柔性制造和精益制造。

通过上述分析，职业人才培养离不开对智能制造行业发展趋势的把握，在国际“再工业化”和国内《中国制造2025》双重驱动下，智能制造专业群应瞄准智能装备技术发展方向，打造具有国际视野、全国一流的师资队伍，建设行业一流的教学条件，通过深化教育教学改革，深化校企合作，推进产教融合，引入国际化职教标准等手段，提升国际水准。智能制造专业群应面向智能装备制造业，培养具有责任意识、创新精神、精益品质和自主学习能力，适应区域经济发展规划的产品技术升级的精益制造、智能设备应用、智能化生产线应用、产品装配维修维护等一线岗位的复合型技术技能人才。

第二节　智能制造专业群毕业生跟踪调查

一、基本情况

（一）专业设置基础及相关课程介绍

智能制造专业群建设了一支“教学、科研、技术服务、生产”四位一体的专兼结合的教学团队，有专任教师71人，其中教授9人、副教授26人，博士5人，兼职教师85人。智能制造专业群在校大专生总数为3 143人，中专生205人，跨专业组成学生社团18个。

智能制造专业群共同课程有电工电子技术、机械识图与制图、计算机辅助设计、机械制造技术、传动技术、控制技术、传感器技术等。

（二）毕业生分专业规模、生源特点、主要服务的行业企业领域

近3年毕业生规模稳定，男女比例为10∶1，有“3+2”专本衔接、普通高等教育专科、五年制专科三个层次，还设有省级、校级现代学徒制班。生源多来自山东省内，少数来自东北、内蒙古、西北地区，主要服务于电气安装设计维修、机械设备制造、汽车维修维护等制造业领域。

（三）主要就业单位特点

毕业生主要就业单位集中在机械、电子、汽车、家电、医疗器械等行业，多为国内知名企业、上市公司、行业领军企业等大中型企业，就业规模大，月收入较高，毕业生岗位稳

定，有较好的发展前途。

（四）毕业生数

智能制造专业群 4 个专业 2013—2015 年连续 3 年毕业生数量基本保持稳定，各专业毕业生规模在 150 ~ 300 人，但 2016 年呈现下滑趋势，如图 1 – 4 所示。

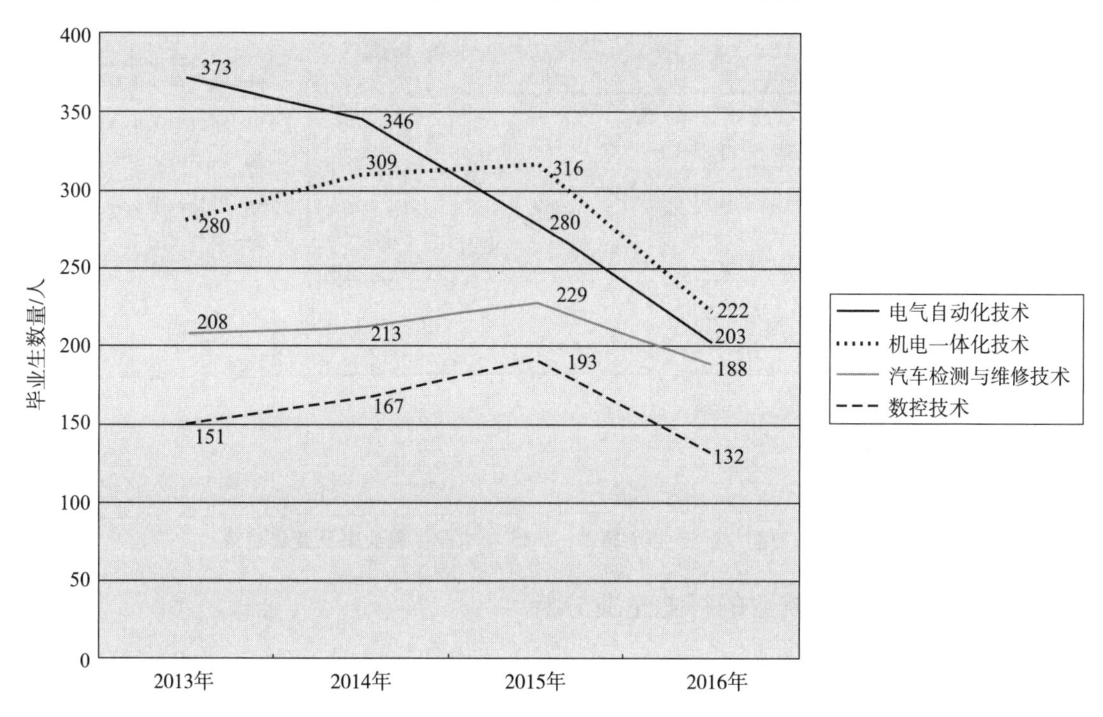

图 1 – 4　智能制造专业群 2013—2016 年毕业生数量及变化趋势

二、连续 3 年毕业生就业情况

（一）概述

智能制造专业群的 4 个专业毕业生 2013—2015 年连续 3 年就业率基本稳定，主要集中在电气安装设计维修、机械设备制造、汽车维修维护等制造领域就业，其中吸纳毕业生就业较多的重点企业有烟台富士康科技集团、山东新华医疗器械股份有限公司、上海通用汽车等。连续 3 届（2013—2015 届）毕业生平均月收入均超过 3 400 元，且远远高于本校平均值。毕业生对就业现状的满意度较高，与学院平均值基本持平，且毕业生工作稳定，具有一定的职位上升空间。据用人单位反馈，毕业生就业竞争力较强，工作态度端正，具有扎实的专业技能，在岗位上上手快，工作效率高，有的成为公司的业务骨干，有的走上行政或技术管理岗位。企业对此十分满意，希望接收更多的毕业生就业。

（二）就业率分析

智能制造专业群 4 个专业 2013—2015 年连续 3 年就业率基本稳定，基本保持在 90% 以上，总体略低于本校平均值，如图 1 – 5 所示。

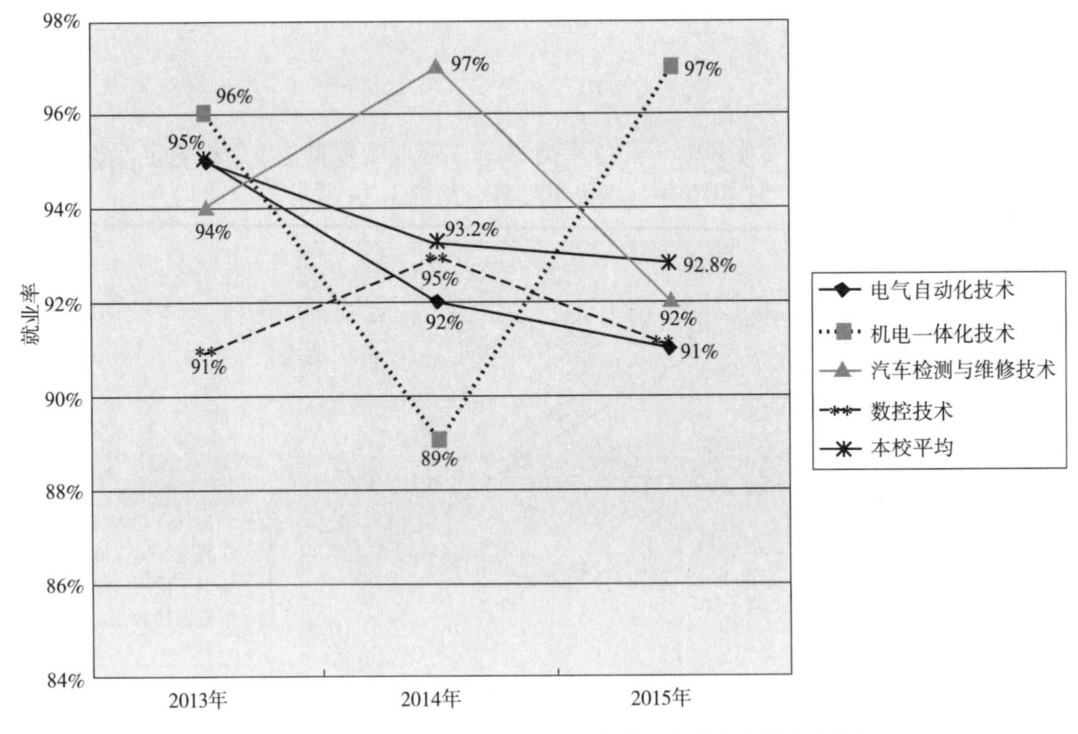

图 1-5 智能制造专业群 2013—2015 年毕业生就业率及变化趋势

（三）毕业生主要就业的行业企业分析

智能制造专业群毕业生地域主要分布在省内地区，一般在电气安装设计维修、机械设备制造、汽车维修维护等制造领域就业。就业的省内装备制造企业发展快速，门类齐全，有一定规模和技术水平，主要经济指标增速高于全国机械装备制造业年均增速。企业技术装备达到国内先进水平，但技术力量薄弱，工程技术人员比例低，专业技术人员占从业人员的10%左右，缺乏高技术人才。

毕业生主要工作岗位有电气设备安装调试、机械设备装配、数控机床操作、机电设备维修、机电设备技术改造、自动化生产线安装与维护、汽车维修与保养等。

（四）月收入变化分析

智能制造专业群 4 个专业毕业生月收入 2013—2015 年连续 3 年逐年递增，且高于本校均值，如图 1-6 所示。

（五）就业单位分析

（1）烟台富士康科技集团：每届都有几十名电气自动化技术、机电一体化技术等专业的毕业生到集团就业，从事电气绘图、生产线维护、机械制图、设备维护保养、自动化软硬件设计、机器视觉在自动化设备上的应用及开发、核心技术培训等工作。

（2）山东新华医疗股份有限公司：每届都有几十名机电一体化技术等专业的毕业生到公司就业，从事产品开发打样、编写 CNC 加工程序、生产现场加工的问题处理及维护、CAD 绘图、数控软件编程等工作。

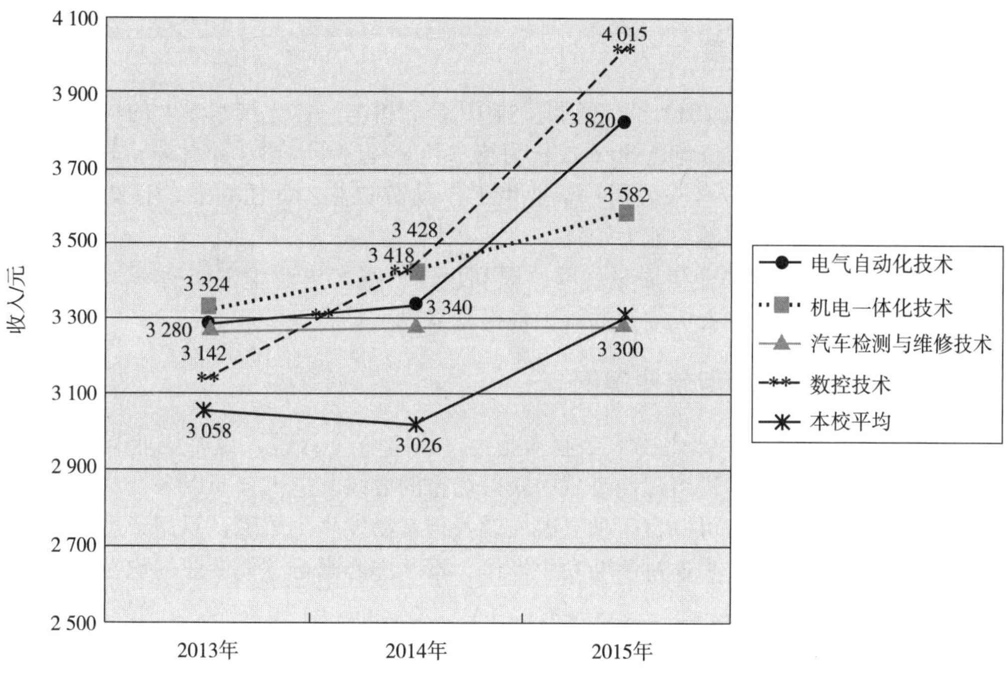

图 1－6　智能制造专业群 2013—2015 年毕业生月收入及变化趋势

（3）上海通用汽车有限公司的汽车维修服务技能校企合作项目（Automotive Service Educational Program，ASEP），与智能制造专业群的相关专业签订校企合作协议，长期吸收有较高服务技能水平的毕业生，从事故障车辆准确维修、车辆损失估损、高端品牌的综合维修等工作。

（六）就业现状满意度

智能制造专业群汽车检测与维修技术、数控技术专业毕业生就业满意度较高，其余 2 个专业毕业生就业现状满意度不够稳定，略低于本校平均值，如图 1－7 所示。

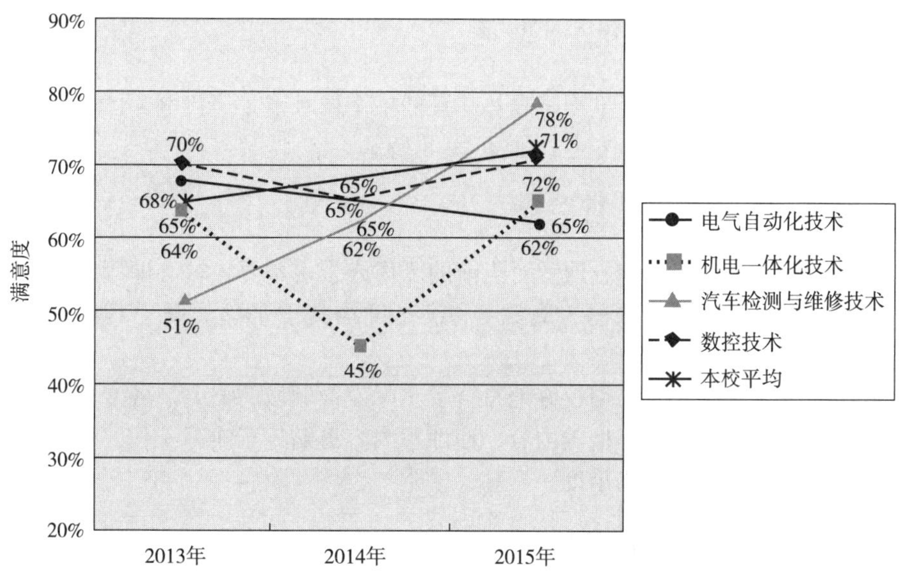

图 1－7　智能制造专业群 2013—2015 年毕业生就业现状满意度及变化趋势

（七）用人单位满意度

（1）齐鲁石化公司：自2014年起每届安排10余名机电一体化技术专业的毕业生进行顶岗实习，实习半年后通过岗位竞聘80%成长为技术和管理骨干，学生整体素质较高。

（2）山东新华医疗股份有限公司：毕业生工作勤奋敬业，责任心强，有良好的写作能力和敬业精神，动手能力和学习能力较强。

（3）通用汽车公司：毕业生质量优秀，顺利顶岗，很多毕业生工作后不久就成为公司业务骨干，在公司考核中多人成绩优秀，工资提升很快。

（八）毕业生个人典型就业案例

邢超泽，2013届机电一体化技术专业毕业生，2012年9月进入魏桥铝业有限公司。工作中认真学习检修内容，在班组理论考试中获得优秀的成绩。进入公司以来，从一开始跟着师傅进行检修仪器，到现在可以自己独立解决设备日常易发生的故障，只用了短短2个月的时间。他自己总结说，工作中通过不断动手操作，不断虚心学习，使专业知识在实践中得到良好的运用，才能有所进步。

三、毕业生对学校教学及综合反馈情况分析

（一）教学满意度分析

毕业生对母校的教学满意度为90%，比全国示范性高职院校均值（86%）高4个百分点。

毕业生认为教学最需要改进的地方是“增加实习和实践环节”，其次是“调动学生学习兴趣”。认为实习和实践环节需要改进的专业毕业生中，有60%的人认为需要加强“课程实验实训”，有57%的人认为需要加强“校内生产性实训”，有57%的人认为需要加强“校外顶岗实习”；认为实习和实践环节需要改进的其他类专业毕业生中，有80%的人认为需要加强“专业技能相关实训”。

（二）专业相关度分析

毕业生的工作与专业相关度呈下降趋势，且低于全校水平。但机电一体化技术专业相关度逐年提升，且高于专业群其他专业，如图1－8所示。

（三）核心课程满意度分析

80%的毕业生认为本校的核心课程对当前的工作或学习重要，核心课程满足度呈上升趋势。汽车检测与维修技术核心课程的重要度和满足度均高于80%，高于其他专业，汽车机械传动系统检修评价最高达到90%。

专业的课程设置及培养效果均较好地符合了实际就业领域的需要。各专业特别是电气自动化技术专业，需合理调整课程培养内容，使课程内容更贴近于实际工作，增强课程的实用性，以提升课程对实际工作的满足度。

（四）毕业生对母校评价分析

毕业生对母校教学表示满意的比例达到92%，高于全国示范校（90%）。

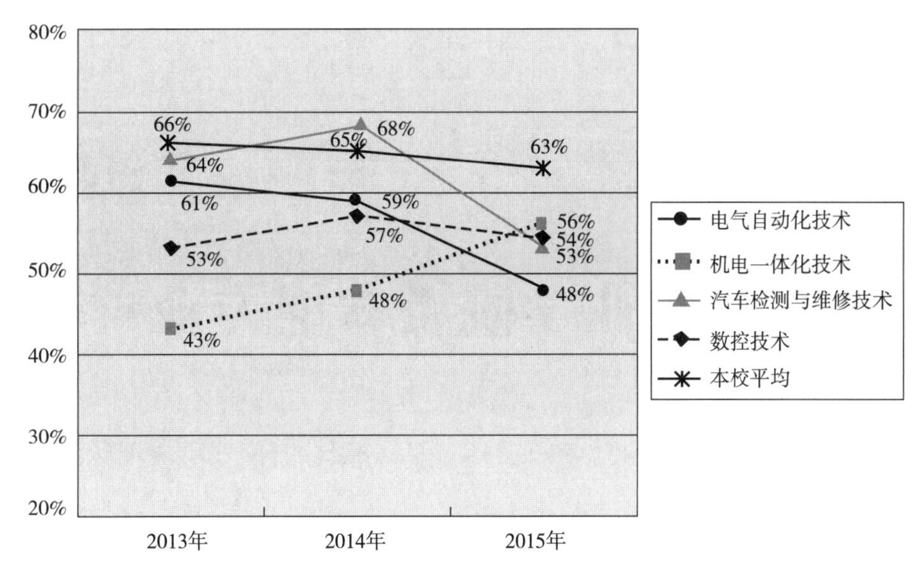

图1-8　智能制造专业群2013—2015年毕业生专业相关度及变化趋势

毕业生认为调动学生兴趣方面需要改进的比例有所下降，与全国示范校持平。教学工作整体开展效果较好，毕业生对于教学培养过程的认可程度较高，对母校的认同感逐步提高。

毕业生对母校的生活服务满意度评价持续稳定，且均保持在91%，与全国示范校（85%）相比优势较为明显。毕业生认为生活服务中最需改进的地方是“提升食堂饭菜质量及服务”，其次是“提升学校医院或医务室服务”。毕业生社团活动总体参与度有所下降，学生工作最需要改进的地方是“增加与辅导员或班主任接触时间”，其次是“加强学生社团活动的组织”。

四、工作改进建议

（1）加强智能制造专业群建设，形成高职院校专业的集群优势，将分散的实验资源整合为专业化的实训基地（或工业中心），降低实训建设成本，实现资源共享；形成师资队伍优势，形成专业教师团队，增强专业办学实力，提高学生培养质量。

（2）加强师资队伍建设。每年到国内高职师资培训基地培训，进行课程建设等学习交流；完善激励机制，专业教师到企业实践锻炼达到6个月以上；支持骨干教师取得高级职业资格证书；鼓励专业教师承担优质专业核心课程建设和教材建设。

（3）建立并完善行业、企业和社会参与的人才培养质量保障体系，实施企业、学校和社会多主体评价体系，完善基于多方参与的学业评价体系，改革学生学习成绩考核模式和考核管理制度，建立组织有序、运行高效的教学管理制度体系。

（4）加强任课教师与学生的沟通和接触，及时解决学生的学习困惑，并了解课程培养中存在的问题，提高课程培养效果，帮助其更好地掌握专业技能知识。同时给学生提供更多专业相关实习的机会，使学生更好地掌握专业相关的工作技能，增强就业竞争力，提高毕业生的就业质量。

注意：本调查报告的数据来源：①麦可思调查分析报告（主要来源）；②山东省高校毕业生就业信息网；③学院毕业生跟踪抽样调查。

第二章

淄博职业学院及智能专业群介绍

第一节 学校基本情况

淄博职业学院组建于2002年7月，以服务山东“蓝黄”两区和省会城市群经济圈为己任，积极对接“中国制造2025”，服务“一带一路”建设，坚持内涵发展，推进产教融合，不断提升对区域经济的贡献度。自2015年以来，在中国科学评价研究中心等联合发布的《中国专科（高职高专）院校竞争力排行榜》上，学院连续两年在全国高职院校中排名第2，办学综合实力居全国前列。学院获得的部分荣誉如下：

（1）国家示范性高等职业院校。全国109所示范校之一，山东省6所之一。2007年入选国家示范校建设单位，2010年以优秀成绩通过验收。

（2）全国高等职业院校内部质量保证体系诊断与改进试点院校。全国27所试点院校之一，山东省3所之一。2016年由教育部确定，并组织了首场全国现场观摩调研，成为全国高职院校诊断与改进工作的示范者和引领者。

（3）全国精神文明建设工作先进单位。

（4）全国职业院校先进单位。

（5）高等职业学校专业骨干教师国家级培训项目单位。自2011年开始承办，共有8个培训项目，累计培训骨干教师200余人。

（6）山东省精神文明单位。

（7）山东省现代学徒制项目试点院校。全省首批20所院校之一，2015年获批，目前已有2个试点专业。同时，启动校内现代学徒制项目试点，共10个专业立项建设。

（8）山东省校企合作一体化办学示范院校。全省25所示范校之一，2016年由省教育厅遴选确定。

（9）淄博职业教育集团理事长单位。淄博市唯一一家综合性职业教育集团。2012年经市政府批准牵头组建，行业协会、科研机构、企业、高职院校、中职学校等120余家单位参加，下设4个工作委员会和16个专业（群）建设分会。

一、办学条件

学院校园规划面积 2 000 余亩，建筑面积 66 万平方米。学院下设 19 个系（院），74 个高职专业，形成了以工为主、商为特色，工、商、医、艺、外语、社会事业等各专业群协调发展的办学格局。目前全日制在校生 26 000 余人。

学院资产总额 17.2 亿元，其中教学仪器设备总值 1.73 亿元。智能校园建设投资 5 000 余万元，校内实训实习场所 13.8 万平方米，校内外实习实训基地 1 000 余个。学院的德国促进贷款购置实验实训设备项目已正式列入国家发展和改革委员会备选项目库。

（1）国家级职业教育实训基地 4 个。

（2）山东省职业教育实训基地 1 个。

（3）德国促进贷款购置实验实训设备项目，资金 2.5 亿元。

（4）淄博市综合性公共实训基地 1 个。

二、师资队伍

学院现有教职工 1 356 人，其中正高级职称 51 人，副高级职称 325 人，博士 47 人，硕士 667 人，专任教师 1 153 人，专任教师中“双师”素质教师占 85% 以上。

（1）国家教学名师、“万人计划”1 人。

（2）教学团队：国家级 2 个、省级 8 个。

（3）全国行业职业教育教学指导委员会专家 8 人。

（4）全国模范教师 1 人、省级教学名师 8 人。

（5）山东省突出贡献中青年专家 3 人。

（6）山东省级青年技能名师 1 人。

三、专业建设

学院建立了专业设置动态调整和预警机制，目前拥有 74 个专业，基本覆盖区域传统支柱产业和新兴产业。同时积极推进中职、高职、本科有效衔接，系统化培养技术技能人才，构建了高职“3 +2”专本贯通分段培养、高职与技师合作培养、五年一贯制等多层次人才培养格局。

（1）国家级重点建设专业 8 个。

（2）国家级精品课程 9 门。

（3）国家级精品资源共享课 9 门。

（4）国家级教学资源建设项目 1 个。

（5）“十二五”职业教育国家规划教材 44 部。

（6）山东省品牌、特色专业 11 个。

（7）山东省精品课程 73 门。

（8）山东省“3 +2”对口贯通分段培养试点专业 4 个。

（9）山东省高职教育与技师教育合作培养试点专业 2 个。

四、教科研工作

学院始终坚持以教学为中心，不断深化教育教学改革，教科研工作取得了突出成绩。先后获得省级及以上教学成果奖 21 项，近 5 年承担厅（市）级及以上应用性科研课题 438 项，414 项教科研成果获国家、省及厅（市）奖励；在国内外各类刊物上发表学术论文 3 480 篇，其中被 SCI/EI/ISTP/ISSHP 等国际检索机构收录 221 篇，北大核心论文 1 145 篇；获各类专利授权 661 项，其中发明专利 33 项。

（1）国家级教学成果奖 3 项。

（2）省级教学成果奖 19 项。

（3）省级教学改革研究项目 30 项。

（4）国家社科基金项目 1 项。

（5）国家星火计划项目 1 项。

（6）教育部人文社科研究项目 2 项。

五、校企合作

学院坚持开门办学，积极促进产教深度融合、校企合作，构建“人才共育、过程共管、成果共享、责任共担”合作机制。目前合作企业 804 家，企业订单培养学生累计 10 124 人，接受学生顶岗实习累计 98 436 人。

（1）教育部校企合作项目：上海通用 ASEP 项目、江泰保险实用型人才培养培训基地项目、工业机器人领域职教合作项目、DMG MS 数控专业领域第二期合作项目。

（2）省级现代学徒制试点项目 2 个。

（3）省级校企合作专业 7 个。

（4）校企合作二级学院：圆通速递学院、华为信息网络技术学院。

（5）淄博市大学生创业孵化示范基地：阿里巴巴大学生就业创业孵化基地。

六、技术技能积累与社会服务

现有 13 个市级及以上的工程技术研究中心，9 个院级协同创新中心，承担行业企业技术开发、咨询服务等横向项目 338 项，到账经费 1 000 余万元。建成 10 余个国家、省市级技能培训基地，面向社会开展各类技术技能培训，年培训 50 000 人日，培训收入 1 500 余万元。

（1）高职院校服务贡献 50 强。

（2）国家示范校和骨干高职院校科研竞争力排名第 17 位，山东省第 1 位（2015 年 6 月，华东师范大学职业教育与成人教育研究所、浙江金融职业学院高职教育研究中心、同方知网（北京）技术有限公司、浙江金融职业学院图书馆联合发布）。

（3）全国职工教育培训优秀示范点。

（4）全国化工行业特有工种职业技能鉴定站。

（5）全国机械行业职业技能鉴定点。

（6）山东省工程技术研究中心 1 个（山东省曲霉应用工程技术研究中心）。

（7）山东省养老服务与管理人员培训基地。

（8）山东省建设机械质量监督检测中心淄博基地。

（9）山东省全科医学培训中心淄博基地。

（10）山东省非物质文化遗产传承人群培训基地。

（11）山东省燃气从业人员职业资格培训基地。

（12）淄博市工程技术研究中心 12 个。

（13）淄博市培训、鉴定基地 8 个。

七、人才培养

学院以“培养学生的就业竞争力和发展潜力”为核心目标，以立德树人为根本，将职业素质养成与职业技能培养融为一体、课内培养与课外培养融为一体，充分发挥 104 个大学生社团的作用，不断提升学生的专业技能和综合素质，近 5 年累计培养高素质技术技能人才 40 000 余名。

（1）山东省大学生优秀科技社团、山东省百佳学生社团 7 个。

（2）山东省思想政治工作先进单位。

（3）山东省五四红旗团委。

（4）近 3 年获得国赛一等奖 6 项、二等奖 9 项、三等奖 8 项。

（5）近 3 年获得省赛一等奖 9 项、二等奖 14 项、三等奖 9 项。

（6）近 10 年获得行业协会技能大赛一等奖 208 项。

（7）山东省学生军训工作先进单位。

（8）毕业生总体就业率 97% 以上。

（9）毕业生对母校的满意度 95% 以上。

（10）用人单位对毕业生的满意度 95% 以上。

（11）建成“淄博市大学生创业孵化示范基地”，成立创业团队 200 余个，培养创新创业学生 3 000 余人，已注册成立创业企业 120 余家。

八、校园文化建设

学院高度重视文化建设，积极推进以齐文化为代表的区域传统文化进校园、进课堂。成立稷下研究院，特聘山东省齐文化研究基地首席专家担任院长，建立齐文化协同创新中心。2016 年召开了“全国管子法治思想与当代社会治理学术研讨会”，开设“齐国人的学习智慧”“齐文化与大学生创业”“齐文化旅游”等选修课，出版了《齐文化论丛》《齐文化茶座》《淄博市中华文化促进会会刊》3 种刊物。大力加强专业文化建设，文化育人成效显著。

（1）国家示范性高职院校影响力排行榜 30 强（中国传媒大学高教传播与舆情监测研究中心、人民日报《民生周刊》杂志社联合发布）。

（2）全国职业院校魅力校园。

（3）全国无偿献血促进奖。

（4）牵头成立山东省文化素质职业教育教学指导委员会。

（5）山东省教育新闻宣传工作先进集体。

（6）山东省青年志愿服务先进集体。

（7）举办了十四届校园文化艺术节。

九、国际化办学

学院紧紧围绕服务“一带一路”建设和企业“走出去”战略，积极引进优质教育资源，先后与美国、法国、俄罗斯、澳大利亚、韩国、哈萨克斯坦、吉尔吉斯斯坦、喀麦隆、墨西哥等13个国家和地区的59所院校建立了实质合作关系；通过中外合作办学等合作培养学生700余人。招收来华留学生170余人，400余名教师分赴美国、德国、澳大利亚等国家和地区学习和交流。来自美国、法国、俄罗斯等国家的专家来学院任教，先后有600余名外籍友好人士到学院交流访问。

（1）中外合作办学专业2个。

（2）与美国教育考试服务中心（ETS）国际有限公司设立鲁中地区“托业桥”（TOEIC Bridge）考点。

（3）与美国ACS学院建立集语言培训和文化交流于一体的语言文化交流中心。

十、内部管理及保障

学院积极进行管理创新，深化干部岗位管理改革。实施三级预算管理，构建了学院、系（院）、专业教育教学部的三级预算管理体系，二级系院享有更多自主权，推进工作重心下移，建立质量控制与绩效考核体系，人事制度改革荣获山东组工创新奖。人事制度改革和学生管理工作在《新华内参》《光明内参》刊登，刘延东同志两次做了重要批示。学生管理“24小时全时段覆盖工作法”，教育部发简报予以推广。

（1）全国节约型公共机构示范单位。

（2）全国高校后勤十年社会化改革先进院校。

（3）全国高等教育学籍学历管理工作先进集体。

（4）全国“五好”基层关工委。

（5）山东省高等学校教学管理先进单位。

（6）山东省依法治校示范校。

（7）山东省档案管理考核特级档案室。

（8）山东省高校校园管理工作示范单位。

（9）山东省高校饮食管理工作示范单位。

（10）山东省食品卫生等级A级单位。

（11）山东省内部审计先进单位。

（12）山东省公安厅“集体二等功”两次。

（13）淄博市“平安校园”。

第二节　智能制造专业群介绍

一、专业群基本情况

智能制造专业群包括电气自动化技术、机电一体化技术、汽车检测与维修技术和数控技术等4个主体专业，辐射学院新能源汽车技术、工业机器人技术、机械制造与自动化、模具设计与制造、物联网技术、工业设计等专业，面向智能装备制造业及制造服务业，培养高端数控机床应用、精益制造、工业机器人技术应用、智能生产线调试与维修、汽车检测与维修等复合型技术技能人才。

本专业群是山东省智能装备制造品牌专业群，是中德诺浩汽车教育项目合作单位、山东省首批现代学徒制试点单位、上汽通用 ASEP 深度校企合作项目单位。拥有 2 个中央财政支持重点建设专业、1 个山东省品牌专业、3 个山东省特色专业、2 个山东省“3 +2”职业教育对口贯通分段培养试点专业、1 个德国赛德尔基金会双元制试点专业。

（1）形成了工学结合人才培养模式。依托校内外实训（实习）基地，工学结合能力梯次递进的人才培养模式改革成效显著，“教学工厂”式产教融合的教学组织模式已见雏形。已连续 4 次在全国高职高专校长联席会议上展示人才培养模式改革典型案例，其中 1 项获得一等奖；人才培养模式改革成果获得国家级教学成果奖二等奖 2 项。

（2）构建了共享的“两平台一模块”课程体系。学院统一搭建了专业群共享的人文素养必修课课程平台，本专业群搭建了行业通用能力必修课平台和适应学生个性化培养的共享专业拓展课平台。基于不同的典型工作过程，分专业搭建了专业课程模块。

（3）建设了高水平教学团队。拥有国家级教学团队 1 个，山东省教学团队 2 个，国家级名师 1 人，山东省教学名师 4 人，山东省有突出贡献中青年专家 2 人。建有国家级教学资源库 1 个，国家精品课程 4 门，国家精品资源共享课程 4 门，省级精品课程 12 门。教师获得国家级教学成果奖二等奖 2 项，省级教学成果奖一等奖 2 项、二等奖 2 项。获得国家级技能大赛一等奖 1 项，二等奖 2 项；省级技能大赛一等奖 6 项，二等奖 9 项。教师发表论文 186 篇，其中 EI 检索 42 篇，核心期刊 42 篇，获得专利授权 64 项。

（4）具备了优良教学条件。国家示范校重点建设专业 2 个，即电气自动化技术和数控技术专业，中央财政持支持建设的国家级实训基地 3 个，即数控技术实训基地、电气自动化技术实训基地和汽车检测与维修实训基地，建成了 4 个技能鉴定站（点）。专业群生均实训设备值 11 000 元。

（5）社会服务能力较强。近 3 年完成横向课题 20 余项，到账经费 180 多万元。为多家企业完成了设备及生产线的设计与改造，如为山东省淄博倍辰陶瓷机械有限公司成功研制的大型数控陶瓷平面磨床，替代了德国设备；成功研制的专用数控陶瓷端面磨床，使该企业生产由原来的手工作业转变为自动化作业。

（6）学生技能大赛成绩突出。学生获得国家级技能大赛一等奖 9 项，二等奖 14 项；省级技能大赛一等奖 27 项，二等奖 43 项。其中，学生参加全国大学生机械创新设计大赛获得二等奖 2 项；参加全国职业院校技能大赛高职组“一汽大众杯”汽车检测与维修赛项获得一等奖 2 项，毕业生参加奥迪双杯竞赛两次获得全国冠军，一次获世界第七名。

二、专业群建设优势

（1）智能制造行业具有良好的发展前景，人才需求迫切。国家陆续出台了《中国制造 2025》《国务院关于深化制造业与互联网融合发展的指导意见》《智能制造发展规划（2016—2020 年）》等战略性规划，山东省出台了《〈中国制造 2025〉山东省行动纲要》，淄博市出台了《关于推动转型升级建设工业强市的若干政策意见》。淄博市是山东省制造业重地，装备制造业为支柱产业之一。2017 年 2 月教育部、人力资源和社会保障部、工业和信息化部联合印发的《制造业人才发展规划指南》指出，到 2020 年，新一代信息技术、电力装备、高档数控机床和机器人、新材料将成为人才缺口较大的几个领域，其中高档数控机床和机器人人才需求总量将达到 900 万人，缺口达 450 万人。

（2）专业群面向智能装备制造行业，具备多种岗位专门人才的培养能力。电气自动化技术专业主要培养电气控制设备、自动化生产线的生产安装调试维护维修类人才；机电一体化技术专业主要培养机电设备操作、检测安装调试维修类人才；数控技术专业主要培养柔性制造和精益制造类人才；汽车检测与维修技术专业主要培养汽车智能检测、新能源汽车装配制造类人才。

（3）专业群具有共享的课程平台。专业群建有成熟的“两平台一模块”课程体系。学院统一搭建了分专业群共享的人文素养必修课课程平台，如“大学英语”“计算机应用技术”“职业发展规划”“就业指导”“创业指导”等；本专业群搭建了行业通用能力必修课课程平台和适应学生个性化培养的共享专业选修课课程平台，如“电工电子”“机械基础”“机械制图与CAD”“金工实习”等，群内专业课程共建共享。

（4）专业群建有共享的校内外实训基地。拥有电工电子技术、数控技术、汽车检测与维修技术3个中央财政扶持的国家级职业教育实训基地，共同开设电工技术、电子技术、点击拆装与控制技术、电气控制技术、PLC技术、机械传动技术、金工实习等实训项目。新华医疗、唐骏欧铃、莱茵科技等20多个校外实习就业基地能够为群内各专业共用共享。

三、建设思路

（一）基本思路

强化体制机制建设，提高专业建设和教师发展的保障能力；深化产教融合、校企合作，丰富工学结合人才培养模式；开展学分制和混合式教学改革，建设优质教学资源；开展教学诊改，建立质量保证体系，提高教学效果；扩大国际交流合作，推进国际化就业，提升教师和学生的国际化视野。

（二）关键问题

（1）产教融合、协同育人平台需要对标国际先进，高标准搭建完善。

（2）教学条件与智能制造技术标准相差甚远，课程体系需要优化，教学资源尤其是企业项目教学资源较少，亟待开发。

（3）缺乏高水平专业带头人，教师发展的培训体系和保障机制需要健全，教学团队结构需要优化，技术服务能力和实践教学水平有待提高。

（4）学生的自主学习、实践技能、创新创业能力不足，就业竞争力和发展潜力需要提升，优秀毕业生和杰出人才较少。

（5）国内外交流与合作不充分，教师和学生的国际化视野需要提升，参与国际学习和就业的学生较少。

（三）重点领域

（1）优化专业群发展的体制机制，深入推进人才培养模式改革。建设现代学徒制特色学院，建立校企合作双主体育人机制，开展本科层次人才培养试点。

（2）优化教学条件，打造“教学工厂”，深化产教融合。健全“教学工厂”运行机制，融入企业项目，改善教学效果，提升社会服务水平。

（3）建设高水平教学团队。提高专业带头人的行业影响力，增强教师实践能力，优化专兼职教师结构。

（4）促进信息化教学改革。整合行业企业资源，建设优质课程数字化教学资源；应用信息化技术，改变教学方式方法，打造教学新形态。

（5）加强国内外交流与合作。对接国际教学标准，培养适应产业经济发展需要的国际化人才。

（6）开展创新创业教育。在课程体系中融入创新创业教育课程，制订大学生科技创新培育计划，依托“众创空间”，引导学生参与创新创业实践。

（7）培养杰出人才。通过工程实践项目训练、技能大赛、专业社团活动等载体，培养杰出技术技能型人才。

第三章

项目导师制培养模式探讨

第一节 “双师型”师资队伍建设探讨

高等职业教育以培养高技能应用型人才为目标，它要求学生具有较强的专业实践能力并能熟练掌握一定的专业技能。这些能力、技能需要教师的培养来形成。这就决定了高职教师应比一般学科型高校的教师更具有实践性。高职教师应该既有较高的理论教学水平，又有规范的专业技能指导能力，并且精通专业理论知识和操作技能的联系及规律。这实际上就是我们所说的“双师型”，职业教育的地位、特点和功能要求职教教师是“双师型”的，这是高职院校师资的一个重要特性。学院为提高教学质量，加强“双师型”师资队伍建设，提出以下几点建设方案。

一、理解“双师型”教师的内涵是“双师型”师资队伍建设的前提

“既有讲师及其以上的教师职称，又有本专业实际工作的中级及其以上职称”，对于这种要求，有研究者认为，“双师型”教师并不是教师和技师或工程师的叠加，而是两者在知识、能力、态度等方面的有机融合，“双师型”教师并不是指既能当教师，又能当工程师或技师。作者认为，“双师型”不等于“双证型”，具有“双师”素质不一定要求拥有“双证”。只要具备“双师”素质就可视为“双师型”教师，即只要既能胜任理论教学，又有相应的专业实践能力，能指导学生实践的教师均应视为“双师型”教师，应主要强调其动手能力。理想的“双师型”教师应具备三种能力，即日常操作能力、科技开发能力和教育教学能力。

二、“双师型”教师的培养是“双师型”师资队伍建设的核心

（一）建立专业教师定期培养和培训制度

当前，高职院校教师大多是从学校到学校，缺乏专业实践经验，专业技能教学能力不足，这一点突出表现在青年教师身上。青年教师刚从学校毕业，具有一定的理论知识，但实

践经验相当匮乏，这使他们的理论教学没有生产实例作为参照，空洞无味，更谈不上进行实践实训教学。应定期培训青年教师，提高其实践操作能力。来自企事业单位的专业教师虽具有丰富的实践教学经验，但存在理论知识需要更新的问题。因此，要采取有效措施，鼓励专业教师到高校进行学历进修。要把专业教师能否从教室走进工厂，由生产岗位走上讲台，率先练就一手好技能，作为任教的基本条件。

学院每年有计划地组织专业课教师到山东东星表业有限公司、山东铝业公司恒成机械厂、淄博先河机电有限责任公司等企业，在数控铣床编程与操作、机械加工、加工中心编程与操作、车削中心操作等岗位进行专业实践。通过企业挂职，边实践、边学习，掌握最新的技术和管理规范，提高实践能力和动手能力，把行业和技术领域中的最新成果不断引入课堂，在教学和实践中培养“双师”素质。省优质校建设期间，学院内培外引，全方位增强教学团队整体实力，引进和培养具有国际视野、具备智能制造技术前沿的引领能力和较强学术影响力的专业带头人，培养业务能力强、“双师”素质过硬的骨干教师，“双师”素质教师占专任教师的比例达到90%以上。省优质校建设期内学院选派骨干教师15人次到德国、日本等智能制造技术强国的合作院校进行学习培训，专任教师45人次参加国际化大企业、境内外职业教育研究机构组织的境外培训、专业研修，专任教师参加不少于20人次的国内师资培训。专任教师中新增博士4人，硕士研究生及具有硕士学位教师的比例达到35%以上，专任教师中具有副高以上职称的比例30%以上；引进境外技术专家4人，特聘教授级高级工程师1人、客座教授6人（其中境外4人），新增12名企业技术专家担任专业群兼职教师，专兼职教师比例达到1∶1。

同时，学院不断鼓励教师进行学历进修，出台教职工进修规定：在职攻读硕士学位学院报销学费的70%，在职攻读博士学位学费在6万元以内的，学院报销全部学费。另外，学院还出台了其他一些政策以促进教师参加各种学习培训，提高自身能力。同时学院各个系部定期举行教师座谈会、示范课、公共课等活动，加强青年教师和经验丰富的老教师、实践能力强的教师之间的交流学习，形成优势互补，互相促进，共同进步，整体提高教师队素质。

（二）校企合作办学

校企合作符合职业技术教育发展的内在规律，与普通教育相比，职业技术教育同社会经济，尤其是同企业的联系更为密切。职业教育的培养目标是面向生产、管理、建设、服务一线的高级技术应用型人才，并要求学生走进企业就能直接进入一线的关键技术岗位。这是职业技术教育的本质特征，这一特征决定了职业技术教育发展需要与企业紧密结合，而合作办学就是紧密结合的有效形式，在校企合作中建设“双师型”师资队伍，具针对性和实效性。合作企业既可作为学生的校外实习基地，又可作为专业教师培养的基地。学院规定每位专业教师在做好本职工作的同时定期到这些合作企业实践，每周必须到车间工作一天。要善于总结，及时反馈，做到理论联系实际，实际又反作用于理论，从而可使教学更生动、有趣，改变专业课枯燥无味、学生学习兴趣不高的状况，从而使专业课做到深入浅出，通俗易懂，取得事半功倍的良好效果。

同时，学院定期给企业进行职工培训，每年都有上千人次，培训期间教师与技术工人进行技术交流、切磋经验，使教师学到许多从课本学不到的实践经验，企业工人专业知识也有很大提高，这是学校和企业的双赢。通过校企合作办学，专业课教师对高职院校该培养什么样的人才有了充分认识，学校与企业合作产生了“订单式”培养学生的模式。学院与山东东星表业有限公司签订了模具设计与制造专业40人订单式培养，学生在校学习两年，到企业学习一年，毕业后直接在该公司参加工作。

三、师资队伍管理机制是“双师型”师资队伍建设的有力保障

（一）增加资金投入，制订激励措施

制订激励措施是促进“双师型”师资队伍建设的重要保障。“双师型”教师是理论知识和实践能力都有较高水平或造诣的教师群体，承担着较一般教师更为繁重的工作任务。因此，学院应结合本身实际制订有关“双师型”教师队伍建设的规定和激励措施，从制度、政策导向上向积极开展“产学研”活动的“双师型”教师倾斜。这些政策措施要看得见、摸得着，对调动广大教师参与“产学”活动起到促进和激励作用。“双师型”教师在评选先进、晋升职称、课时酬金、选拔培养专业带头人、出国进修培训时给予优先考虑。

（二）建立健全实践教学质量评价体系和标准

合理评价教师的实践教学质量，是正确引导教师不断提高“双师型”素质的重要措施。应逐渐打破专业理论课教师和实践教学指导教师的界限，建立健全实践教学质量评价体系和标准，构成一整套对教师实践教学质量进行合理考核和评价的实施方案，鼓励、鞭策教师努力提高实践能力和实践教学能力。

（三）完善教师聘用制，聘请社会知名专家

招聘具有“双师型”素质的专业技术人员和管理人员到学院担任专兼职教师，扩大“双师型”教师比例，有利于促进高职教学改革，加快实践性教学环节，这是建设“双师型”教师队伍非常有效的手段。学院每学期都聘请一些企业中的技术非常熟练的技工、高级技工担任实践指导教师，并且定期聘请了职业教育专家、北京师范大学教授赵志群做“我国职业技术教育教学改革发展趋势”的专题报告，汽车维修专家、学院的客座教授朱军做“现代汽车维修高新技术”的知识讲座，山东大学教授、学院客座教授冯显英做“现代制造技术”的讲座等，开阔了教师、学生的视野，增长了知识。

总之，一个学校有没有活力，关键在教师，“双师型”教师是高职教育对专业教师的一种特殊要求。高职院校要把“双师型”师资队伍建设纳入重要议程，制订切实可行的规划，提出明确的目标和具体要求，采取有效的激励措施，加快“双师型”师资队伍的建设步伐。

第二节 项目导师制培养模式探讨

一、高职院校项目导师制的产生背景

从全国范围来看，高职院校中推行导师制的并不多，与导师制相关的制度也未完全形成，高职院校实施导师制的模式仍在探索之中。因此，如何借鉴研究生和本科教育中导师制的成功经验并将其引入高职院校，实现高职院校人才培养模式的新突破，是人们一直思考和

探索的课题，淄博职业学院项目导师制的运行实践开启了新的育人思路。高职院校“以就业为导向”，面向社会第一线培养高素质、技能型应用人才，立足于培养一线能工巧匠的定位，要求学生有较高的职业素质和较强的动手能力；由于班级制授课教学需要满足绝大多数学生的学习起点水平和学习风格，专业课程的教学容易过分注重理论讲解，弱化专业实践能力。随着社会发展，市场需求趋向多样化，而且在不断变化，传统的班级教学模式所产出的“产品”都是“同一型号”，难以适应社会不同岗位对人才的多样化需求。为解决这个问题，淄博职业学院决定进行学生教育教学模式革新——实行项目导师制，每个班级入学后即配一名专业导师，也可自由选择，导师根据学生知识掌握情况，指导学生参与项目训练，使学生学以致用，充分调动学习兴趣。

二、项目导师制对导师的要求

1. 导师的任职条件

组建导师队伍，号召全体教师、行政人员均担任导师。导师与学生在双向选择的前提下安排，并进行局部调整后接对，保证学院每名学生都有导师。导师要热爱教育事业，恪守职业道德，师德高尚，为人师表，具有敬业精神，关心爱护学生，富有爱心和教育创新理念。导师应具有较高水平的专业知识和学术造诣，具备熟练的实践动手能力，了解本专业的培养目标，熟悉本专业人才培养方案和各教学环节的相互关系及全部培养过程，具有专业学习指导能力。导师应有一定的科研项目，并与企业有较密切的联系。导师一般应具有讲师及以上职称。

2. 导师的工作职责

要保证项目导师制正常运作，经过长期实践，学院总结了导师的工作职责。

（1）导师进行专业介绍，在充分了解所指导学生的学习基础、特长、志趣等因素的基础上，指导学生制订一个职业生涯规划，作为将来职业生涯的依归。指导学生选择适当的教育、训练机会来习得职业的技能；帮助学生根据自己的职业生涯规划设立近期目标和长远目标，制订学习计划，逐级实现规划设计。

（2）根据项目开展情况，导师对学生的指导应采取个别指导与集体辅导相结合的方式。导师每周与所指导学生面谈或辅导至少一次。导师可采用课堂教学、技术讲座、领域知识学习、专题讨论、技术交流、个别辅导等灵活多样的指导形式。

（3）引导每学期选课状况，配合授课教师或论文指导教师指导其课程学习、专题研究等事宜，应有计划地安排所指导学生参加科研工作，对学生的学习和研究方法进行切实有效的指导，引导和鼓励学生发表学术论文，培养学生的创新与实践能力，帮助学生逐步形成独立学习、独立发展的能力，关注学生学习的全过程。

（4）导师应积极鼓励和参与指导学生参加创新计划项目和各类科技、学科竞赛活动，如机械创新设计大赛、机电产品创新设计大赛、3D 创新设计大赛、创业大赛等。

（5）适当辅导学生课外活动、星期天和节假日活动。可运用课余时间举行师生座谈、联谊或其他团体活动，以增进师生情谊。经常与学生家长沟通了解学生的家庭情况，对贫困学生积极争取多方帮助。

（6）在指导学生严谨治学的同时，通过言传身教，积极地引导学生诚信为人，形成健全的人格和良好的人际关系。

（7）因出国、进修、科研等原因导致 1 个月以上不能履行导师职责的，应申请配备临时导师，或予以调配。

三、项目导师制的运行管理规定

（1）每学期第 6 周前，导师应向各院系部提交训练项目申请表。申请表内容主要包括项目名称、项目的主要内容、完成项目所需的相关知识及时间、需要学生名册、导师联系方式等。

（2）学生无论是自拟项目自找导师，还是直接选择导师提供的项目，都需要向导师提交一份《项目计划书》。计划书要详细说明自己现有的研究或素质能力、选择此项目的理由、初步的研究计划等。为推动学生训练项目的顺利进行，导师应为学生各项训练项目的实施提供相关的实验条件，并定期督促和指导学生按照计划书完成研究任务。

（3）训练项目来源。训练项目可以由导师提供，也可以是学生自拟项目。训练项目可以是实际科研项目的一部分，也可以是文献综述、调研报告、调查报告、技能训练、各种大赛参赛项目、第二课堂活动项目和各种文体训练项目等其他形式。

（4）训练项目结束时学生必须撰写研究项目报告或项目训练总结，导师提交所指导学生的项目成绩、品行修养成绩。每学年结束后，系部将报告收集并整理成册以供学生间学习交流和技术传承。导师本人应建立导师工作记录，详细记录指导学生的过程。

四、项目导师制的考核和奖励

导师的工作志作为总结、考核导师工作的依据。导师工作情况考核每学年进行一次，导师指导项目完成学期培养计划且考核称职的，工作量按学院绩效考核办法予以奖励。学生服从导师指导并完成项目培养计划且考核达标的，根据成绩按学院学生量化考核办法予以加分。导师指导学生参加各级各类科技竞赛，可根据学校和学院相关条例奖励或折算科研和工作量业绩分值。学院各专业的教学、科研实验室优先对优培生开放，并在使用学院机房、参加学院举办的各种技能培训班方面给予优惠。“特优学员”在工作单位等方面将被优先推荐。

五、高职院校推行项目导师制的作用

1. 项目导师制所关注的不仅是学习上的问题，更多的是个人问题

在学习过程中学生还有可能面对人际方面的困惑，或者对校园氛围和班级文化的理解产生偏差等问题。这些个人问题无法通过常规教学的人才发展方式来解决。“导师制”无疑是最合适的。

2. 项目导师制鼓励长期的“一对一”的支持性关系

项目导师制采用“一对一”的指导方式，特别适合解决学生职业生涯发展进程中产生的各种个性化的问题。绝大多数人才培养方案是针对群体的，只适合解决普适性的问题。尽管高职院校学生理论知识基础较差，但他们也有自己的优势和突出个性，在某些方面他们的禀赋甚至超过本科生。因此，高职院校教育工作者要善于发现学生身上的闪光点，进一步激发学生的自信心。

3. 导师言传身教的榜样作用

导师的榜样作用、言传身教的力量是独一无二的。高职院校教师基本上属于“双师型”

教师，他们不仅有扎实的专业理论功底，还具备较高的职业岗位技能，有较丰富的职业经验，由这些“双师型”教师担任导师能把理论知识和职业技巧较好地结合起来，增强了指导的针对性和实效性，使学生的职业岗位技能得到快速提升。另外，担任导师能更好地培养教师爱业、乐业、敬业的精神。

4. 隐性知识的传承

大多数学习方式传播的是显性知识，即能被总结进教科书的知识。而在实施项目导师制的过程中，学生从导师身上学到的往往是很难提炼的隐性知识，如为人处世的方式、想问题的思路、动态解决问题的能力、艺术化的领导技巧等，这些隐性知识对人才发展的促进作用更为显著。

项目导师制教学模式以学生为主体、以项目为节点、以导师为核心，与传统的教学方法相比，项目导师制教学法能更大程度地激发学生的学习兴趣和求知欲望，充分调动学生的学习积极性和主动性，从而培养学生自主学习、分析问题、解决问题的能力和协作、创新、探索的团队精神。学生在导师的指导下进行项目开发、专项训练和相关知识的学习，在校期间的职业岗位技能得到锻炼，职业技能和综合素养明显增强，对口就业率明显提高。

第四章

大学生竞赛案例介绍

第一节　山东省大学生机电产品创新设计竞赛案例简介

一、竞赛章程

（一）总则

（1）山东省大学生机电产品创新设计竞赛（Shandong Undergraduate Mechanical and Electronic Product Innovational Design Contest，以下简称“竞赛”）是经山东省教育厅主办、山东高校机械工程教学协作组承办的面向驻鲁高校大学生的群众性科技创新活动。举办竞赛的目的在于激励广大师生勇于实践、大胆创新、互相交流、团结协作、共同提高；通过创新实践拓展知识，推动大学生的创新科技活动，加强作为创新主体的大学生能力与素质的培养，活跃校园的科技活动氛围，为优秀人才脱颖而出创造条件；加强校企联系，促进山东省“制造业强省”和“创新型强省”的建设步伐。

竞赛同时配合教育部高教司“全国大学生机械创新设计大赛”的工作，从符合“全国大学生机械创新设计大赛”竞赛主题的作品中选出优秀作品代表山东省参赛。

（2）竞赛宗旨是“实践、创新、交流、协作、提高”。

（二）竞赛主题

（1）“全国大学生机械创新设计大赛”主题。

（2）竞赛组委会组织的统一命题。

（3）结合各校实践教学环节的机构、机电产品、车辆、农业机械、物流机具、建材与建设机械、工程机械、化工机械、生产线及其控制系统等的创新设计作品。

（三）参赛形式

1. 参赛条件

山东省境内高校在校本、专科（高职）大学生个人或团队，通过学校推荐报名参加。

2. 参赛方式

（1）参赛题目与内容应符合“竞赛主题”的要求。

（2）参赛者应提交作品的实物样机、模型或三维设计图形和仿真结果或软件及作品计算说明书。

（3）拟参加“全国大学生机械设计创新设计大赛”的作品要符合相应要求。

（四）组织形式

（1）竞赛组织委员会由山东高校机械工程教学协作组成员组成，竞赛工作由组委会主持，负责每年的组织、报名、评比，印制奖励证书、举办颁奖仪式等事宜。

（2）竞赛分为预赛和决赛两个阶段进行。原则上一个学校为一个分赛区组织预赛工作，每个分赛区建立组织委员会，负责本赛区的宣传发动及报名、监督竞赛纪律和组织评审等工作，推选出参加全省决赛的代表作品。决赛阶段全省集中进行，把各分赛场选拔的作品汇总，组织展览、专家评审、颁奖。

（3）竞赛原则上每年举办一次，获奖作品在各地、学校巡回展出。

（4）有“全国大学生机械设计创新设计大赛”的年度，由山东省机械原理教学研究会、山东省机械设计教学研究会协助组织竞赛。

（五）奖励

（1）由竞赛组委会聘请专家组组成评审委员会。评审委员会根据参赛作品的选题、设计、结构、工艺及创新性、科学性、经济性、实用性等方面进行评审，确定各奖项的归属。

（2）参赛作品分为本科组和专科（高职）组分别进行评审。各组作品均设立一等奖、二等奖和三等奖等若干奖项。

（3）设立优秀指导教师奖，对指导成绩显著的教师进行奖励。

（4）设立优秀组织奖，对组织工作突出的分赛区进行奖励。

（5）与机械工业出版社合作，设立“机工教育奖学金”一项，从获得一等奖的作品中评出优胜作品，奖励师生人民币一万元。

（六）经费来源

（1）参赛作品的报名费。

（2）竞赛的冠名费用。

（3）参与竞赛的企事业单位的宣传费。

（4）企事业单位和社会各界的资助。

二、案例一　救生缓降器

救生缓降器获得2010年山东省大学生机电产品创新设计竞赛二等奖。

（一）2010年山东省大学生机电产品创新设计竞赛作品报名表

2010年山东省大学生机电产品创新设计竞赛作品报名表如表4-1所示。

表 4－1　2010 年山东省大学生机电产品创新设计竞赛作品报名表

<table>
<tr><td colspan="4">参赛作品名称</td><td colspan="9">救生缓降器</td></tr>
<tr><td colspan="4">作品参赛类别</td><td colspan="9">本科组□　/专科（高职）☑　/工业设计作品□</td></tr>
<tr><td colspan="4">作品主题类别</td><td colspan="9">节能减排□、汽车机具□、救援破障□、逃生避难☑、其他□、五征主题□</td></tr>
<tr><td colspan="4">所在学校</td><td colspan="5">淄博职业学院</td><td colspan="2">邮政编码</td><td colspan="2">255314</td></tr>
<tr><td colspan="4">联系人</td><td colspan="2">赵菲菲</td><td colspan="2">联系人通信地址</td><td colspan="5">淄博职业学院</td></tr>
<tr><td colspan="2">电话</td><td colspan="3">略</td><td>手机</td><td colspan="3">略</td><td>Email</td><td colspan="3">略</td></tr>
<tr><td rowspan="6">参赛者</td><td colspan="2"></td><td colspan="2">姓名</td><td>性别</td><td>班级</td><td colspan="5">所学专业</td><td>签名</td></tr>
<tr><td colspan="2">1</td><td colspan="2">孙延鑫</td><td>男</td><td>P08 数控</td><td colspan="5">数控技术</td><td></td></tr>
<tr><td colspan="2">2</td><td colspan="2">毛庆龙</td><td>男</td><td>P08 数控</td><td colspan="5">数控技术</td><td></td></tr>
<tr><td colspan="2">3</td><td colspan="2">季飞</td><td>男</td><td>P08 数控</td><td colspan="5">数控技术</td><td></td></tr>
<tr><td colspan="2">4</td><td colspan="2">王进才</td><td>男</td><td>P08 数控</td><td colspan="5">数控技术</td><td></td></tr>
<tr><td colspan="2">5</td><td colspan="2">孟昭飞</td><td>男</td><td>P08 机制三班</td><td colspan="5">机械制造与自动化</td><td></td></tr>
<tr><td rowspan="3">指导教师</td><td colspan="2"></td><td colspan="2">姓名</td><td>性别</td><td>职称</td><td colspan="5">专业</td><td>签名</td></tr>
<tr><td colspan="2">1</td><td colspan="2">李世伟</td><td>男</td><td>副教授</td><td colspan="5">机械制造与自动化</td><td></td></tr>
<tr><td colspan="2">2</td><td colspan="2">赵菲菲</td><td>女</td><td>助教</td><td colspan="5">机械制造与自动化</td><td></td></tr>
<tr><td colspan="3">作品内容简介（400字以内）</td><td colspan="10">本产品是一救生装置，名为救生缓降器。缓降器由挂钩、吊带、绳索及速度控制装置等组成，是一种往复式高楼避难自救逃生器械。工作时，通过缓降绳索带动主机内的行星轮减速机构运转与摩擦轮毂内的摩擦块产生摩擦作用，保证使用者依靠自重始终保持一定速度平衡、安全缓降至地面，无须其他辅助动力。滑降绳索采用钢丝绳内芯，具有抗拉强度高、安全性能好、柔软舒适等特点。本产品具有连续往复使用功能，可在短时间内抢救多人及财产。产品安装使用简单方便，使用时将挂钩板连接在室内固定物或阳台栏杆上，把救生器悬于楼外，将绳盘抛至楼下，套好安全吊带即可下滑。当第一个人着地后，绳索另一端的安全吊带已升至救生器悬挂处（注意，一定要等第一个人着地后，第二个人才可操作），第二个人即可套上安全吊带下滑。依此往复，连续使用。缓降器的挂钩板可挂在各种不同的固定物上，它是按不同的安装形式和要求进行设计制造的，以便于救生器获得最佳安装位置，方便受困人员安全使用。这种缓降器具有安全可靠、滑降匀速平稳、使用简单方便等特点。使用者不需要专门训练，通过仔细阅读本说明书后即可掌握使用方法。遇到紧急情况时，男女老少都可使用该救生缓降器顺利逃生</td></tr>
<tr><td colspan="3">主要创新点（200字以内）</td><td colspan="10">（1）采用行星轮传动机构，结构简单紧凑、体积小、质量小、承载能力高。传动平稳、抗冲击力和振动的能力较强、工作较可靠。
（2）绳索使用纯裸钢丝绳，强度高、耐磨、高度不受限制，适合于消防救援。
（3）能自动调速，确保下降为匀速，无加速度，并保证落地时无冲击感；设计保证无空程，可反复使用。
（4）制造简单、成本低、用途广泛、操作和控制简便，使用者不需要专门训练皆可使用该救生缓降器顺利逃生</td></tr>
<tr><td colspan="3">推广应用价值（200字以内）</td><td colspan="10">（1）广泛应用于宾馆、公寓、医院及家庭等高层建筑内，险情发生时可高楼救人。既是建筑的逃生装备，又是抢险救援、消防装备的优良工具，改变了以往只能依靠消防救援的被动局面。
（2）适用于高空架线、缆车作业、地质采矿、海上钻井、高炉净化设备、无线电发射台等高层建筑的内外工程处理</td></tr>
</table>

续表

制作费用	1 000 元
学校推荐意见	负责人＿＿＿＿＿＿＿＿＿（签名或盖章）（公章） 年　月　日
决赛评审结果及推荐意见	山东省大学生机电创新设计竞赛组委会主任＿＿＿＿＿＿＿＿＿（签名或盖章） 年　月　日

（二）山东省大学生机电产品创新设计大赛作品简介

作品名称：救生缓降器。

主题类别：逃生避难。

设计者：孙延鑫、孟昭飞、毛庆龙、季飞、王进才。

参赛学校：淄博职业学院。

指导教师：赵菲菲、李世伟。

作品简介：

1. 应用领域和技术原理、用途

应用领域及用途：本救生装置广泛应用于宾馆、公寓、医院及家庭等高层建筑内，险情发生时可高楼救人。既是建筑的逃生装备，又是抢险救援、消防装备的优良工具。另外，本救生装置还可用于高空架线、缆车作业、地质采矿、海上钻井、高炉净化设备、无线电发射台等高层建筑的内外工程处理。

技术原理：人的重力带动绳轮转动，绳轮上有行星架，带动行星轮转动，行星轮沿内齿圈旋转，带动太阳轮旋转。由于太阳轮和转盘是一体的，转盘和太阳轮一起旋转，因离心力的作用使转盘上的摩擦块与内齿圈接触并产生摩擦。摩擦力会导致太阳轮转速降低，太阳轮反过来控制行星轮的转速，从而使绳轮转速降低，当绳轮上的转矩平衡时，人开始匀速下降。

2. 技术性能指标

救生缓降器使用最高高度为 20m（缓降高度由缓降绳索长度确定），使用负荷质量 <100kg，每次限载人数为 1 人，安全带强度 >6 380N，安全钩强度 >10 000N。缓降速度：当负荷 35kg 时缓降速度约为 0.82m/s；当负荷为 65kg 时，缓降速度约为 1.12m/s；当负荷为 100kg 时，缓降速度约为 1.39m/s。

3. 作品的创造性、先进性、可行性、实用性

创造性及先进性：运用 NGW 行星轮传动机构，传动平稳、抗冲击力和振动的能力较强、工作较可靠；创造性地利用摩擦块因为离心力的作用与内齿圈接触并摩擦降低转速从而到达平衡，使人能匀速下降，落地时无冲击感。绳索使用纯裸钢丝绳，强度高、耐磨、高度不受限制，适合于消防救援。利用导向轮固定钢丝绳，增大了钢丝绳与绳轮之间的包角，防止打滑。

可行性：结构简单、紧凑、体积小、质量小、承载能力高、成本低、加工制作简单。

实用性：用途广泛，险情发生时可高楼救人，平时可高空作业，操作和控制简便，使用者无须专门训练即可操作。可反复使用，一台救生缓降器可连续多次救人、运物，满足消防救援时分秒必争的需要。

4. 作用意义

使用者不需要专门训练，发生灾难时男女老少均可使用，可实现上下往复连续使用功能，可在短时间内抢救多人及财产。

5. 推广应用前景、效益分析与市场预测

本产品制造简单、成本低、用途广泛、操作和控制简便，使用者无须专门训练即可使用该救生缓降器顺利逃生，可广泛应用于宾馆、公寓、医院及家庭等高层建筑内，险情发生时可高楼救人。既是建筑的逃生装备，又是抢险救援、消防装备的优良工具，改变了以往只能依靠消防救援的被动局面。

6. 产品实物

救生缓降器产品如图 4－1 所示。

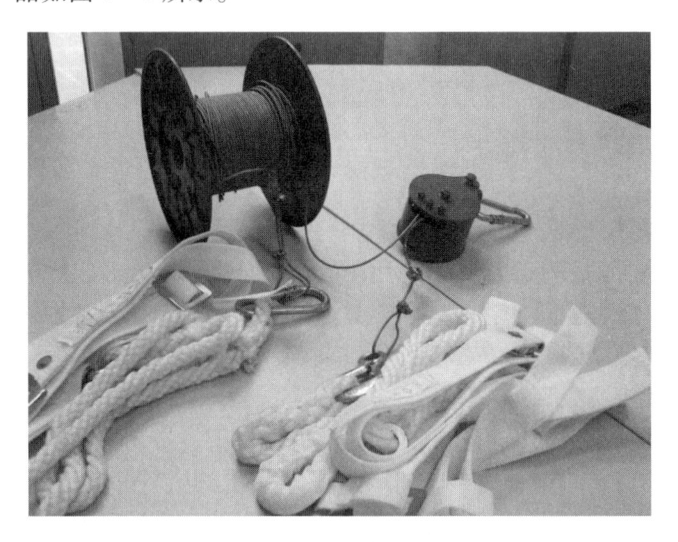

图 4－1　救生缓降器产品

（三）救生缓降器产品设计说明书

产品设计完整说明书如下：

救生缓降器产品设计说明书

摘　要： 对缓降器整体结构进行了改进设计，确定了缓降器的技术参数。为了缩短产品的研发周期、降低生产成本，本文利用 UG 的二次开发功能，基于 Visual C ++ 语言建立了缓降器的计算机辅助设计系统，包括缓降器的参数化建模和优化设计模块。事实证明，此系统对于缓降器的研发工作具有很大的实用价值。利用此系统对改进的缓降器结构进行了体积最优化，在满足强度的条件下，减小了体积，降低了生产成本，同时根据优化结果完成缓降器的参数化建模工作，并基于在UG中建立的虚拟样机，利用UG/Motion、UG/Structure模块分析了缓降器的动力特性，并对缓降器主要受力部件进行了有限元分析。通过实验分析，验证了研究、仿真分析结果的正确性，改进了五型救生缓降器的不足之处，最终研究设计出更加优秀的产品——六型救生缓降器。本文研究的成果对以后缓降器的设计研发工作将具有重大的指导意义。

关键词：缓降器、算机辅助设计、参数化、优化设计、仿真分析

1　绪论

1.1　课题研究的目的和意义

救生缓降器是一种应急救援装备，主要应用在以下几个领域：

(1) 广泛应用于宾馆、公寓、医院及住宅等高层建筑内。险情发生时可高楼救人，平常可高空作业，彻底改变了以往只能依靠消防救援的被动局面。

(2) 在施工场地，发生意外时，能把受困人员从被困区吊至上方的安全区，或将需要检查和检修的设备从低处吊到高处，对设备进行检修后再从高处下放到低处。

(3) 适用于高空架线、缆车作业、地质采矿、海上钻井、高炉净化设备、无线电发射台站等高层建筑的内外工程处理。缓降器是近几年才开始发展生产的新产品。由于发展时间比较短，对缓降器的研发还没有一套完整的设计系统。实际工况中，缓降器已经出现很多不足之处，如使用寿命短、人落地时的冲击太大、结构复杂、加工困难、体积大、操作不便、未经过专门训练的人员难以正确使用、大多数缓降器需要逃生人员两手进行操作、不宜处理意外事件、价格昂贵等。

目前，缓降器的设计与开发虽然采用的不是完全基于传统机械设计基础的二维平面设计，但基本上是通过经验和反复试验来确定设计方案可行性的，因此设计中依然存在许多问题，如不能在产品的开发设计阶段就对其生命周期全过程中的各种因素考虑周全，致使在产品设计甚至制造出来后才发现各式各样的缺陷，使得产品开发周期长、性能低。

为了解决缓降器在设计与实际应用中存在的问题，本文基于UG的二次开发功能建立了计算机辅助设计系统，完成了缓降器的参数化建模与优化设计；利用虚拟样机代替物理样机，实时验证设计的可行性；基于在UG中建立的虚拟样机进行动力学与有限元分析，避免了模型导入误差，对其未来的工作状态和运动行为进行模拟，及早发现设计缺陷，并证实其功能和性能的可靠性，使设计过程自动化，满足了产品设计的需要，改进了实际工况中出现的不足之处，保证了制造实施的可行性。这对减少样机试制次数、缩短产品开发周期、降低产品研发成本、提高企业的生产效率和产品性能等具有重大的实践意义。

1.2　国内外研究现状与发展趋势

1.2.1　国外缓降器的研究现状

20世纪80年代，日本首先研制和生产了世界上第一套“高楼逃生缓降器”，成功地解决了高楼遇险后的逃生难题。美国“9·11”事件发生后，世界各国才开始掀起了“高楼救

生、逃生”等课题研究、开发的热潮，推出了“家用降落伞”、橡胶自动充气软着落、蜗杆蜗轮型、单车制动型等各式各样的产品，甚至出现了应用高新科技航天技术的火箭筒背包式缓降器。由于此类产品属于21世纪初才开始的新型高科技产业，在时间仓促，无更多先例参照和应用实例的情况下，一时还找不出功能齐全、适应大众的理想产品。日本的相关产品存在着遇险人员使用缓降器下降逃生时无法控制下降速度的致命弱点，在火灾现场高楼逃生时，对于遇到意外情况和障碍无法采取避让和处理措施，从而造成意外伤害。在不算太长的实践、使用过程中，人们越来越意识到逃生下降时控制速度和配备制动功能的必要性。日本自1997年就开始了增设控速装置的改进和研究。经过近十几年的发展，缓降器的技术性能、可靠性等方面已日趋成熟。目前，日本、美国、澳大利亚等国家对缓降器的开发与应用处于领先水平。

在国外，消防救生类产品已经形成了不少品牌。在不断发展的过程中，时有新产品推出，从小到大、从单绳到多绳、从有级绳到无级绳、从缠绕式到摩擦式，各种规格品种比较齐全。目前，消防救生类产品由零部件的通用化发展到组件模块化，优质的材料、先进的工艺和高新技术的应用，使此类产品具有重量小、结构紧凑、容易安装的特点，反映出产品标准的技术水平，这也是该类产品的发展趋势。

1.2.2 国内缓降器的研究现状

救生缓降器是一种在21世纪初才开始引起人们关注和重视的产品，在人民生活水平日益提高的今天，人们对生活质量、生命安全的意识也上升到一个全新的高度，对实用、经济的缓降设备的需求日益迫切，同时对缓降器的性能和质量提出了更高的要求。

随着我国科学技术水平的发展和生产制造能力的不断提高，制造商面临着用户对产品性能和质量越来越高的要求。我国产品在可靠性、舒适性、作业效率及制造水平等方面和国外还有一定差距。我国缓降器的动力机、传动系统、工作装置等关键部件的配套要逐步与国际先进标准和水平接轨，以符合装备配套国际化的要求，增强产品在国际市场的竞争实力。目前，国内研究的缓降器主要有以下几种类型：

1. 摩擦阻尼型缓降器

该类缓降器由增速传动机构、制动系统和安全吊绳组成。工作时按一定的传动比使传动齿轮的转速逐级递增至驱动轮，制动活块在离心力的作用下径向甩出，产生外张力，带动制动片与金属制动盘发生旋转摩擦，形成制动力，从而自动调节下降速度。负荷力越大，摩擦块的离心力越大，摩擦力也越大，从而使下降速度恒定在1.5m/s以内。其特点是体积小、质量小、安全可靠、下降速度均匀、稳定、可往复连续使用。

2. 液压阻尼型缓降器

该类缓降器依靠液体阻尼力平衡外部力矩以实现缓降。该机构避免了运动部件之间的机械摩擦，不会产生大量的热；活动部件能润滑，增强了缓降器的性能，安全可靠性高；具有体积小、质量小等优点。

3. 螺杆式缓降器

该类缓降器具有价格低、结构紧凑、对绳索磨损小、使用寿命长、安全可靠、使用方便等优点，可广泛用于消防救援、高空作业、海上打捞及家庭救生。此类缓降器可以实现循环快速下降，控制端绳索既可由下降者自行操作，又可由地面人员代为操作。当用于从高楼向下疏散抢救物资时，操纵人员可以站在高层，也可以站在底层地面上控制绳索，决定缓降的速度。

4. 滚筒式缓降器

该类缓降器由盘簧回力机构、制动减速机构和钢丝绳滚筒机构组成，结构简单、安全可靠。该类缓降器可按照被营救人员的体重，经滚筒上的钢丝绳推压小轴上的轴套，自动改变阻尼的大小，控制人员下降速度，确保安全。当被营救人员下降时，滚筒里的盘簧收紧，而当被营救人员获救离开后，由于盘簧的弹簧恢复力，自动将钢丝绳上收，供下一个被营救人员使用，因此滚筒转动灵活轻便。滚筒上的绳索采用钢丝绳，强度好，并能在火灾中使用。

上述各种类型的缓降器各具特色，均得到了广泛的应用。行星传动摩擦阻尼型缓降器的开发和生产尚处于起步阶段，国内外正在不同程度地开发和应用。我国要抓住这个机遇，及早研究开发我国的新型圆柱齿轮传动缓降器，发展具有自主知识产权的新型缓降器技术。本文研究的缓降器在国际、国内是首次采用全裸钢丝绳、强度高、耐磨、匀速下降、无空程、高度不受限制的新型产品，可应用于各个领域。采用先进的数字化动态模拟试验技术，使本产品更安全、可靠，性能及精密程度更加完善。

1.2.3 缓降器的发展趋势

从国内外发展情况分析，随着计算机技术、信息技术、自动化技术在工程中的广泛应用，它们与传统设计制造技术相结合，应用越来越广泛，并促使国际机械制造业发生了一系列重大变革，缓降器的制造成本将会降低、体积和质量会更小、结构将更加紧凑。人们期待着市场上早日出现能由遇险人员自己控制下降速度、操作简单、方便灵活，达到想快就快、想慢就慢、想停就停等功能的优秀产品。新型缓降器的设计应更加充分体现人性化的设计思想，设计时考虑不同使用者的年龄、体力和心理承受能力的差别，使产品适合各类人群使用，要求性能上提高承载能力和工作可靠性、外观上小巧精致、便于安装、设置时间短、疏散人员快、结构简单、轻便、使用灵活。

1.3 研究的主要内容

本文的目的是研究设计出结构紧凑、尺寸小、质量小、寿命长、人的下降速度小于1.5m/s、工作可靠、易加工的产品，并且利用UG的二次开发功能，使设计过程自动化，缩短产品的研发周期、降低生产成本。本文研究的主要内容如下：

1. 缓降器结构的改进设计

从理论上，在原有缓降器结构的基础上进行改进设计，确定了缓降器的技术参数，改进了五型救生缓降器的不足之处。

2. 建立缓降器的计算机辅助设计系统

综合利用三维造型软件UG的二次开发功能和Visual C ++ 语言，开发一个集成的计算机辅助设计系统。通过对话框输入参数，可以自动实现缓降器的体积最优化设计，同时可根据优化结果，在不退出开发界面的同时即可完成缓降器的参数化建模工作，从而设计出不同结构、尺寸的模型，缩短了产品研发周期、降低了生产成本、提高了生产效率，为缓降器的动力学与有限元分析做好了准备工作。此系统为研究缓降器并进行计算机辅助设计提供了一些方法和经验。

3. 结构参数优化

对整个缓降器传动系统进行分析，建立数学模型，确定约束条件和优化方法，得出优化结果，并把程序优化结果与MATLAB优化结果进行比较，验证程序的有效性。通过体积最优化设计，使产品在满足材料强度的条件下，减小了体积，从而降低生产成本。

4. 基于虚拟样机的仿真分析

基于优化结果，建立三维实体模型，对整个传动系统进行动力学与有限元分析，以此来检验优化后的结构参数是否满足设计要求。通过动力学仿真分析得出缓降器工作过程中齿轮之间的啮合力、人的下降速度等传动特性曲线图，通过实验分析验证所建模型及仿真分析结果的正确性。在此基础上，对缓降器的主要支撑部件主轴和行星齿轮传动系统进行有限元分析，得出零部件的应力分布云图，并对仿真结果与理论计算结果进行分析比较，验证优化设计出的产品满足材料的强度要求，最终研究设计了更加优秀的产品——六型救生缓降器，得到符合设计要求的满意结果。

2 缓降器传动系统的设计研究

本文所研究的救生缓降器的主要传动系统为NGW型行星齿轮传动。为了得到更加优秀的产品，需要对缓降器的结构参数进行重新验算。根据传动的使用要求、工作状况和所需齿轮的机械特性等来设计缓降器的传动机构。对于本次设计，已知初始条件有负载重力、负载下降速度、传动比、工作特性和载荷工况等。缓降器的核心部件是调速器，因而设计计算以调速器部分的计算为中心，将齿轮传动的承载能力作为主要性能指标。

2.1 缓降器传动系统的特点

本文所研究设计的是摩擦阻尼型缓降器，通过调速器的摩擦阻尼调速作用，使作用在绳轮上的力矩平衡，从而使被救人或物体依靠自重始终保持一定的速度安全降至地面。它的核心部件是行星齿轮传动机构，辅助部件有安全带、安全钩、钢丝绳等。具有以下优点：由于采用了行星齿轮传动机构，合理地利用了内啮合，因此结构简单、紧凑；采用了相同的行星轮，均匀分布于太阳轮周围，使参与啮合的齿数增多，故缓降器传动平稳工作较可靠。

2.2 缓降器传动系统的设计方案

缓降器传动机构为增速传动，采用NGW型行星齿轮传动机构的转化机构，即固定内齿圈、钢丝绳通过3个导向轮跨绕在绳轮的轮槽内，并将绳轮与行星架制成一体，内齿圈与外壳制成一体，摩擦面设在内齿圈上，两个摩擦块装在转盘上，在结构设计上使转盘能同太阳轮一起同速旋转。这一设计方案中，绳索可以使用纯裸钢丝绳，以实现匀速下降、无加速度，保证了人落地时无冲击感、工作过程无空程。缓降器结构原理如图1所示。

齿轮传动的主要尺寸可按下述任何一种方法初步确定：

（1）参照已有的相同或类似机械的齿轮传动，用类比法确定。

（2）根据具体工作条件、结构、安装及其他要求确定。

（3）按齿面接触强度的计算公式确定中心距或小齿轮的直径，根据弯曲强度的计算公式确定模数。

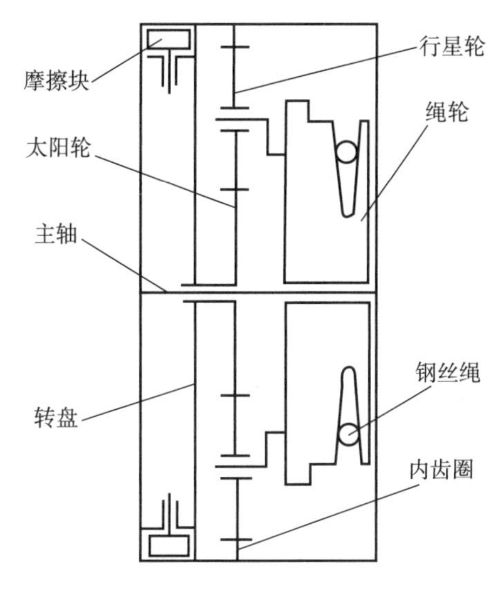

图1 缓降器结构原理

2.3 理论设计计算

理论设计计算主要包括配齿计算、确定齿轮模数、确定齿轮参数、齿轮强度校核、主轴参数设计、下降参数计算。

2.3.1 配齿计算

行星齿轮传动系统的基本参数为齿轮模数和齿数，设计时一般用统计和类比的方法确定。对于各齿轮承受载荷的差异，则通过改变齿轮宽度来调整，以满足强度的要求。行星齿轮传动中各轮齿数不能随意选择，必须根据行星齿轮传动系统的特点，满足以下条件，才能进行正常传动。

1. 传动比条件

对于 NGW 型行星齿轮传动，当行星架主动、太阳轮从动、内齿圈固定时，传动比条件为：

$$Z_3 = (1/i - 1)Z_1$$

式中：Z_1 ——太阳轮的齿数；

Z_3 ——内齿圈的齿数；

i——行星齿轮传动系统的传动比。

取 $i_{13}^{\mathrm{H}} = -3.5$，则 $i_{\mathrm{H1}}^{3} = 0.222$，又因为 $Z_3 = (1/i - 1)Z_1$，所以 $Z_3 = 3.5Z_1$。

2. 邻接条件

在行星齿轮传动中，为了提高承载能力、减小机构尺寸，并考虑动力学平衡问题，常在太阳轮与内齿圈之间均匀、对称地布置几个行星轮。为使相邻两个行星轮不相互碰撞，要求其齿顶圆间有一定的间隙，称为邻接条件。对于 NGW 型行星齿轮传动，邻接条件为

$$L > d_{a2}$$

即

$$2a_{12}\sin\frac{\pi}{n_{\mathrm{p}}} > d_{a2}$$

式中：L——相邻两个行星轮中心之间的距离，mm；

d_{a2} ——最大行星轮齿顶圆直径，mm；

a_{12} ——太阳轮与行星轮的中心距，mm；

n_p ——行星轮数目。

3. 同心条件

行星齿轮传动装置的特点是输入与输出轴是同轴线的，即各太阳轮的轴线与行星架轴线重合。为保证太阳轮和行星架轴线重合条件下的正确啮合，由太阳轮和行星轮组成的各啮合副的实际中心距必须相等，称之为同心条件。对于 NGW 型行星齿轮传动，同心条件为：

$$a'_{12} = a'_{23}$$

式中：a_{12} ——太阳轮与行星轮啮合齿轮副的中心距，mm；

a_{23} ——行星轮与内齿圈啮合处轮辐的中心距，mm。

对非变位、高度变位、等啮合角的角度变位，因为实际中心距与标准中心距相等，所以同心条件变为：

$$Z_2 = \frac{Z_3 - Z_1}{2}$$

式中：Z_2——行星轮的齿数。

但在选择齿轮齿数时往往难以同时满足传动比和同心条件，这时就需要进行变位。

4. 装配条件

要使几个行星轮能均匀装入，并保证与太阳轮正确啮合而没有错位现象，应具备的齿数关系，即为装配条件。对于 NGW 型行星齿轮传动，装配条件为：

$$M = \frac{(Z_1 + Z_3)}{n_p} = \text{整数}$$

根据以上约束条件，为了减小结构尺寸、提高承载能力，齿轮可以选择小于 17 的齿数。

5. 齿轮强度与啮合质量

行星齿轮传动中，对于硬度小于 350HBS 的软齿面，推荐小齿轮的最小齿数 $Z_{1\min} \geq 17$；对于硬度大于 350HBS 的硬齿面，推荐小齿轮的最小齿数 $Z_{1\min} \geq 12$。高速重载的行星齿轮传动中，为减小运转过程中的振动和噪声，使传动有良好的工作平稳性，在各对啮合齿轮的齿数之间，应当没有公约数，即互为质数；太阳轮的齿数也不宜为行星轮数目的整数倍；大于 100 的质数齿的齿轮尽量少用，因为切齿时机床调整较难；当采用插齿或剃齿时，任何一个齿轮的齿数不应是插齿刀或剃齿刀齿数的倍数。由以上条件可选择出几组齿轮齿数数据，为使整个缓降器的体积和质量最小，利用 UG 软件进行优化计算得出：$Z_1 = 15$，$Z_2 = 18$，$Z_3 = 51$，由齿数可得 $i = i_{H1}^3 = 0.227$ 。

6. 齿轮材料的选择及其热处理

齿轮材料及其热处理是影响齿轮承载能力和使用寿命的关键因素，也是影响生产质量和成本的主要环节。选择齿轮材料及其热处理时，要综合考虑齿轮的工作条件（如载荷性质、大小和工作环境等）、加工工艺、材料来源及经济性等因素，以使齿轮在满足性能要求的同时，生产成本也最低。

制造齿轮的材料常用的是钢材，其次是铸铁、铜合金等。45 号钢硬度不高，易切削加工，综合力学性能良好。考虑成本因素我们采用 45 号钢，经调制处理使其硬度达到 30 ~ 40HRC。经调制处理后零件具有良好的综合力学性能，也可满足使用要求。

2.3.2　确定齿轮模数

缓降器行星齿轮传动机构为闭式硬齿面齿轮传动，对于此类传动机构，常见的失效形式是轮齿折断，承载能力一般取决于弯曲强度，故先按齿根弯曲强度设计，验证接触强度，估算齿轮的模数：

$$m \geqslant A_m \times \sqrt[3]{\frac{KT_1 Y_{FS}}{\Phi_m Z_1^2 \delta_{FP}}}$$

式中：m——齿轮模数，mm；

A_m——常系数，直齿轮传动：$A_m = 12.6$；

K——载荷系数，常用值 $K = 1.22$；

T_1——啮合齿轮副中小齿轮的名义转矩，N·mm；

Y_{FS}——复合齿轮系数；

Φ_m——小齿轮齿宽系数；

Z_1——小齿轮齿数；

δ_{FP}——许用弯曲应力，MPa。

经计算可得 $m \geqslant 1.374$，故取 $m = 1.5$mm。

2.3.3　确定齿轮参数

根据模数 $m = 1.5$ 和各个齿轮的齿数可以计算出齿轮的相关参数，如表 1 所示。

表 1　齿轮参数表

齿轮参数	太阳轮 Z_1	行星轮 Z_2	内齿轮 Z_3
齿顶高 $h_a = h_a^* m$	1.5	1.5	1.5
齿距 $p = \pi m$	4.71	4.71	4.71
工作高度 $h' = 2m$	3	3	3
齿根圆半径 $p_f = 0.38m$	0.57	0.57	0.57
顶隙 $c = c^* m$	0.375	0.375	0.375
齿根高 $h_f = (h_a^* + c^*)m$	1.875	1.875	1.875
全齿高 $h = (2h_a^* + c^*)m$	3.375	3.375	3.375
分度圆直径 $d = mz$	22.5	27	76.5
齿顶圆直径 $d_a = m(z + 2h_a)$	25.5	30	73.5
齿根圆直径 $d_f = m(z - 2h_f)$	18.75	23.25	80.25
齿宽 $e = \frac{\pi m}{2}$	9	9	9

2.3.4　齿轮强度校核

1. 齿面接触强度的校核计算

接触应力：

$$\sigma_H = Z_H Z_E Z_{\delta\beta} \sqrt{K_A K_V K_H \alpha K_{H\beta} K_{HP}} \sqrt{\frac{F_t}{d_1 b}} \sqrt{\frac{\mu \pm 1}{\mu}}$$

通过查《机械设计手册》确定各参数的具体数值，可得外啮合接触应力 $\sigma_{H1} =$

1 465.75MPa，内啮合接触应力 $\sigma_{H2}=1\ 318.8\text{MPa}$。

2. 许用接触应力计算

许用接触应力：

$$[\sigma_H] = Z_{NT}Z_L Z_V Z_W Z_R Z_X \frac{\sigma_{HLmin}}{S_{Hmin}}$$

通过查《机械设计手册》确定各参数的具体数值，得出齿轮的许用接触应力 $[\sigma_H]=$ 1 580.8MPa。

综上可知：无论是外啮合齿轮的面接触疲劳强度还是内啮合齿轮的面接触疲劳强度，它们的计算应力都小于许用接触应力，即 $[\sigma_H]=1\ 580.8\text{MPa}>\sigma_{H1}=1\ 465.75\text{MPa}>\sigma_{H2}=$ 1 318.8MPa，所以能够满足使用要求。

2.3.5 主轴参数设计

1. 主轴直径的确定

根据

$$d \geqslant \sqrt[2]{\frac{T}{0.2[\tau]}} \geqslant c \times \sqrt[2]{\frac{P}{n}}$$

由 $c=118-107$，$P=1.177\text{kW}$，$n=1\ 682.8\text{r/min}$，计算得 $d \geqslant 10.5$，初选 $d=12\text{mm}$。

2. 主轴强度校核

初选材料为45钢，根据：

$$\tau = \frac{T}{W_P} = \frac{T}{0.2d^3} \leqslant [\tau]$$

将 $d=12$ mm 代入上式，得到 $\tau=25\text{MPa} \subseteq 25\sim45\text{MPa}$，所以满足设计要求。

2.3.6 下降速度计算

运动速度的确定：以绳轮为受力分析对象，除在中心处作用有支撑力外，其上还作用有主力矩 $M_1=\frac{1}{2}mgD_1$，同时与 M_1 反向的摩擦力矩 $M_2=\frac{1}{2}FD_2$ 的反力矩通过齿轮传动最终作用在绳轮上，其大小为 $\frac{1}{2}FD_2 i$，方向与主力矩 M_1 反向。若要使人（或重物）匀速下降，也就是绳轮匀速转动，作用在绳轮上的所有力矩必须平衡，即：

$$\frac{1}{2}mgD_1 = \frac{1}{2}FD_2 i \tag{1}$$

由式（1）经相关推导、整理，得到人（或重物）匀速下降速度表达式：

$$v = \sqrt{\frac{mgD_1{}^3}{4m_0\mu D_2 D_3 i^3}} \tag{2}$$

式中：m——人或重物的质量；

m_0——摩擦块的质量；

μ——摩擦块与摩擦面间的摩擦系数；

D_1——钢丝绳中心围轮直径；

D_2——摩擦面直径；

D_3——摩擦块质心工作直径；

i——中心轮与绳轮之间的传动比。

从式（2）可以看出，只要等式右侧根号内的各参数确定之后，速度就是定值，即下降速度是匀速的。在结构参数和尺寸确定以后，速度与人的质量的开方成正比。

2.4 创新点及应用

2.4.1 创新点

（1）运用 NGW 型行星轮传动机构，因采用相同的行星轮，均匀分布于太阳轮周围，使参与啮合的齿轮数增多，故缓降器传动平稳、抗冲击力和振动的能力较强、工作性能较可靠；创造性地利用摩擦块因为离心力的作用与内齿圈接触并摩擦降低转速并能达到平衡，使人能匀速下降。

（2）采用了行星轮传动机构，合理地利用了内啮合，因此结构简单、紧凑、体积小、质量小、承载能力高。

（3）加工制造简单、成本低、用途广泛，险情发生时可高楼救人，平时可高空作业；操作和控制简便，紧急时，男女老少可使用该救生缓降器顺利逃生。

（4）能自动调速，确保了下降速度为匀速，无加速度，在安全的条件下，可以通过改变摩擦块的大小调节下落速度，落地时无冲击感。

（5）利用导向轮增大了钢丝绳与绳轮之间的接触面，防止打滑，有利于缓降。

（6）设计保证无空程，可反复使用，一台救生缓降器可连续多次救人、运物，满足消防救援时分秒必争的需要。

2.4.2 应用

随着中国经济的发展，人的生命安全问题日益被人们所重视。如今，高楼林立，火灾也时有发生，在高楼火灾中逃生成为社会大众关注的问题。因此，缓降器能够得到广泛的应用。

本缓降器可广泛应用于宾馆、公寓、医院及家庭等高层建筑内，险情发生时可高楼救人，既是建筑的逃生装备，又是抢险救援、消防装备的优良工具，改变了以往只能依靠消防救援的被动局面。

另外，本缓降器适用于高空架线、缆车作业、地质采矿、海上钻井、高炉净化设备、无线电发射台等高层建筑的内外工程处理。

3 基于 UG/Structure 的缓降器的有限元分析

有限元分析了齿轮的接触应力，并能真实地表明轮齿的实际受力状态，能明显地看出轮齿的变形情况，并明确应力的分布区域及最大、最小应力值，避免传统算法中查图、查表的复杂性，以及计算的烦琐性，计算模型将更真实、精确、全面，误差更小，这是使用实验法无法做到的。

本文的有限元分析是在最大负荷力 1 470N（参考值）的作用下进行的，即 150kg 人或物体所受的重力。主轴和行星机构是缓降器的主要受力部件，因此对行星机构和主轴进行了有限元分析。

3.1 行星轮传动系统有限元分析

太阳轮、行星轮和内齿圈采用同一种材料 40Cr。图 2 显示了齿轮啮合时的应力分布图；

由图2分析可知，在齿轮啮合过程中，齿根最大弯曲应力约为329.0MPa，发生在内啮合时，行星轮距齿根较近的节点处，材料的许用弯曲应力为1 107.6MPa，所以齿根弯曲应力满足材料的强度要求。传统计算方法能得到行星轮齿根最大弯曲应力为372.8MPa，因此仿真结果与理论计算结果非常相近。

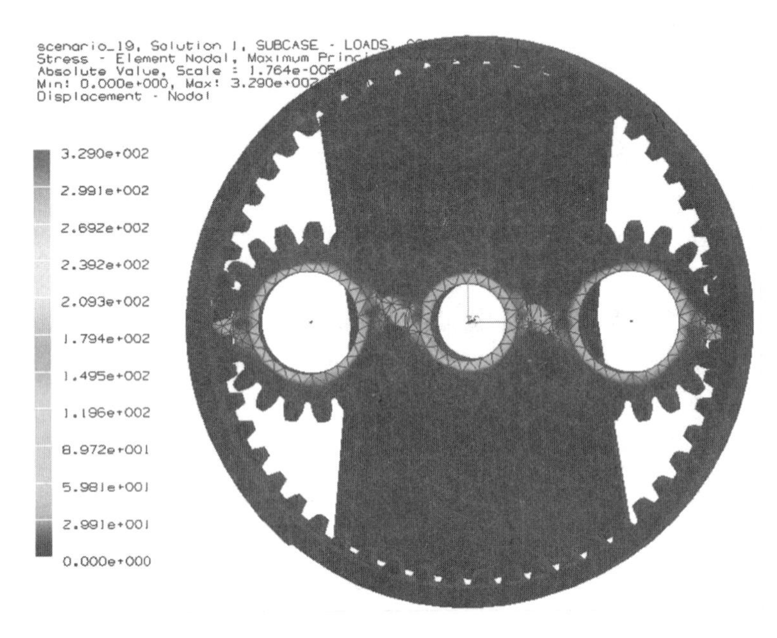

图2　齿轮啮合时的应力分布图

图3显示了齿轮轮齿接触应力分布图。由图3分析可知，在齿轮啮合过程中，轮齿最大接触应力为1 262.0MPa，在太阳轮接触线距离齿根较近的节点，材料的许用接触应力为1 695.7MPa，所以接触应力满足材料的强度要求。经传统计算方法得太阳轮节点处的接触应力最大为1 353.9MPa。用传统方法计算时考虑了重合度影响，而用有限元分析时没有考

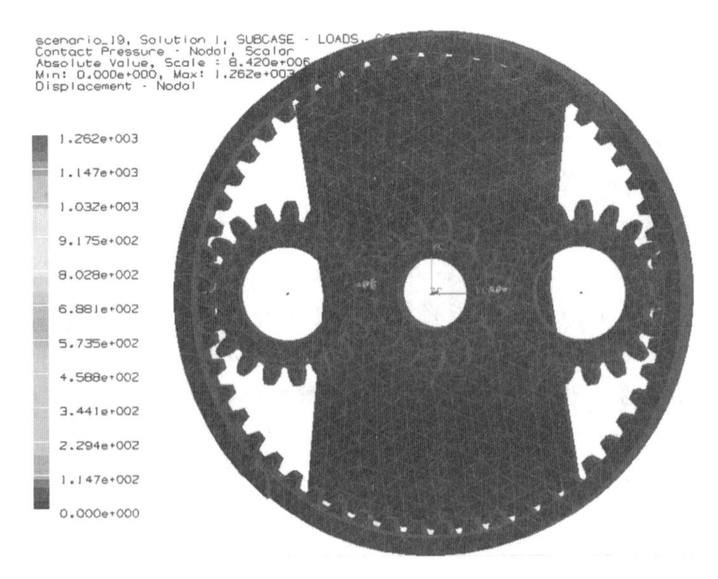

图3　齿轮轮齿接触应力分布图

虑重合度的影响，所以会有一定的误差。

3.2　主轴的有限元分析

假设绳轮为理想刚体且接触面不存在塑性变形，此时可视主轴受绳轮反作用力沿主轴轴线方向呈线性分布。主轴为整个缓降器承受负载时的主要支撑部件，是易破损的部件，因此在 UG 软件中分析破损情况。预制主轴材料为 45 号钢，并进行调质处理，屈服强度 σ_s = 355MPa。因主轴固定，载荷比较平稳，并装有齿轮，因此取许用应力 $[\sigma] = \frac{[\sigma_s]}{s} = \frac{210}{2}$ = 105（MPa），允许挠度为 $[\gamma] = 0.01m_n = 1.5 \times 10^{-2}$ mm。

双击 Results 命令，进入 UG/Structure 有限元分析后的处理模块。图 4 显示了主轴的位移变形，由图可以看出，最大位移发生在距离主轴右侧定位面 19mm 处，挠度最大值为 $\gamma_{max} = 6.628 \times 10^3$mm，$\gamma_{max} < [\gamma]$，因此轴的挠度能够满足弯曲刚度的要求。

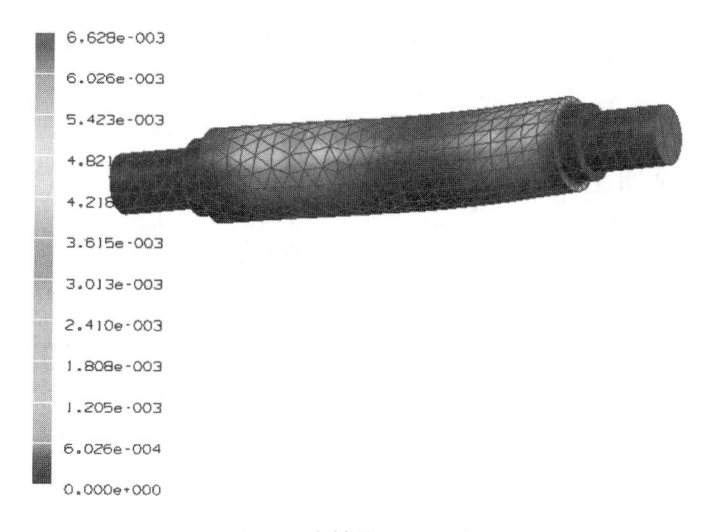

图 4　主轴的位移变形

图 5 显示了主轴的应力分布情况，从图中可以看出，在轴肩处由于截面突变引起应力集中，所以最易破损的地方发生在轴肩过渡位置，应力最大值为 σ_{max} = 109.3MPa，可见 $\sigma_{max} > [\sigma]$。为满足轴的强度要求，可采用两种方法：①根据实际情况采用性能较好材料，如 40Cr，或改进热处理办法，如渗碳淬火；②可以通过增加轴肩的过渡圆角半径，以减小应力集中，减小最大应力。分析表明，当过渡圆角半径 r 为 0.5mm 时，最大应力为 96MPa，能够满足材料的强度要求。

应用 UG 软件提供的有限元分析模块对缓降器行星齿轮传动系统进行了有限元分析，得到了主轴工作时的最大应力及轮齿啮合时的最大接触应力与最大齿根弯曲应力。通过比较仿真结果和理论计算结果发现，二者相差不大，能满足材料的强度要求。计算机仿真结果显示，缓降器的优化结构基本能够满足设计要求，并且为机构强度、刚度及疲劳分析提供了

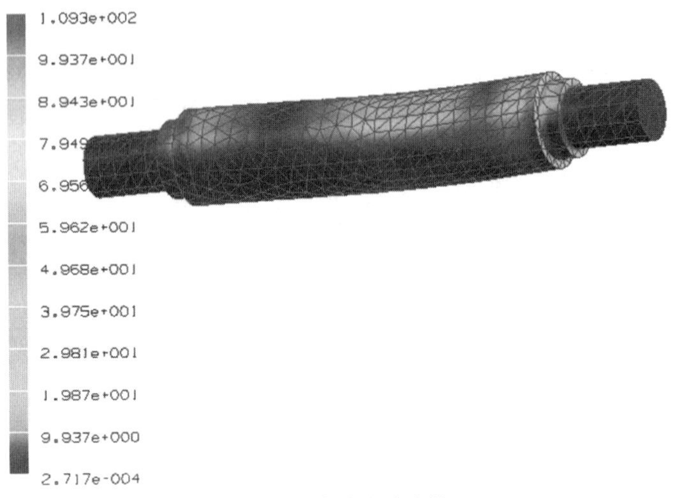

图 5 主轴的应力分布情况

准确的数据，保证了制造的可行性。由此可见，仿真结果对缓降器的设计制造具有较高的参考价值。

4 零件数控加工工艺分析

右侧板零件图如图 6 所示，对其进行加工工艺分析。

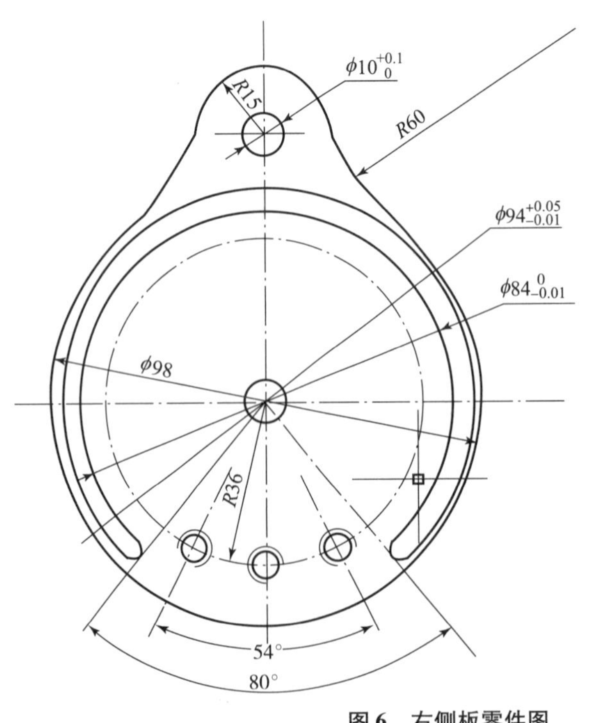

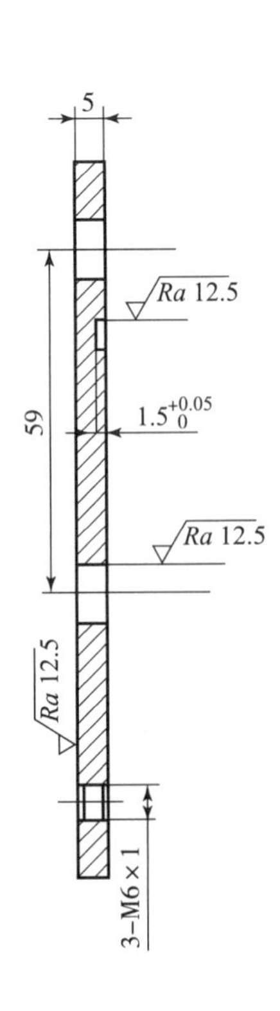

图 6 右侧板零件图

4.1　分析零件图样

（1）零件外形分析：零件大体属于圆形薄板零件，上方和中间各有一个宽 5mm、深度为 1.5mm 的非整环形腔；零件下方有 3 个圆心在同一个圆上的螺距为 1mm 的螺纹通孔，从而确定毛坯尺寸为方料 126mm × 100mm × 10mm。

（2）精度分析：上方 ϕ10mm 的通孔精度为 IT12，中间 ϕ10mm 的通孔和环形槽的精度为 IT9。

（3）表面粗糙度：表面粗糙度要求都不高，一般的加工即可达到要求。

（4）几何公差：没有要求，一般的加工即可达到要求。

（5）技术要求：无特殊的技术要求。材料为 45 钢。

4.2　加工工艺分析

在加工之前，必须有最合理的加工方案，也就是需要对工件进行详细的工艺分析，只有这样才能以最高的质量、最高的效率将工件顺利地加工出来。

4.2.1　确定装夹方案、定位基准、编程原点、换刀点

（1）装夹方案：工艺板装夹。

（2）定位基准：以毛坯下表面作为加工粗基准，然后以已加工的上表面作为精基准。

（3）编程原点：以零件中间通孔的圆心作为编程原点。

（4）换刀点：换刀点选在铣床的 Z 轴原点。

4.2.2　制订加工方案、加工路线

1. 选择数控机床及数控系统

选择 FANUC 0i 数控铣床。

2. 加工方案及加工路线

（1）加工上表面。

（2）加工外轮廓至尺寸。

（3）粗铣环形槽，精铣环形槽。

（4）钻上方的孔、中间的孔和下方的 3 个螺纹孔。

（5）加工螺纹。

（6）翻转工件，加工下表面。

加工路线如图 7 ~ 图 9 所示。

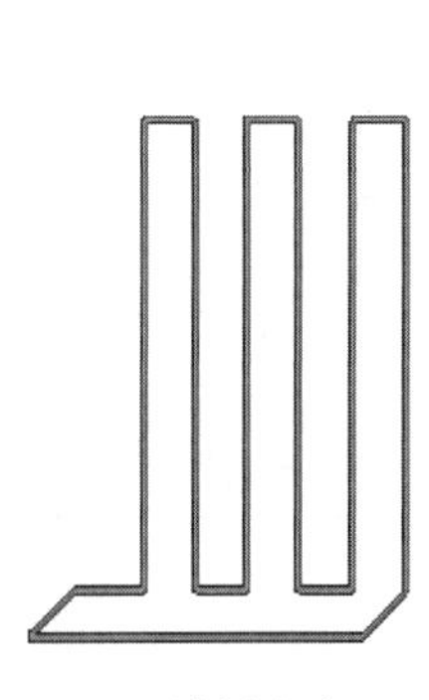

图 7　铣削上表面

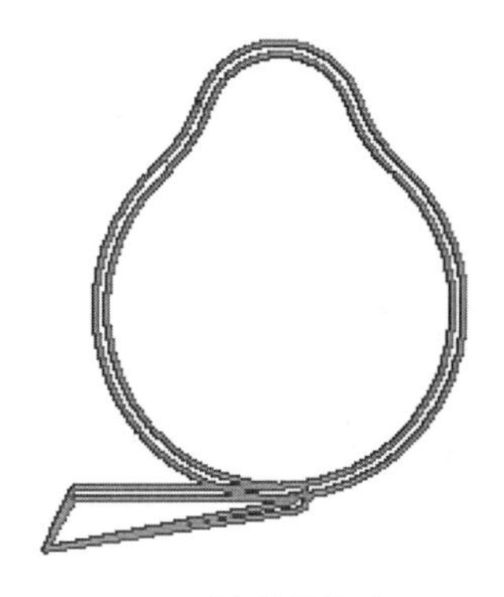

图 8　铣削外轮廓

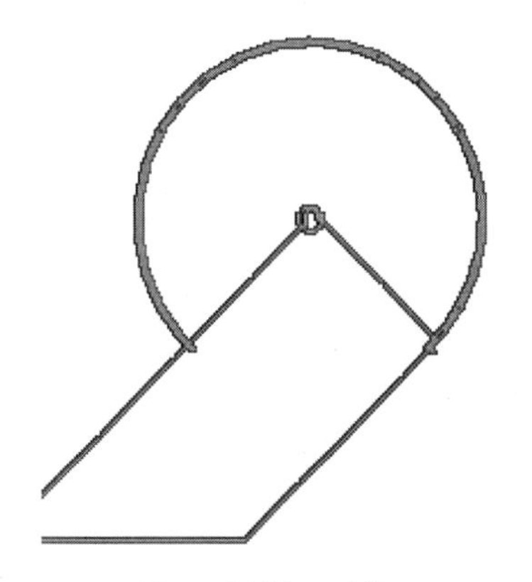

图 9　铣削环形槽

4.2.3 选择刀具

(1) 铣上、下表面及外轮廓用 ϕ20mm 的平底立铣刀，高效率地去除余量。

(2) 中间的通孔和环形槽用 ϕ4mm 平底立铣刀以保证其精度。

(3) 上方的通孔和3个螺纹孔精度要求不高，所以直接用 ϕ10mm、ϕ5mm 的钻头加工即可。

(4) 用 M6×1 的丝锥加工3个螺纹孔。

4.2.4 确定加工参数

1. 确定背吃刀量 a_p

查参考文献 [5] 可知，硬质合金铣刀加工45钢的粗铣背吃刀量<7mm，精铣背吃刀量为1~2mm。

2. 确定每齿进给量 f_z

查参考文献 [5] 可知，硬质合金铣刀加工45钢的 f_z 为0.08~0.20mm，取 $f_z=0.1$mm。

3. 确定铣削速度 v_c

查参考文献 [5] 可知，硬质合金铣刀加工45钢的 v_c 为80~120m/min，取 $v_c=80$ m/min。

4. 确定主轴转速 n

查参考文献 [5] 可知，主轴转速的公式：

$$n=\frac{1\,000v_c}{\pi d_0}$$

式中：v_c——铣削速度，m/min；

d_0——铣刀直径，mm；

n——铣刀转速，r/min。

硬质合金铣刀转速如表2所示。

表2 硬质合金铣刀转速

铣刀型号	$n/(\mathrm{r\cdot min^{-1}})$
ϕ20mm 的平底立铣刀	1 200
ϕ4mm 的平底立铣刀	6 000

5. 确定进给速度 v_f

查参考文献 [5] 可知，进给速度的公式：

$$v_f=fn=f_zzn$$

式中：z——铣刀直径；

n——铣刀转速，r/min。

硬质合金铣刀进给速度如表3所示。

表3 硬质合金铣刀进给速度

工步	铣刀类型	进给速度 $v_f/(\mathrm{mm\cdot min^{-1}})$
铣上表面	ϕ20mm 的平底立铣刀	240
铣外轮廓	ϕ20mm 的平底立铣刀	240
铣环形槽	ϕ4mm 的平底立铣刀	1 200
铣中间通孔	ϕ4mm 的平底立铣刀	1 200

4.2.5 右侧板加工工序卡

右侧板加工工序卡如表4所示。

表 4　右侧板加工工序卡

数控铣床加工工序卡				产品名称或代号		零件名称		零件图号		
						右侧板		1－3		
单位名称	淄博职业学院机电工程系			夹具名称		使用设备		实训室		
				平口钳		FANUC 0i 标准铣床		CAD/CAM 实训室。		
序号	工艺内容	刀具号	刀补号	刀具规格/mm	主轴转速 n/（r·min^{-1}）	进给速度 v_f/（mm·min^{-1}）	背吃刀量 a_p/mm	刀具材料	程序编号	量具
1	加工上表面	T01		ϕ20 长 60mm 的平底铣刀	1 200	240	2.5	硬质合金	O0002	游标卡尺
2	加工外轮廓至尺寸	T01	D01、D02	ϕ20 长 60mm 的平底铣刀	1 200	240	5	硬质合金	O0003	游标卡尺
3	铣削环形槽和中间通孔	T02	D03	ϕ4 长 60mm 的平底铣刀	6 000	1 200	1.5	硬质合金	O0004	游标卡尺、内径千分尺
4	钻上方的孔	T03	H01	ϕ10 长 70mm 的钻头	600	100	5	高速钢	O0001	游标卡尺
5	钻下方的 3 个螺纹孔	T04	H01	ϕ5 长 70mm 的钻头	600	100	2.5	高速钢	O0001	游标卡尺
6	加工螺纹	T05		M6×1 的丝锥	100	100	0.5		O0005	塞规
7	翻转工件，加工下表面	T01		ϕ20 长 60mm 的平底铣刀	1 200	240	2.5	硬质合金	O0002	游标卡尺
编制	孙延鑫	审核		孙延鑫	批准	孙延鑫	第 1 页		共 1 页	

5 零件数控程序编制

5.1 数控铣床编程概述

不同档次数控铣床的功能有较大差别，但都应具备以下主要功能：

1. 直线插补

直线插补是完成数控铣削加工所应具备的基本功能之一，可分为平面直线插补、空间直线插补、逼近直线插补等。

2. 圆弧插补

圆弧插补是完成数控铣削加工所应具备的基本功能之一，可分为平面圆弧插补、逼近圆弧插补等。

3. 固定循环

固定循环是指系统所做的固化的子程序，并通过各种参数适应不同的加工要求，主要用于实现一些具有典型性的需要多次重复的加工动作，如各种孔、内外螺纹、沟槽等的加工。使用固定循环可以有效地简化程序的编制。

4. 刀具补偿

刀具补偿一般包括刀具半径补偿、刀具长度补偿、刀具空间位置补偿功能等。

刀具半径补偿——平面轮廓加工。

刀具长度补偿——设置刀具长度。

刀具空间位置补偿——曲面加工。

5. 镜向、旋转、缩放、平移

通过机床数控系统对加工程序进行镜向、旋转、缩放、平移处理，控制加工，从而简化程序编制。

6. 自动加减速控制

该功能使机床在刀具改变运动方向时自动调整进给速度，保持正常而良好的加工状态，避免出现刀具变形、工件表面受损、加工过程速度不稳等情形。

7. 数据输入、输出及 DNC 功能

数控铣床一般通过 RS232C 接口进行数据的输入及输出，包括加工程序和机床参数等。当执行的加工程序超过存储空间时，应当采用 DNC 加工，即外部计算机直接控制数控铣床进行加工。

8. 子程序功能

对于需要多次重复的加工动作或加工区域，可以将其编成子程序，在主程序需要时即可调用它，并且可以实现子程序的多级嵌套，以简化程序的编写。

9. 自诊断功能

自诊断是数控系统在运转中的自我诊断，它是数控系统的一项重要功能，对数控机床的维修具有重要作用。

5.2 右侧板的加工程序

主程序1：

```
O0001;
G17G90G40G21G94G54;
G00Z100.;
T01;
M03S500;
G00X-80.Y-80.;
Z5.;
G01Z-1.F240;
M98P2;
Z5.;
G00Z100.;
M05;
M00;
M03S600;
G00X-80.Y-80.;
D01;
G01Z-6.F1000;
M98P3;
D02;
M98P3;
G0Z5.;
Z100.;
M00;
T02;
M03S1000;
G0X-80.Y-80.;
Z5.;
D03;
M98P4;
G00Z100.;
M05;
M00;
T03;
M03S600;
G00X-80.Y-80.;
G43Z5.H01;
X0Y59.;
G1Z-6.F100.;
G49G0Z100.;
M00;
T04;
M03S600;
G00X-80.Y-80.;
G43Z5.H02;
X16.9367Y-35.1305;
G1Z-6.F100;
G0Z5.;
X0Y-39.;
G1Z-6.F100;
G0Z5.;
X-16.9367Y-35.1305;
G1Z-6.F100;
G0Z5.;
G49G0Z100.;
M00;
T01;
M03S600;
G00X-80.Y-80.;
Z5.;
G01Z-5.F240;
M98P2;
M30;
```

子程序1：

```
O0002;
G00X-42.Y-65.;
G01Y90.F100;
X-24.;
Y-65.;
X-6.;
Y90.;
X12.;
```

```
Y-65.;
X30.;
Y90.;
X48.;
```

子程序2:

```
O0003;
G41G01X30.Y-89.F1000;
G03X0Y-49.R30.;
G01Y-49.F240;
G02X-32.0153Y37.0948R49.;
G03X-14.2435Y63.7034R60.;
```

子程序3:

```
O0004;
G41G00X0Y0;
G01Z-6.F1200;
G03X5.Y0R2.5;
I-5.;
X0Y0R2.5;
G0Z5.;
X32.2180Y-34.2198;
```

主程序2:

```
O0005;
G17G90G40G21G94G54;
G00Z100.;
T01;
M03S100;
G00X-80.Y-80.;
Z5.;
Y-65.;
Z5.;
G00X-80.Y-80.;
M99;

G02X14.2435Y63.7034R15.;
G03X32.0153Y37.0948R60.;
G02X0Y-49.R49.;
G00X-70.;
G40G01X-80.Y-80.;
M99;

G01Z-2.5F1200;
G03X-32.218Y-34.2198R-47.;
X-28.7906Y-30.5794R2.5;
G02X28.7906Y-30.5794R-42.;
G03X32.218Y-34.2198R2.5;
G00Z5.;
G40G00X-80.Y-80.;
M99;

G84X16.9367Y-35.1305Z-6R5F100;
X0Y-39.;
X-16.9367Y-35.1305;
X-16.9367Y-35.1305;
G00Z200;
M30;
```

6 零件数控加工过程仿真

6.1 选用机床 FANUC 0i

选用 FANUC 0i 标准铣床，如图 10 所示。

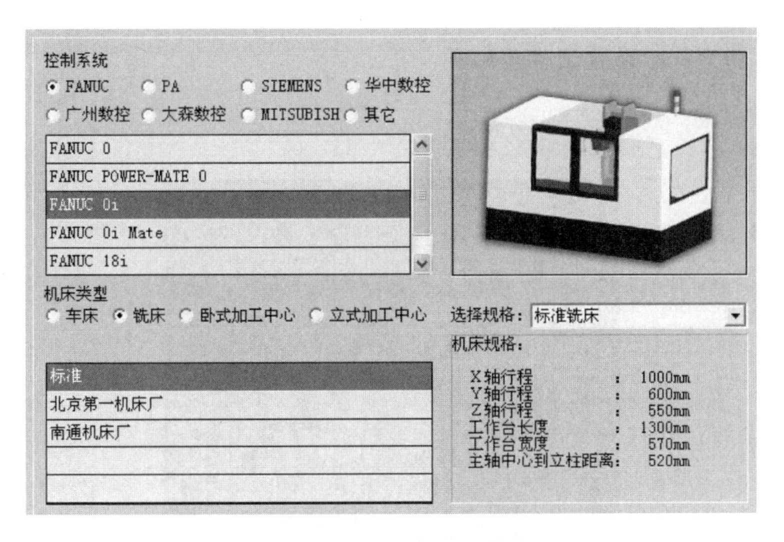

图 10　FANUC 0i 标准铣床

6.2　加工准备

（1）开机→启动→机床回原点，如图 11 所示。

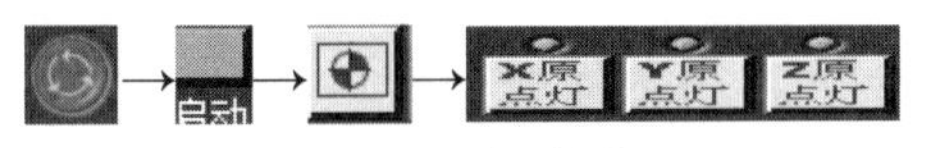

图 11　开机启动

（2）定义毛坯 126mm×100mm×10mm，如图 12 所示。

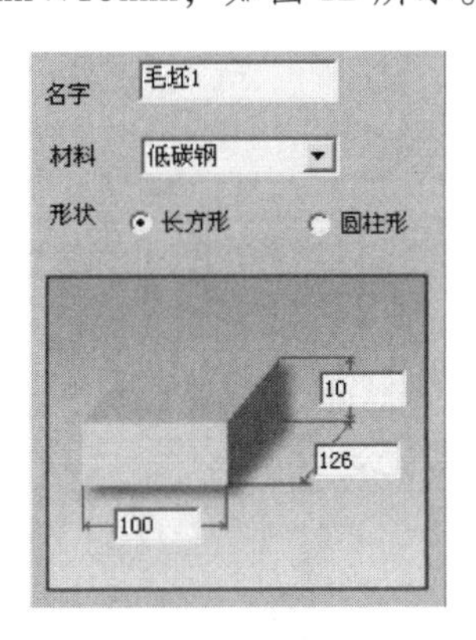

图 12　定义毛坯

（3）选择刀具，如表 5 所示。

表 5　加工中使用的刀具

刀具名称	刀具类型	直径/mm	圆角半径/mm	总长/mm	刃长/mm
T01	平底铣刀	20	0.00	60.0	30.0
T02	平底铣刀	4	0.00	60.0	30.0
T03	钻头	10	0.00	70.0	35.0
T04	钻头	5	0.00	70.0	35.0

6.3 对刀的方式、设置工件坐标系

（1）使用 G54 对刀，如图 13 所示。

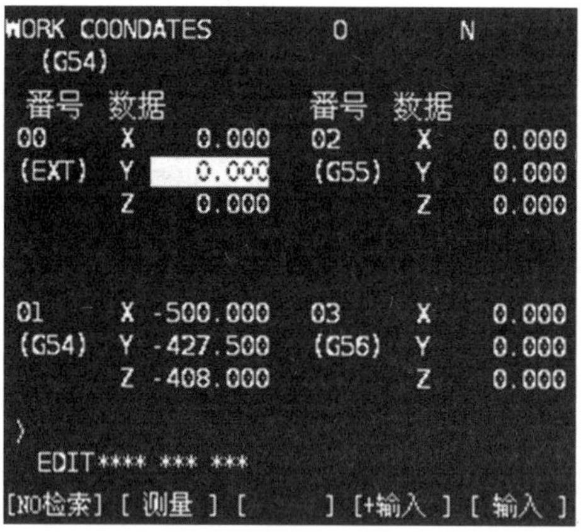

```
WORK COONDATES          O        N
 (G54)
番号 数据                番号 数据
00      X    0.000       02      X    0.000
(EXT)   Y    0.000       (G55)   Y    0.000
        Z    0.000               Z    0.000

01      X -500.000       03      X    0.000
(G54)   Y -427.500       (G56)   Y    0.000
        Z -408.000               Z    0.000
>
 EDIT**** *** ***
[NO检索] [ 测量 ] [      ] [+输入 ] [ 输入 ]
```

图 13　G54 对刀

（2）工件坐标系定位在中间通孔的圆心处，Z_0 为毛坯上表面。

6.4 输入程序

按机床面板上的“编辑”按钮→按数控系统面板上的 PROG 按钮→按“操作”软键→按 READ 软键→输入“O0001EXEC”→使用软键进行操作→利用机床菜单、DNC 传送或键选择所需的 NC 程序→按“打开”按钮 打开(O) →数控程序被导入并显示在 CNC 界面上，如图 14 所示。

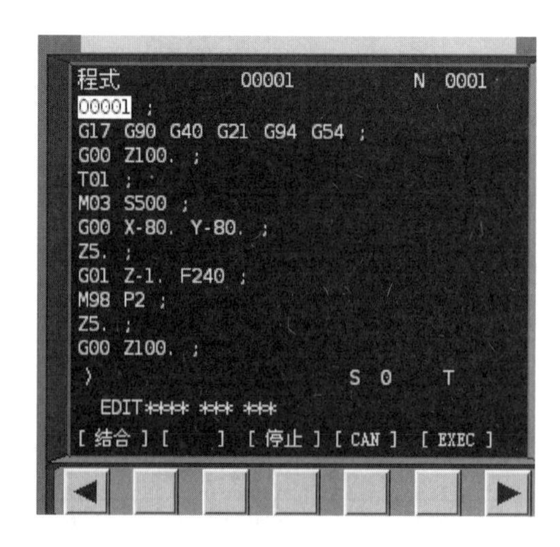

图 14　导入程序

6.5 设置刀补

设置刀补，如图 15 所示。

工具补正　　　　O0001　N 0001

番号	形状(H)	摩耗(H)	形状(D)	摩耗(D)
001	10.000	0.000	26.000	0.000
002	0.000	0.000	10.000	0.000
003	0.000	0.000	2.000	0.000
004	0.000	0.000	0.000	0.000
005	0.000	0.000	0.000	0.000
006	0.000	0.000	0.000	0.000
007	0.000	0.000	0.000	0.000
008	0.000	0.000	0.000	0.000

现在位置(相对座标)

X 0.000 Y 0.000 Z 0.000

〉 S 0 T

EDIT**** *** ***

[NO检索] [测量] [ ] [+输入] [输入]

图 15　设置刀补

6.6　加工结果

完成加工后的仿真效果如图 16 所示。

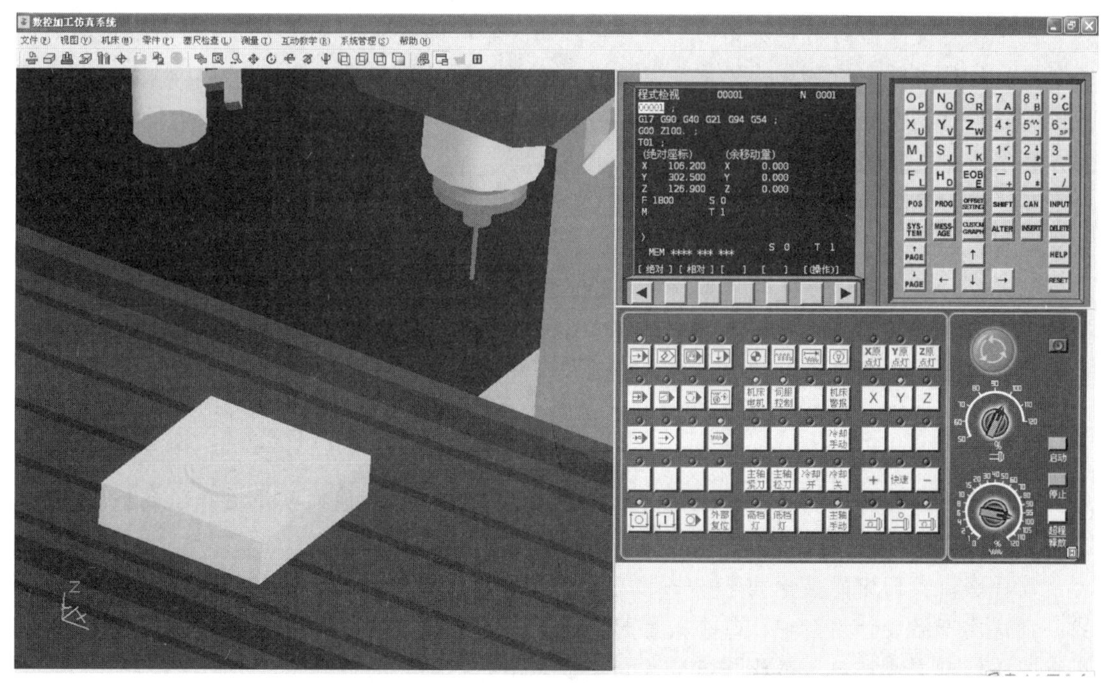

图 16　完成加工后的仿真效果

总结

本文在已设计样机的基础上，对已有的救生缓降器进行了改进设计、参数优化，在满足强度的条件下，减小了体积、降低了生产成本、缩短了研发周期，改进了已有救生缓降器的不足之处，最终得到更加优秀的产品。所做的主要工作及意义总结如下：

(1) 从理论上，在预设计参数的前提下，对缓降器整体结构进行了改进设计，确定了缓降器的技术参数，验证了在原有产品基础上进行优化设计出的产品满足材料的强度要求。为缓降器设计提供了参考依据，得到了符合设计要求的满意结果，满足了产品设计的需要，保证了制造实施的可行性，在缩短产品开发周期、降低产品研发成本、提高企业的生产效率和产品性能等方面将有重大的实践意义。

(2) 对图样、装夹方式、刀具的选用、加工参数进行全面的分析，并利用宇龙数控铣床软件对其中的一个零件进行加工仿真，这样就可以对加工工艺及加工参数进行合理的调整，尽量避免在实际加工中出现不必要的损失。通过分析研究，对加工工艺及加工参数有了更好的了解，对宇龙仿真软件的应用做了强化。

(3) 因为缓降器设计、分析、计算的试验性很强，所以预测结果相对于实际情况存在一定的偏差。但总的来说，分析计算得到的结果基本符合理论计算值，所以分析的过程和结果对缓降器的设计与制造具有正确的指导作用。因为时间和篇幅等诸多原因，本文有一些内容研究不够深入。对救生缓降器的不断研究改进，对保障更多人的安全，挽救更多人的生命，让受困人员更加迅速地、更加安全地逃离有重大意义。

致谢

在对救生缓降器的创新研究中，要特别感谢指导教师赵菲菲安排我们组到办公室共同讨论研究。虽然老师有病在身，但是我们组遇到的所有困难她都想方设法地帮忙解决，提供了大量的资料供我们参考。另外，在休息时的交谈，赵老师让我明白了不少道理，如在单位中领导会很看重员工的素质、在工作中要有上进心等。

还要感谢我们的辅导员，因为一直找不到合适的研究课题和指导教师，所以我们都以为无法顺利参加大赛了，但谢老师一直对我们这一组很上心，到处打听、联系老师，终于让我们顺利地参加了大赛，促使我们取得了不小的进步。

在产品的加工中，要感谢数控车间的各位老师及 07 级师哥帮助我们解决了不少在加工中遇到的难题，使我们能如期完成产品的加工并顺利参赛。

在产品的改进过程中，要感谢李主任给我们提了不少好的建议，让产品的质量更上一层楼。

当然还要感谢我的父母，感谢他们对我的大力支持，也是他们从小培养了我遇事不急、办事不躁，仔细认真的好习惯，为我的学习生活打下了很好的基础。

最后感谢我们组的其他同学——毛庆龙、孟昭飞、季飞、王进才，感谢他们与我并肩作战，在这次产品设计创新中，每个人都起到了至关重要的作用，我们是一个整体，缺了哪一个也不会顺利完成产品，最终产品的成功完成离不开每个人的努力与付出。

参考文献

[1] 成大先. 机械设计手册：第 3 卷 [M]. 北京：化学工业出版社，2002.

[2] 齿轮手册编委会. 齿轮手册：上册 [M]. 北京：机械工业出版社，1990.

[3] 刘鸿文. 材料力学 [M]. 北京：高等教育出版社，2002.

[4] 国家职业资格培训教材编审委员会. 车工（初级）[M]. 北京：机械工业出版社，2008.

［5］国家职业资格培训教材编审委员会．铣工（初级）［M］．北京：机械工业出版社，2008.

［6］陈洪涛．数控加工工艺与编程［M］.2 版．北京：高等教育出版社，2009.

［7］乔世民．机械制造基础［M］．北京：高等教育出版社，2007.

［8］龚雯，陈则钧．机械制造技术［M］．北京：高等教育出版社，2008.

［9］孙翰英，庞红，刘秋月．数控机床零件加工［M］．北京：清华大学出版社，2010.

附录：零件图、装配图

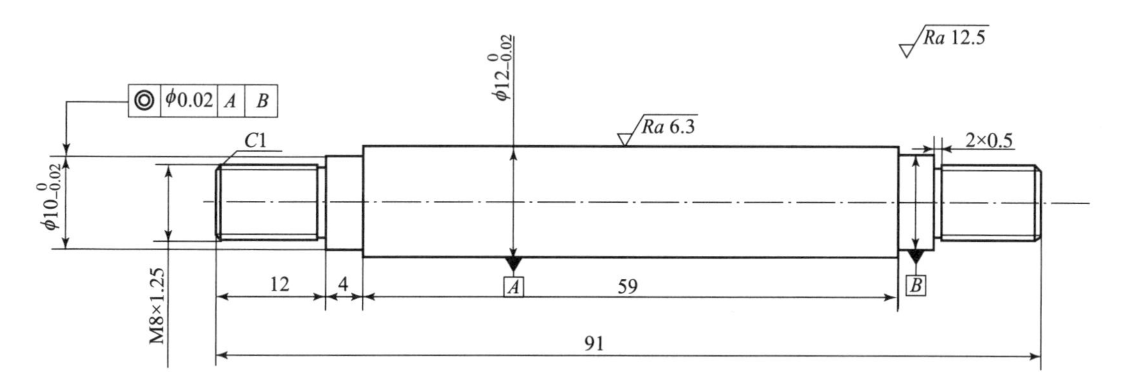

图 1　中心轴零件图

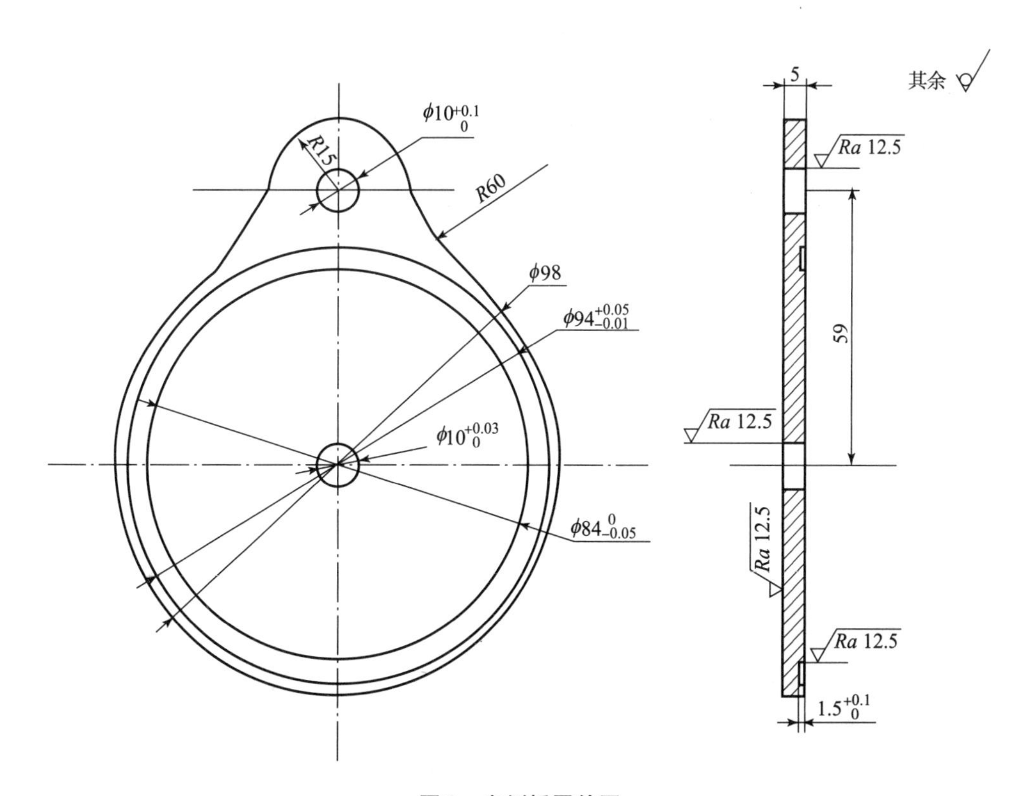

图 2　左侧板零件图

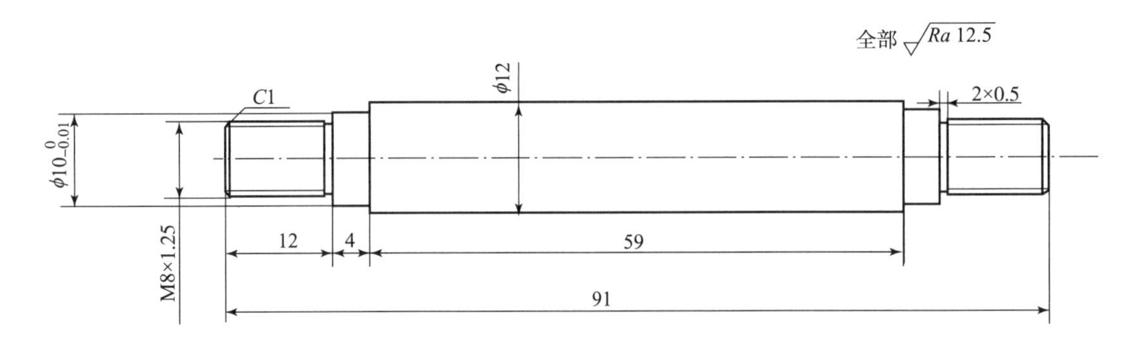

图 3　挂轴零件图

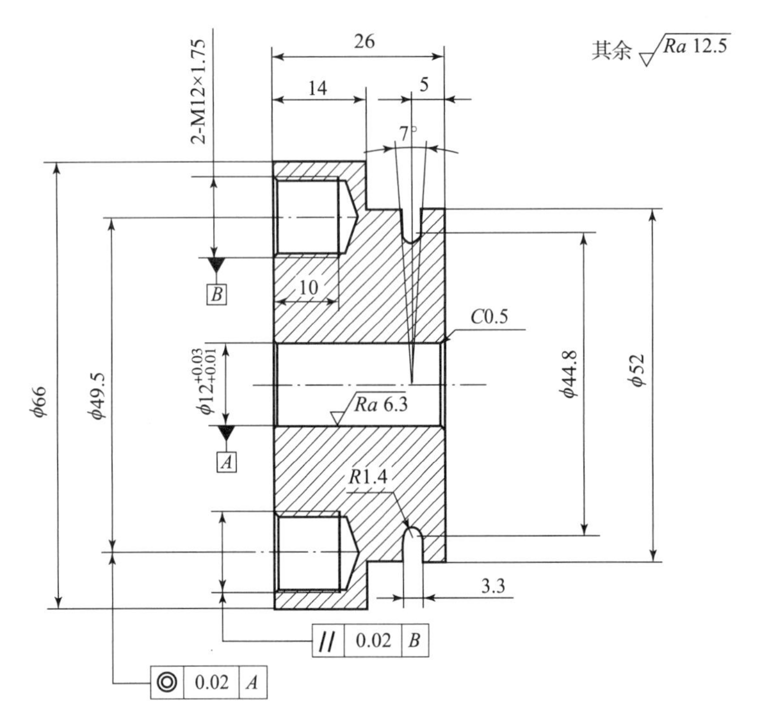

图 4　绳轮零件图

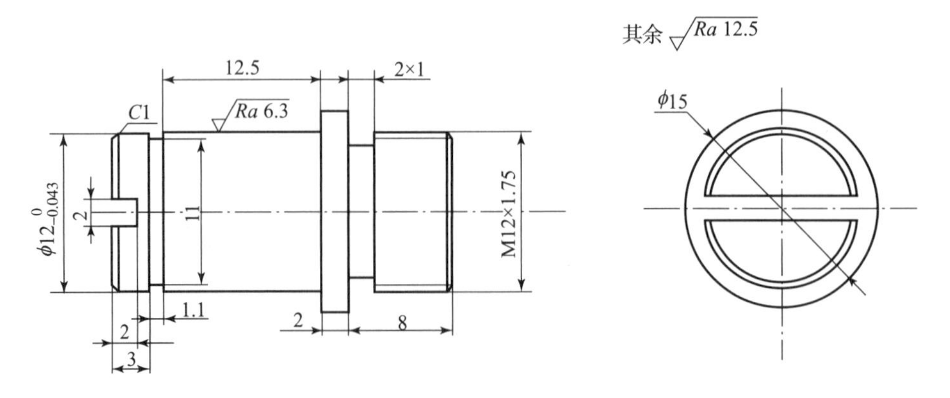

图 5　行星架零件图

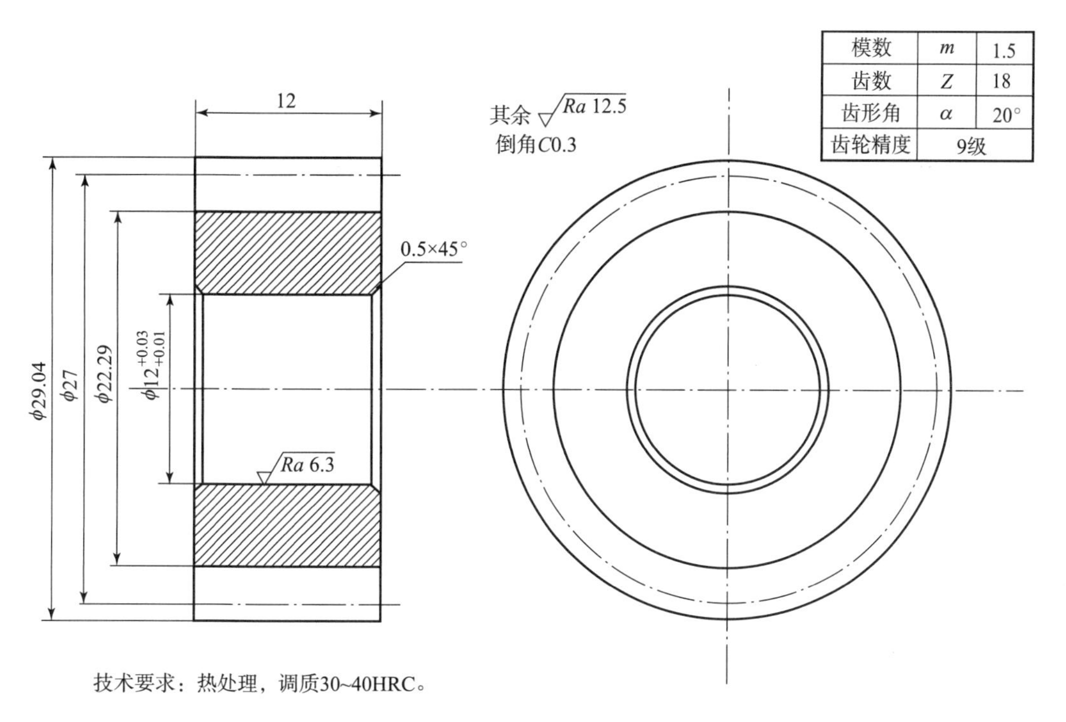

模数	m	1.5
齿数	Z	18
齿形角	α	20°
齿轮精度	9级	

其余 Ra 12.5
倒角C0.3
12
0.5×45°
φ29.04
φ27
φ22.29
φ12+0.03 +0.01
Ra 6.3

技术要求：热处理，调质30~40HRC。

图6　行星轮零件图

模数	m	1.5
齿数	Z	15
齿形角	α	20°
齿轮精度	9级	

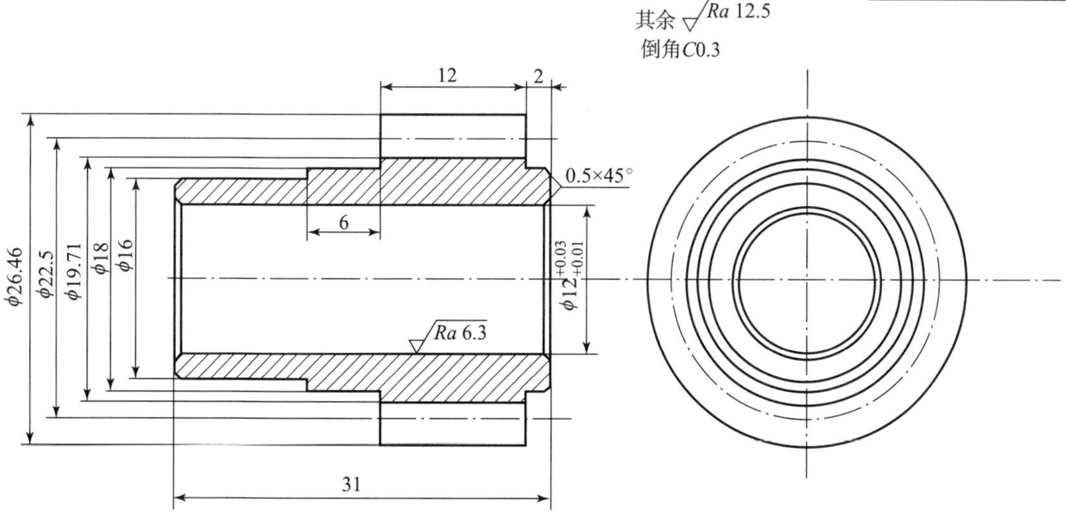

其余 Ra 12.5
倒角C0.3
12
2
0.5×45°
6
φ26.46
φ22.5
φ19.71
φ18
φ16
φ12+0.03 +0.01
Ra 6.3
31

技术要求：热处理，调质30~40HRC。

图7　中心轮零件图

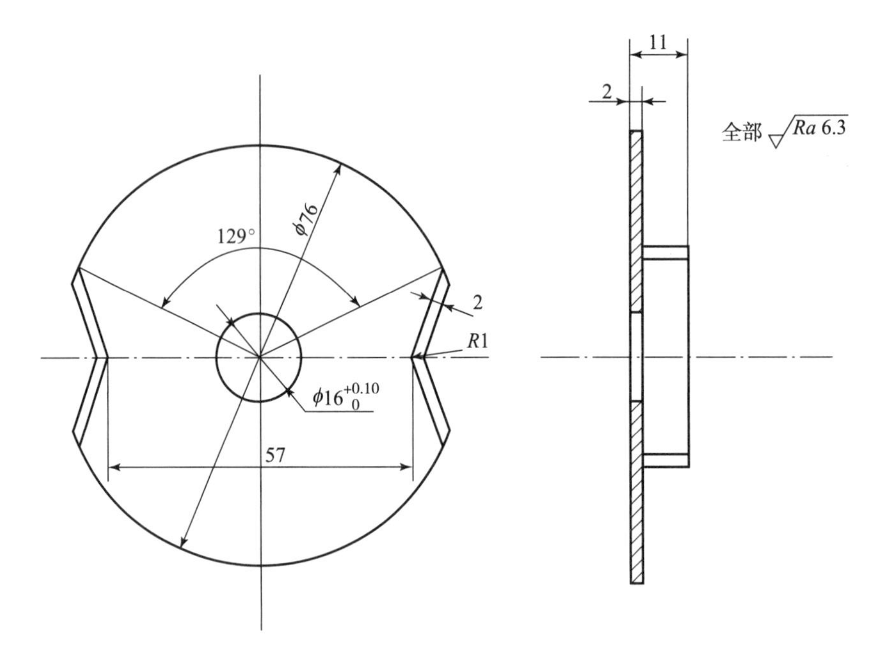

图 8 转盘零件图

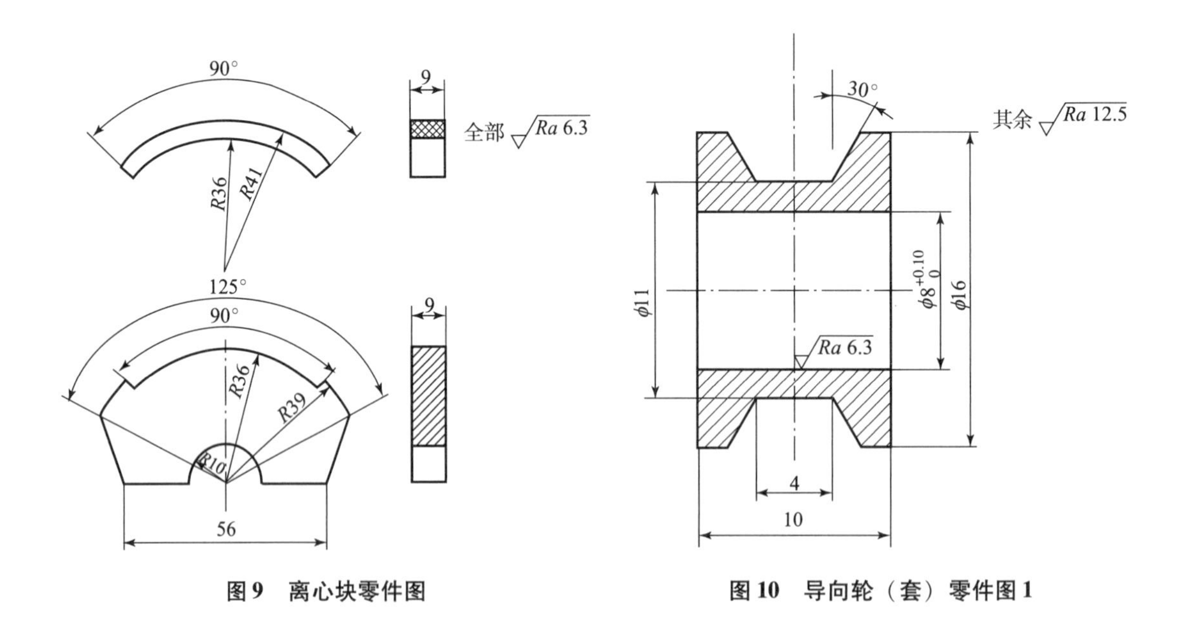

图 9 离心块零件图

图 10 导向轮（套）零件图 1

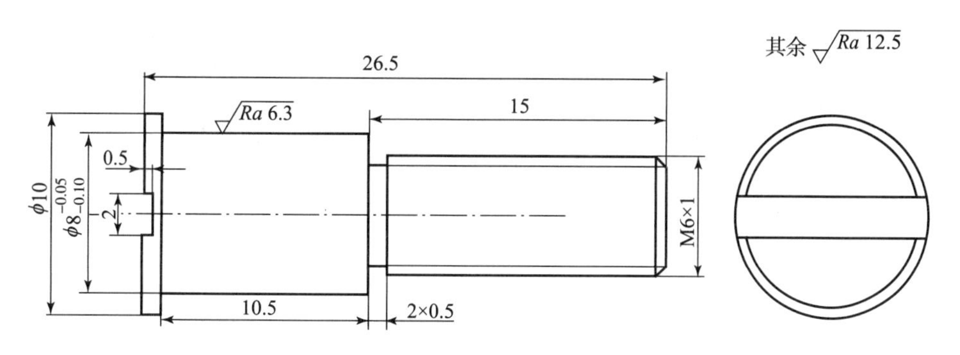

图 11　导向轮（轴）零件图 2

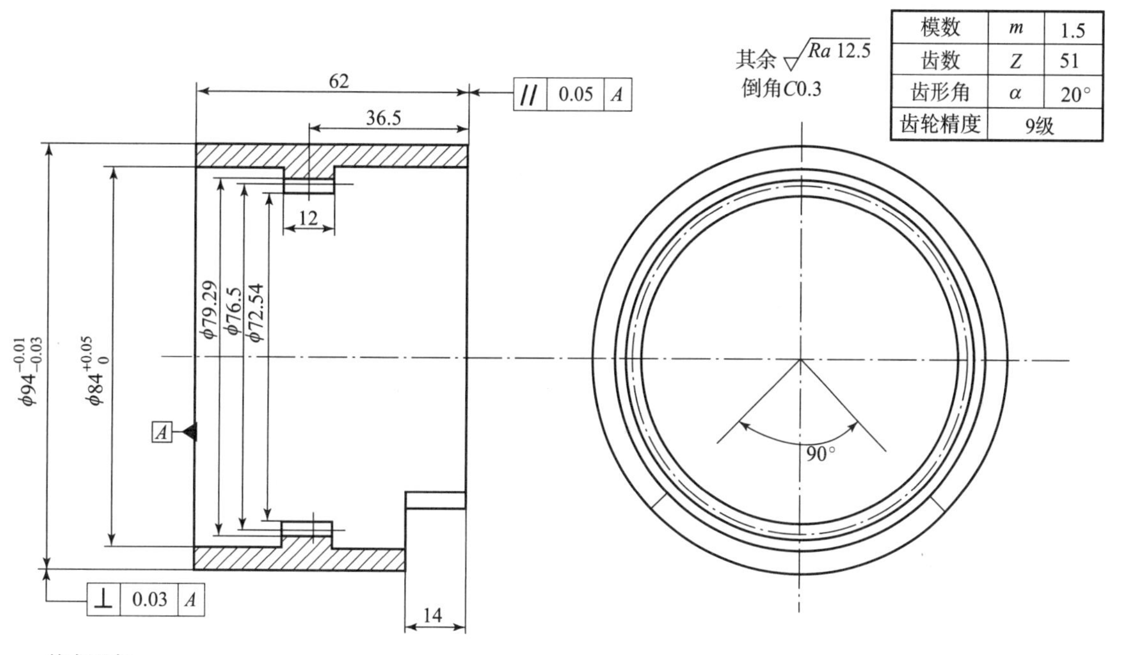

技术要求：

1. 齿轮分度圆 $\phi76.5$ 与 $\phi94_{-0.03}^{-0.01}$ 同心度≤0.10mm。
2. 热处理：调质处理30~40HRC。

图 12　内齿圈零件图

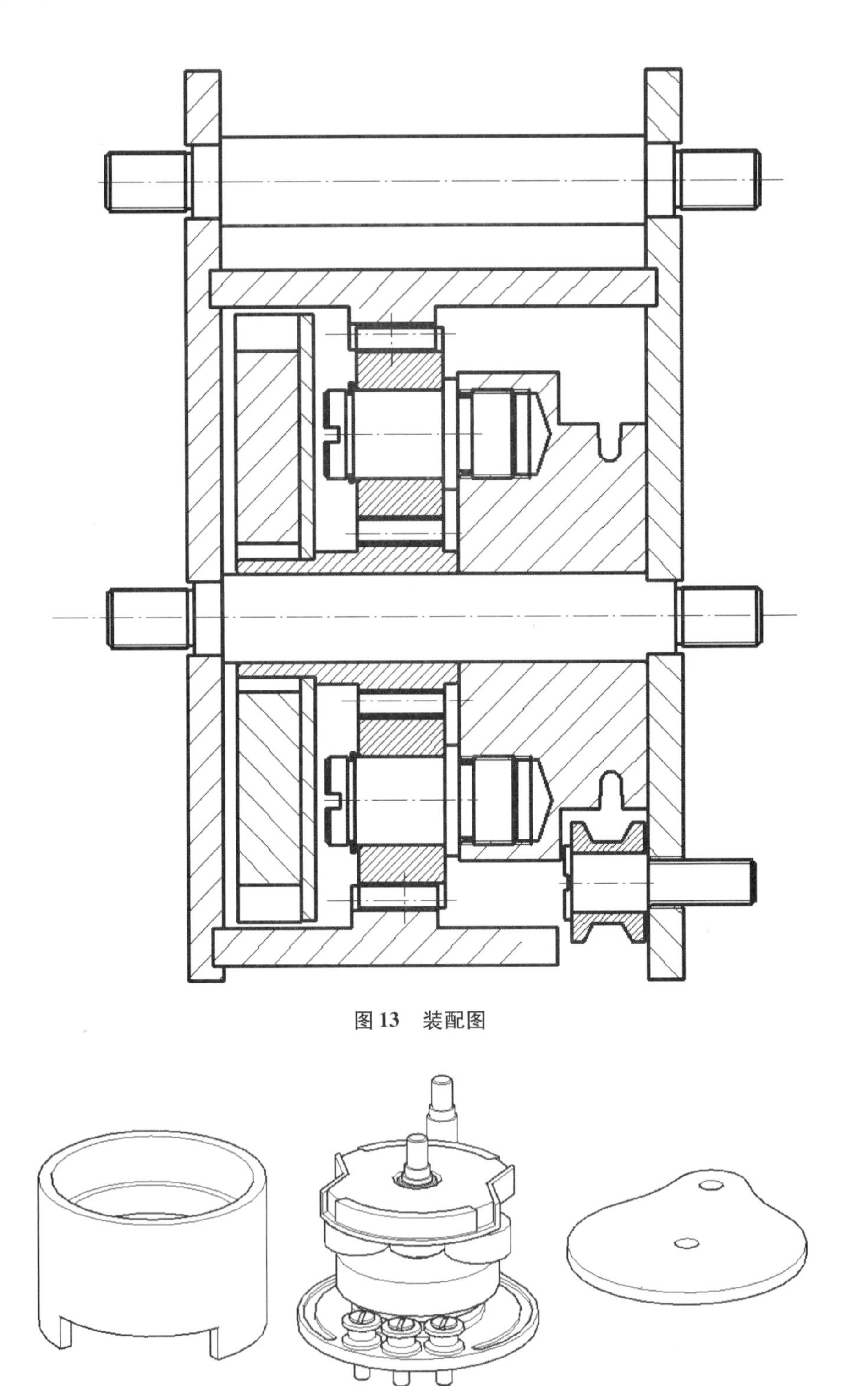

图 13 装配图

图 14 救生缓降器立体图

（四）作品点评

为完成该项目产品，学生前期进行了大量的调研工作，重新设计产品结构，参考了大量的资料。学生利用 UG 的二次开发功能建立了计算机辅助设计系统，完成了缓降器的参数化建模与优化设计，同时利用虚拟样机代替物理样机实时验证设计的可行性，并基于在 UG 中建立的虚拟样机进行动力学与有限元分析，避免了模型导入误差，对产品未来的工作状态和运动行为进行模拟，及早发现设计缺陷，并证实其功能和性能的可靠性，使设计过程自动化。学生进行了实物加工、产品装配、样机试验，产品功能基本实现。整个产品的设计流程很完善，但作为参加大学生机电产品创新设计大赛的产品，本产品主要是机械结构设计，缺少电气控制部分，参加大赛不占优势。

三、案例二　自动煎饼折叠封口机

自动煎饼折叠封口机获得第十四届山东省大学生机电产品创新设计竞赛三等奖。

（一）第十四届山东省大学生机电产品创新设计竞赛作品报名表

第十四届山东省大学生机电产品创新设计竞赛作品报名表如表 4－2 所示。

表 4－2　第十四届山东省大学生机电产品创新设计竞赛作品报名表

<table>
<tr><td colspan="4">参赛作品名称</td><td colspan="10">自动煎饼折叠封口机</td></tr>
<tr><td colspan="4">参赛类别（限 1 项）</td><td colspan="5">本科组□/专科（高职）组√/工业设计组□</td><td colspan="5">企业创新主题组□</td></tr>
<tr><td colspan="4">主题类别（限 1 项）</td><td colspan="5">竞赛主题√/其他□</td><td colspan="5">泰汽主题□/五征主题□/昭阳主题□</td></tr>
<tr><td colspan="4">所在学校</td><td colspan="6">淄博职业学院</td><td colspan="2">邮政编码</td><td colspan="2">2555000</td></tr>
<tr><td colspan="4">联系人</td><td colspan="2">杨兵</td><td colspan="2">联系人通信地址</td><td colspan="6">淄博职业学院</td></tr>
<tr><td colspan="2">电话</td><td colspan="3">略</td><td>手机</td><td colspan="4">略</td><td>Email</td><td colspan="3">略</td></tr>
<tr><td rowspan="6">参赛者</td><td colspan="2">排序</td><td colspan="2">姓名</td><td>性别</td><td>班级</td><td colspan="6">所学专业</td><td>签名</td></tr>
<tr><td colspan="2">1</td><td colspan="2">田浩然</td><td>男</td><td>P15 机制 1</td><td colspan="6">机械制造与自动化</td><td></td></tr>
<tr><td colspan="2">2</td><td colspan="2">孙岩</td><td>男</td><td>P15 机制 1</td><td colspan="6">机械制造与自动化</td><td></td></tr>
<tr><td colspan="2">3</td><td colspan="2">杨浩</td><td>男</td><td>P15 机制 1</td><td colspan="6">机械制造与自动化</td><td></td></tr>
<tr><td colspan="2">4</td><td colspan="2">刘栋梁</td><td>男</td><td>P15 机制 1</td><td colspan="6">机械制造与自动化</td><td></td></tr>
<tr><td colspan="2">5</td><td colspan="2">许维凯</td><td>男</td><td>P16 机制 1</td><td colspan="6">机械制造与自动化</td><td></td></tr>
<tr><td rowspan="3">指导教师</td><td colspan="2">排序</td><td colspan="2">姓名</td><td>性别</td><td>职称</td><td colspan="6">专业</td><td>签名</td></tr>
<tr><td colspan="2">1</td><td colspan="2">赵菲菲</td><td>女</td><td>讲师</td><td colspan="6">机械制造与自动化</td><td></td></tr>
<tr><td colspan="2">2</td><td colspan="2">曲振华</td><td>男</td><td>助教</td><td colspan="6">机电工程</td><td></td></tr>
<tr><td colspan="3">作品内容简介（400 字以内）</td><td colspan="11">全自动煎饼折叠封口机采用简单的机械结构为我们解决了日常枯燥烦琐的煎饼折叠工作。该机器采用 PLC 电气控制系统控制所有动作，将煎饼放置于折叠板上进行自动折叠后翻至传送板上，运送装置将煎饼送至袋中并推至真空封口处，封口机经 PLC 电气控制将装有煎饼的袋子进行吸气封口，由此就完成了煎饼的折叠封口过程。此过程全自动智能化，不需要人为操作，有效地解决了枯燥的煎饼折叠封装过程，并完美地实现了真空封装。该机器可与现有家用或企业的自动煎饼机无缝衔接，无须更换设备，简单易用，降低了人力成本，提高了工作效率，满足当今社会高效、融合、安全、节能、经济的要求</td></tr>
</table>

续表

主要创新点（200字以内）	（1）机器由PLC全自动控制，无须人为附加操作，实现了智能自动化； （2）该产品实现了与现有全自动煎饼机的无缝衔接，实现了煎饼生产包装的流水线作业； （3）有效地解放了劳动力，节约了人力成本； （4）可连续工作，提高了厂商的经济效益； （5）简单易维修，便于拆装，有效节省机器维护成本		
推广应用价值（200字以内）	全自动煎饼折叠封口机在保证煎饼折叠的同时进行真空封口、包装，有效地延长了煎饼的保质期，并且此机器适配于市面上现有的全自动煎饼机，无须更换已有机器便可实现从生产到包装的全自动化生产，工作效率大大提高，完全适配于现在的家用或小型企业使用的自动煎饼机，节省了人工成本，提高了经济效益，受到广大用户的喜爱，应用前景广阔		
参赛承诺	本人代表本作品所有参赛者和指导教师承诺：已知晓并自愿接受本大赛章程、评审规则和评审办法；本参赛作品没有抄袭他人创意、作品和专利技术；不以任何方式干扰评审委员会的工作；服从大赛组委会最终裁决。如有违反，一切后果由本参赛队承担。 指导教师（签名）：		
制作费用	2 500.00元。	是否已申请专利	是□/否√
学校推荐意见	负责人__________（签名或盖章）（公章） 年 月 日		
决赛评审结果及推荐意见	山东省大学生机电创新设计竞赛组委会主任__________（签名或盖章） 年 月 日		

填写说明：①编号申报者不填写，由组委会统一填写；②请选勾作品参赛和主题类别，作品参赛类别和主题类别仅限选一项，本科、专科和工业设计组仅对应“竞赛”主题和其他；③联系人应由各学校指派；④每个作品的参赛者不超过5人，指导教师不超过2人，本人须签名，一旦上报不能再更改；⑤制作费用主要包括购买元器件和材料费、外协零件加工费等，不含调研、差旅、资料、学生人工费；⑥学校推荐意见一览的负责人应为协作组成员或学校相关负责人；⑦本表双面打印在一张A4纸上。

注：参赛学生、教师名单及排序请按实际贡献大小认真填写、审核，一经上报不再更改。

（二）山东省大学生机电产品创新设计大赛作品简介

作品名称：全自动煎饼折叠封口机。

主题类别：竞赛主题。

参赛学校：淄博职业学院。

参赛学生：田浩然、孙岩、刘栋梁、杨浩、许维凯。

指导教师：赵菲菲、曲振华。

作品简介：

1. 应用领域和技术原理、用途

全自动煎饼折叠封口机是一种专用于煎饼折叠包装封口的机械设备。

技术原理：该机器采用PLC电气控制系统控制所有动作，将煎饼放置于折叠板上进行自动折叠后翻至传送板上，运送装置将煎饼送至袋中并推至真空封口处，封口机经PLC电气控制将装有煎饼的袋子进行吸气封口，由此就完成了煎饼的折叠封口过程，将煎饼旋转入箱内即可。

2. 技术性能指标

作业数量：每次 1 个直径 30cm 的圆形煎饼。

折叠时间：4s 折叠好，可调。

外形尺寸：1 000mm × 700mm × 500mm，可调。

整机质量：约 10kg。

3. 作品的创造性、先进性、可行性、实用性

创造性及先进性：机器由 PLC 全自动控制，无须人为附加操作，实现了智能自动化。该产品实现了与现有全自动煎饼机的无缝衔接，实现了煎饼生产包装的流水线作业。该产品适用范围广，如适用于现有的小型企业或家庭作坊。

可行性：本产品可连续作业、省时省力、体积小、易于拆装、成本低、操作简单、移动流畅、折叠均衡，大大提高了工作效率，节省了人力。本产品可与现有的自动和非自动的摊煎饼机配合。

实用性：低廉的造价，并且无须人为附加操作，让广大用户买得起、用得起，便于推广使用。

4. 作用意义

本产品可以代替传统的人工折叠，实现全自动的折叠封口，节省了人力资源，提高了工作效率。

5. 推广应用前景、效益分析与市场预测

本产品既节省人力，又节约工时成本，由传送带流水自动化作业，方便易学，折叠美观，封口结实不漏气，应用前景非常广泛。

6. 产品照片

全自动煎饼折叠封口机产品模型如图 4 – 2 所示。

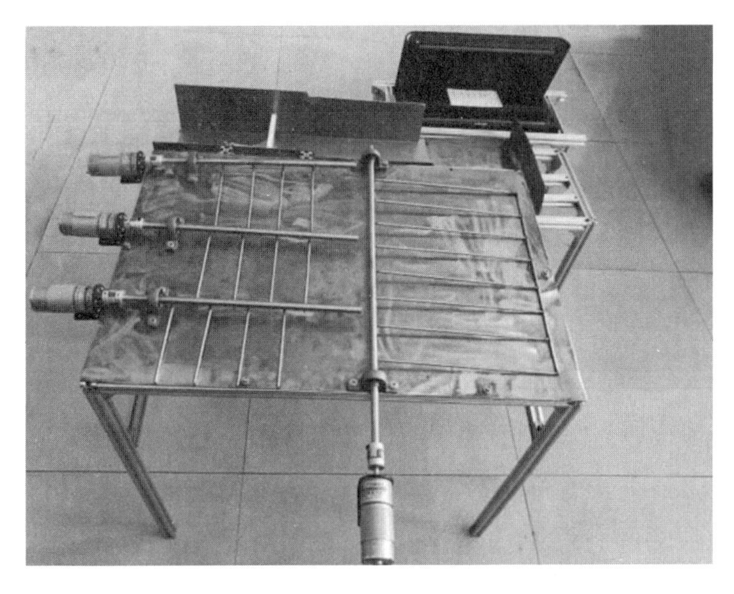

图 4 – 2　全自动煎饼折叠封口机产品模型

（三）自动煎饼折叠封口机产品设计说明书

产品完整设计说明书如下：

全自动煎饼折叠封口机产品设计说明书

摘　要：全自动煎饼折叠封口机采用简单的机械结构，帮助我们完成日常枯燥烦琐的煎饼折叠工作。该机器采用 PLC 电气控制系统全权控制，将煎饼放置于折叠板上后 PLC 控制电动机进行自动折叠并翻至传送板上，运送装置将煎饼送至袋中并推至真空封口处，封口机经 PLC 控制将装有煎饼的袋子进行吸气封口，由此就完成了煎饼的折叠封口过程。此过程智能化全自动，不需要人为进行附加操作，完成了枯燥的煎饼折叠封装过程，并完美地实现了真空封装，延长了煎饼的保质期。机器简单便于维修，若有些地方使用不当造成损坏可自行更换零件维修。我们设计的机器可以实现与现有家用或商用的自动煎饼机无缝衔接，无须更换设备，降低了经济要求，并且简单易用，降低了人力成本，提高了工作效率，满足了当今社会高效、融合、安全、节能、经济的要求。

关键字：全自动煎饼折叠、PLC 控制、封口机

1　概述

1.1　主要工作

全自动煎饼折叠封口机利用电动机的动力运作，由 PLC 电气控制系统控制，实现了自动化、智能化工作，大大节省了人工成本。

该产品重点针对工作方式、可否连续工作、产品是否安全、程序是否合理等问题进行了改进，以提高工作效率，降低劳动强度，同时考虑材料、工艺、成本等因素，确定以下研究内容：

（1）研究折叠方式、动力结构和工作过程。

（2）研究各个装置系统的优化配置方案。

（3）在使用材料上全部使用食品级材料，可直接接触食品。

（4）为提高工作效益采用 PLC 控制电动机旋转，有序地进行折叠封口入箱。

（5）设计 PLC 程序，条条考究，优化出最合理的程序。

1.2　技术性能指标

作业数量：每次 1 个直径 30cm 的圆形煎饼。

折叠时间：4s 折叠好，可调。

外形尺寸：1 000mm×700mm×500mm，可调。

整机质量：约 10kg。

1.3　作品的创新点

该设备的创新点如下：

（1）代替传统的人工折叠方式，实现自动化智能化折叠，大大节省了人力资源，提高了工作效率。

（2）机器由 PLC 全自动控制，无须人为附加操作，实现了智能化、自动化操作。

（3）机器实现了与现有全自动煎饼机的无缝衔接，满足了现在煎饼及市场的需求。

（4）机器有效地解放了劳动力，节约了人工成本。

（5）机器可连续工作，提高了商家的经济效益。

（6）机器简单易维修，便于拆装，有效节省机器维护成本。

1.4　推广应用前景、效益分析与市场预测

全自动煎饼折叠封口机在保证煎饼折叠的同时进行真空封口、包装，有效地延长了煎饼的保质期，并且此机器适配于市面上现有的全自动煎饼机，无须更换已有机器便可实现全自动功能，节省了人工成本，提高了经济效益。加之该设备的造价低，无论是对于大规模的工厂还是小规模的家庭，购买此设备都是十分划算的，应用前景非常广泛。

2　全自动煎饼折叠封口机的结构设计

2.1　全自动煎饼折叠封口机的工作原理

将煎饼放置于折叠板上后，PLC 控制电动机进行自动折叠并翻至传送板上，运送装置将煎饼送至袋中并推至真空封口处，封口机经 PLC 控制，将装有煎饼的袋子进行吸气封口，由此就完成了煎饼的折叠封口过程。其机构如图 1 所示。

2.2　全自动煎饼折叠封口机封口处及其工作方式设计

煎饼封口需要保证其安全可靠，并且还要保证其封口的质量，是否漏气等，所以我们对封口的部分做了深度解析，即从封口的方式到封口时所需的材料均进行了深度解析，封口的方式根据袋子的材料做了许多针对性实验。

封口处的工作方式具体如下：

1. 单封口模式

当煎饼装袋之后到达封口的位置时，如果只是想要封口，则按下“单封口模式”按钮，电动机带动丝杠下压封口板，压紧后自动通电热压使袋子封口处热封。

2. 真空封口模式

当煎饼装袋后到达封口的位置时，电气控制系统默认为真空封口模式，电动机带动丝杠使封口板下压，袋子口卡到真空吸气区，开始自动真空吸气。当吸到一定程度时，热封口自动启封，这样就完成了真空封口过程。

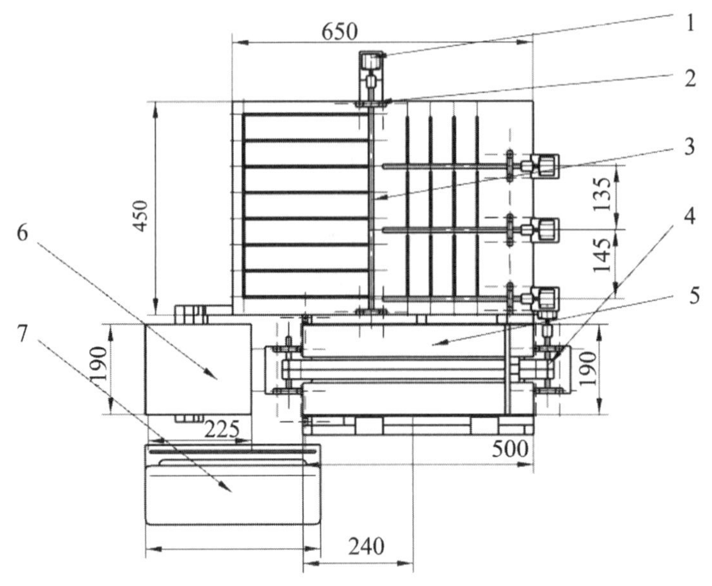

图 1　全自动煎饼封口机设计图

1—电动机；2—底板；3—翻折板；4—传送带；5—运输板；6—旋转板；7—封口机

3　电气控制系统

控制系统的整体设计如图 1 ~ 图 4 所示。

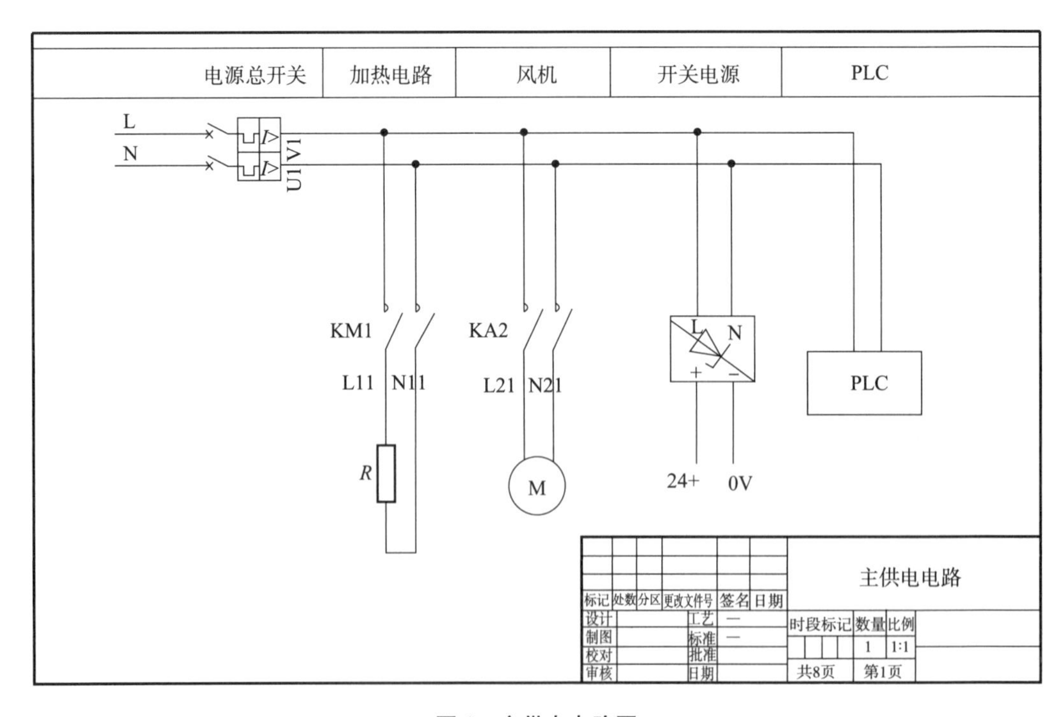

图 1　主供电电路图

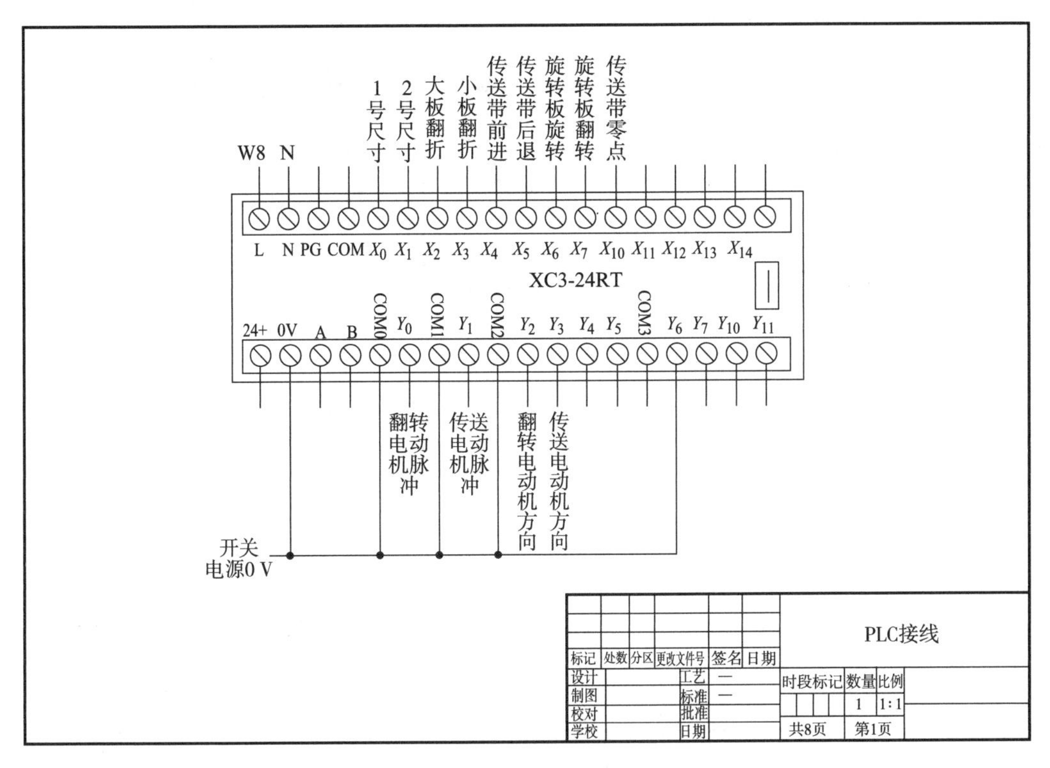

图 2　PLC 接线电路图

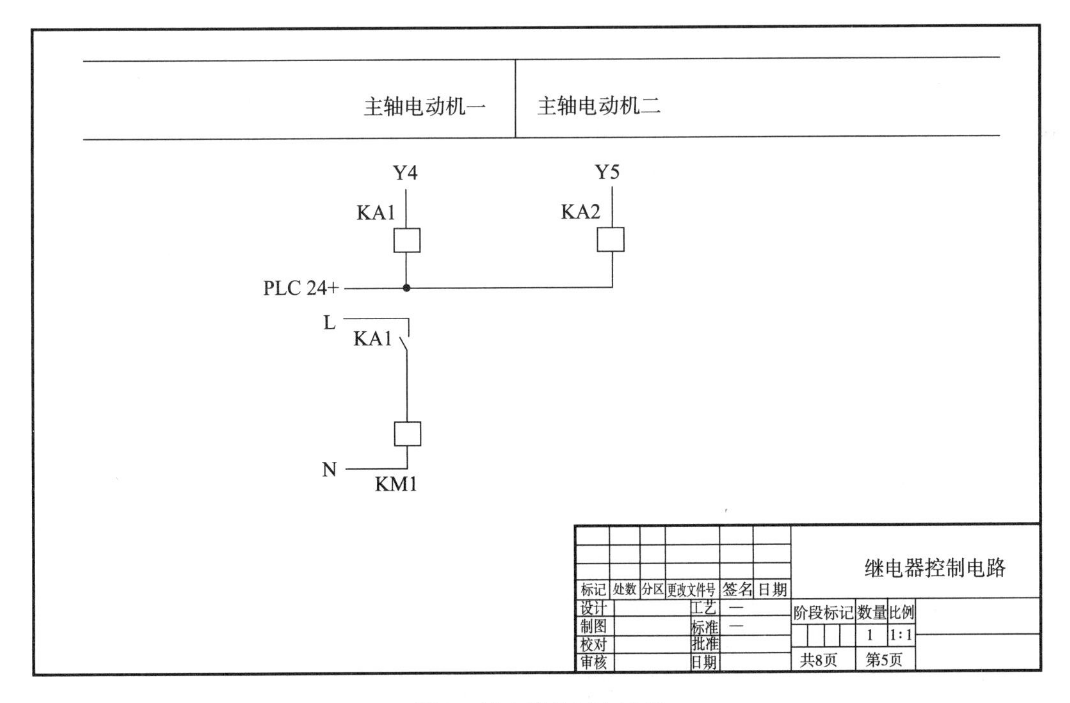

图 3　继电器控制电路图

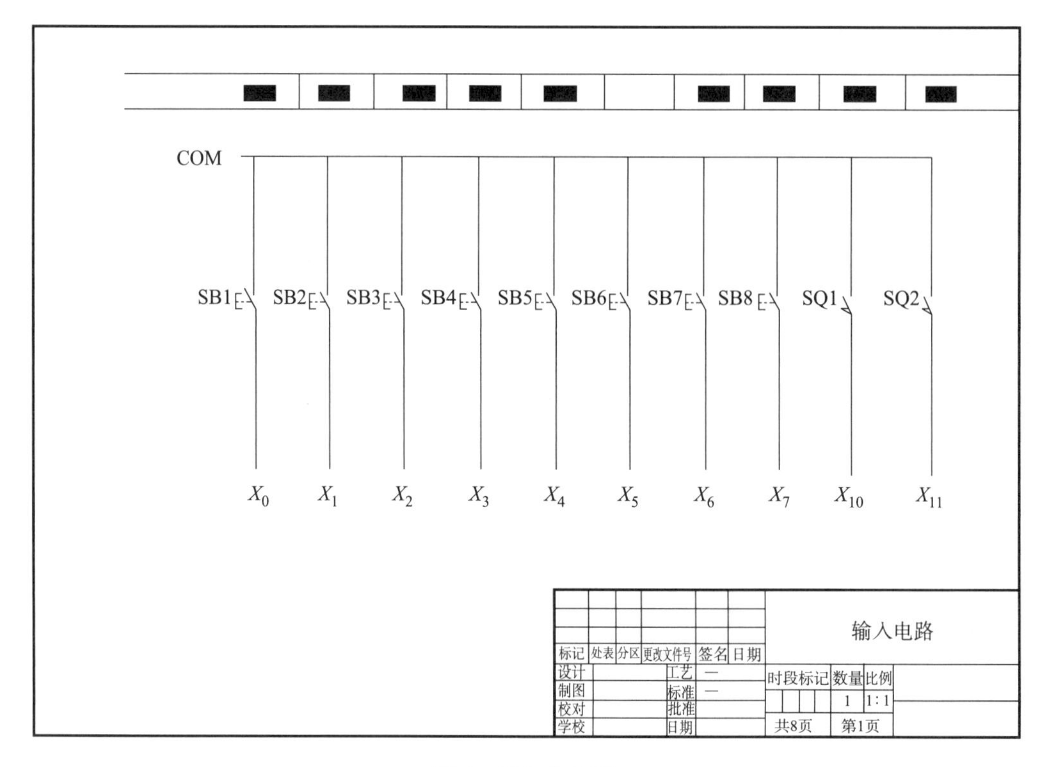

图4 输入电路图

结论

全自动煎饼折叠封口机在保证煎饼折叠的同时进行真空封口、包装，有效延长了煎饼的保质期，并且此机器适配于市面上现有的全自动煎饼机，无须更换已有机器便可实现全自动功能，节省了人工成本，提高了经济效益。该产品成本低，让广大用户买得起用得起，便于推广使用。

致谢

在本项目的设计过程中，我们团队中的每位成员都怀揣着满腔的热忱。在设计过程中我们都收获了很多很多，为我们的人生收获了一笔宝贵财富。

在这段时光里我们得到了赵菲菲老师和曲振华老师的热心指导和无私帮助，他们为我们指出了其中的错误和不足。老师不仅传授了我们做学问的秘诀，还传授了我们做人的准则，这些都将使我们终身受益。我们借此机会向指导老师们表示衷心的感谢！

感谢之余，诚恳地请各位在百忙之中抽出时间对我们的设计说明书进行审阅的专家和老师们多提宝贵意见，使我们能及时完善说明书的不足之处。

再次带着万分的感激之情，对专家评委们表示最衷心的祝愿！

参考文献（略）

附录

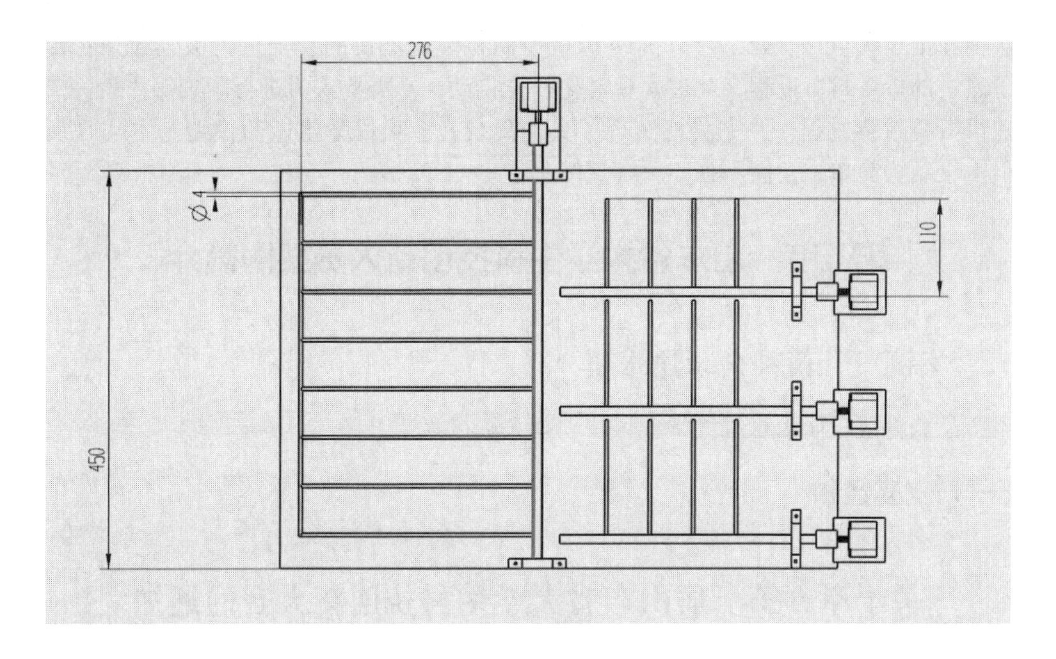

图1　装配图1

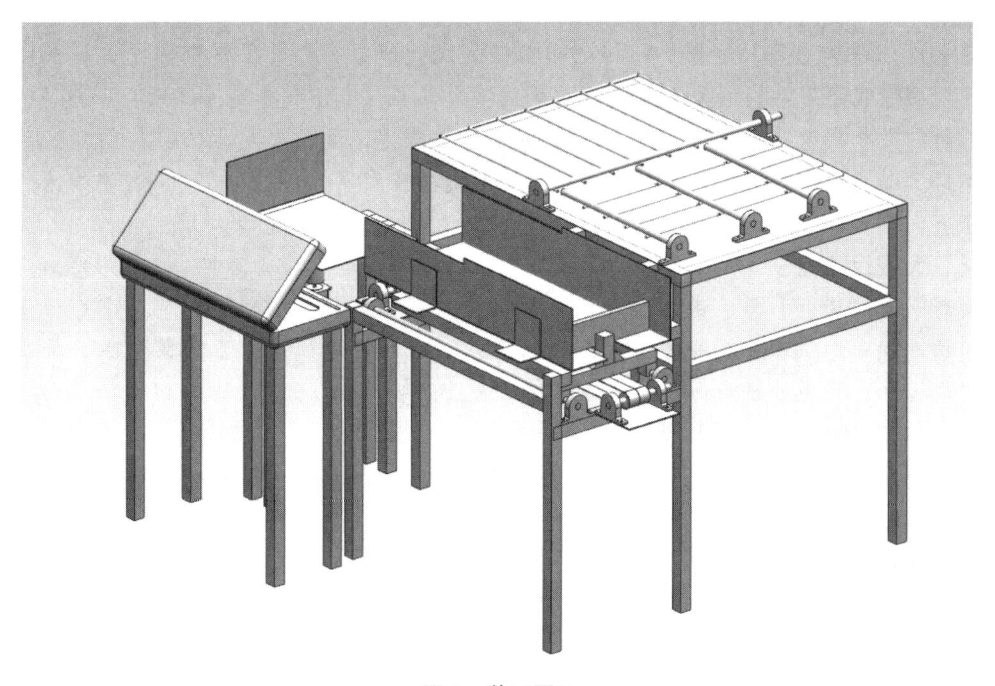

图2　装配图2

（四）作品点评

该项目是学生自选项目，产品灵感来源于生活。该机器由 PLC 电气控制系统全权控制，将煎饼放置于折叠板上后，PLC 控制电动机进行自动折叠并翻至传送板上，运送装置将煎饼送至袋中并推至真空封口处，封口机经 PLC 控制将装有煎饼的袋子进行吸气封口，由此就完成了煎饼的折叠封口过程，此过程智能化、全自动，不需要人为进行附加操作就完成了枯燥的煎饼折叠封装过程，并完美地实现了真空封装。该项目学生做的模型基本实现所需功能，但由于结构简单、功能不强，大赛成绩不佳。

第二节　山东省大学生科技创新大赛案例简介

一、案例一　菌种自动注水机

本产品获得第三届山东省大学生科技创新大赛二等奖。

（一）竞赛通知

关于举办第三届山东省大学生科技创新大赛的通知

各高等学校：

为贯彻落实《中共中央国务院〈关于深化体制机制改革加快实施创新驱动发展战略的若干意见〉》（中发〔2015〕8号）和《山东省人民政府办公厅关于贯彻国办发〔2015〕36号文件全面深化高等学校创新创业教育改革的实施意见》（鲁政办发〔2016〕13号），深化高校创新创业教育改革，培养大学生的创新意识和能力，展示大学生的科技创新成果，引导、支持、鼓励大学生积极开展科技创新活动，我厅拟于2016年7月至11月组织开展第三届山东省大学生科技创新大赛（以下简称大赛）。现将有关事项通知如下：

一、大赛目的

大赛秉承“崇尚科学、锐意进取、开拓创新、面向未来”的理念，旨在培养大学生的创新精神、探索意识和实践能力，发现、培育、扶持一批有创新潜质和研究能力的优秀人才，引导大学生科技创新活动蓬勃开展，推动大众创业、万众创新。

二、组织机构

本届大赛由山东省教育厅主办。设立第三届山东省大学生科技创新大赛组织委员会（简称大赛组委会），负责大赛的组织、协调与实施工作。大赛组委会构成如下：

主　任：左　敏　山东省教育厅厅长
副主任：徐曙光　山东省教育厅巡视员
委　员：高　磊　山东省教育厅高等教育处处长
　　　　梁斌言　山东省教育厅职业教育处处长
　　　　刘永波　山东省教育厅科学技术处处长
　　　　司金贵　山东省教育厅学生处处长

祝令华　山东省教育厅教师工作处处长
吴建华　山东省教育厅财务处处长
李　霞　山东省学生就业创业教育咨询中心主任

三、参赛对象

参赛对象为我省高校2016年7月1日前在校的、具有正式学籍的全日制普通本专科学生（不含研究生和成人教育学生），鼓励跨专业、跨院系、跨学校组建团队。

四、作品说明

（一）作品类型。申报作品不限科类，所有专业的学生均可申报。作品类型分为四类：实物产品创新、创意产品创新、实验过程创新、生产过程创新。参赛团队可根据作品实际情况自主选择参赛类型。

实物产品创新：是指大学生以独特的思维模式提出有别于常规或常人思路，利用现有的知识和条件，对已有产品进行改造升级或创造性地设计并制造出新的产品。实物产品创新需以实物或模型形式呈现。

创意产品创新：是指大学生基于独特的思维、新颖的构思和创造性的想法，以现有的知识和能力为基础，设计出满足公众需求愿望的、具有较高附加值的物品。创意产品创新需以多张二维或三维设计图形式呈现。

实验过程创新：是指大学生在参与教学实验过程中，通过对实验内容、实验方法和实验过程的理解，产生有价值的创意和创新想法，提出自己的创新思路和方法，改变或优化传统实验过程，达到降低成本、节约能耗、缩短时间、提高效率等目的。实验过程创新必须基于真实课程教学中的仪器教学实验，且通过实际验证已经取得成功。

生产过程创新：是指大学生在参与生产实习的过程中，通过对生产任务、生产方式、生产过程的理解，产生有价值的创意和创新想法，提出自己的创新思路和方法，改变或优化传统生产方式，达到降低成本、节约能耗、缩短时间、提高效率等目的。生产过程创新必须基于真实的企业生产过程，且通过实际验证已经取得成功。

（二）作品要求。

1. 参赛作品必须是学生在校期间的研究创新成果，有一定的科学价值、创新价值和实际应用价值。

2. 参赛作品可以是个人作品，也可以是团队作品。团队作品的主要作者不超过5人，且所有作者均须对作品有实际贡献。

3. 参赛作品可以有指导教师（也可以没有），每件作品的指导教师不超过2人。

4. 参赛作品内容须健康、合法，无任何不良信息。作品所涉及的发明创造、专利技术、资源等必须拥有清晰合法的知识产权或物权，报名时需提交完整的具有法律效力的所有人书面授权许可书、项目鉴定证书、专利证书等。抄袭、盗用、提供虚假材料或违反相关法律法规的，一经发现，即取消其参赛资格，相关法律责任由作品申报者承担。

五、赛程安排

（一）参赛报名。所有参赛作品均需通过大赛报名系统进行报名。参赛作品可通过大赛官网 http://221.214.56.13:8385 进行注册报名，报名系统开放时间为2016年8月15日，截止时间为2016年9月28日。

（二）校级初赛（2016年9月28日前）。校级初赛的比赛环节、评审方式等由各高校自行确定。入围参加省赛的作品数量，根据各高校9月28日24时在大赛官网正式报名参赛的作品总数及前两届大赛的参赛、获奖情况，由省教育厅统筹确定。

（三）省级大赛（2016年11月30日前）。分为网上初评和现场决赛两轮进行。

第一轮：网上初评。专家通过评审系统网上评阅作品申报书、一分钟展示视频及其他佐证材料，依据评审标准，择优评选出400项左右作品入围现场决赛。

第二轮：现场决赛。专家组审阅作品申报书、一分钟展示视频、实物及其他佐证材料，并对参赛作品团队成员现场答辩10分钟。专家组依据评审标准对参赛作品逐一评审，并拟定一、二、三等奖获奖作品名单。

优秀组织奖名单由省教育厅确定。

（四）结果公布。获奖名单经我厅审定后进行公示，公示无异议后，以省教育厅文件正式公布。

六、奖励设置

根据省教育厅、省财政厅《关于印发山东省大学生科技创新大赛奖励办法的通知》（鲁教科发〔2015〕2号）规定，大赛设优秀作品奖、优秀指导教师团队奖和优秀组织奖。其中优秀作品奖获奖数量为一等奖30项、二等奖70项、三等奖100项；一等奖获奖作品的指导教师团队为优秀指导教师团队；大赛设优秀组织奖20个。

对获奖作品和优秀指导教师团队颁发证书。同时，对获得一等奖作品的学生团队奖励1万元、指导教师团队奖励5 000元；对获得二等奖作品的学生团队奖励8 000元、指导教师团队奖励4 000元；对获得三等奖作品的学生团队奖励5 000元、指导教师团队奖励3 000元。

对获得优秀组织奖的高校颁发奖杯并奖励5万元，主要用于支持大学生开展科技创新活动、研发科技创新作品等。

奖励资金于2017年5月底前拨付到各有关高校。奖励资金实行单独核算、专款专用，任何单位和个人不得截留、挤占、挪用。

七、材料填报

（一）有关高校负责组织申报作品的作者于2016年8月15日以后登录大赛官网http://221.214.56.13:8385，填写《山东省大学生科技创新大赛作品申报书》（附件1），并上传一分钟展示视频及其他佐证材料。材料填报工作务必于9月28日前完成。

（二）有关高校审核确认所有申报作品材料网上填报无误后，通过系统自动生成《第三届山东省大学生科技创新大赛推荐作品汇总表》（附件2）。高校根据作品质量优劣确定推荐顺序，并将推荐序号人工填写到汇总表第一列“序号”栏目。序号填写无误后，通过系统导出汇总表并打印，加盖学校公章，于10月1日前邮寄至山东省学生就业创业教育咨询中心。我厅将根据统筹确定的分学校入围参加省赛的作品数量和高校作品推荐顺序，遴选具有省赛参赛资格的作品。

八、工作要求

（一）加强组织领导。我厅高度重视大学生科技创新大赛工作，把大赛的举办作为推进高校创新创业教育实践的重要举措，把大赛成绩作为衡量高校创新教育成果的重要标志。各高校要充分认识大赛的重要意义，把组织参加大赛作为深化学校创新创业教育改革，提高学生创新精神、探索意识和实践能力的重要抓手与实践平台，努力营造有利于创新人才成长的育人环境。要成立由校领导牵头，团委、学生、教务、科技等相关部门组成的专门组织机构，明确职责分工，统筹做好申报作品的遴选推荐工作。

（二）做好宣传指导。各高校要广泛宣传、全员动员、强化指导，形成参赛学生梯队，努力培养科技创新人才。通过开展以科技创新为主题的学术讲座、学术论坛、学术沙龙等活动，推动学生跨专业组队、跨界学习。坚持以赛促学、以赛促练，推进科技创新训练和实践。引导学生关注社会需求，提升参赛项目的应用价值和市场价值。我厅将不断创新宣传形式，加强正面宣传和舆论引导，积极联系省内主流媒体，充分发挥省教育厅门户网站、山东教育电视台等的作用，为大赛的开展营造良好的舆论氛围。

（三）完善服务保障。各高校要组建指导教师团队，认真做好参赛作品的前期培育，帮助大学生组建科技创新团队。为参赛团队提供政策法规、赛事动态等信息，做好知识产权保护等服务。力争多方支持，为参赛团队提供必要的条件支持、政策扶持和经费保障。对参赛团队的学生根据参赛情况给予奖励，认定创新创业学分，并在评奖评优等方面予以倾斜；对成绩优异参赛团队的指导教师进行奖励，并在工作量认定、个人晋升等方面予以倾斜，有效激发广大教师和学生投身创新创业教育与实践的热情和激情。

九、其他事项

（一）申报“实物产品创新”的参赛作品实物或模型，只在进行第二轮现场决赛时进行展示，由作者按规定时间自行带到决赛现场。

（二）请各高校确定1～2名大赛工作联系人，填写《第三届山东省大学生科技创新大赛联系人信息表》（附件3），于6月30日前发送到大赛专用邮箱 dxskjcxds@163.com。

（三）大赛工作联系方式。

1. 为方便大赛沟通交流和信息发布，专门建立了“山东省大学生科技创新大赛”QQ群，群号169086963，各高校报送联系人信息后，我们将通过邀请入群的方式添加学校联系人信息。

2. 大赛动态还将通过“山东省教育厅创新创业大赛”微信公众号（微信号：sdjycy_dasai）进行发布，各高校和参赛师生可通过扫描下列二维码关注。

“山东省教育厅创新创业大赛”微信公众号

3. 大赛由山东省学生就业创业教育咨询中心具体承办。

联系人：陈璟　冯天晓

联系电话：0531-81676815 81916506

通信地址：济南市青年东路1号，山东文教大厦南楼1038房间，邮编：250011

专用邮箱：dxskjcxds@163.com

附件：1. 山东省大学生科技创新大赛作品申报书.docx

2. 第三届山东省大学生科技创新大赛推荐作品汇总表.docx

3. 第三届山东省大学生科技创新大赛联系人信息表.docx

（二）作品申报书

菌种自动注水机作品申报书如下：

山东省大学生科技创新大赛
作品申报书

推荐学校：淄博职业学院
作品名称：菌种自动注水机
组　　别：实物产品创新
所属专业：机械制造与自动化
主要作者：王祥祥、于成龙、王明明、杨华
指导教师：赵菲菲、曲振华
申报时间：2016 年 9 月 20 日

山东省教育厅制

一、基本信息

作品情况	作品名称	菌种自动注水机									
	作品类型	√实物产品创新 □创意产品创新 □实验过程创新 □生产过程创新							推荐学校	淄博职业学院	
	组别	□本科√高职		所属专业	机械制造与自动化				完成时间	2016.09.13	
主要作者	排序	姓名	性别	出生年月	院系	所学专业	学制	年级	学号	邮箱	电话
	1	王祥祥	男	1995.03	机电工程学院	机械制造与自动化	3	二	略	略	略
	2	于成龙	男	1996.01	机电工程学院	机械制造与自动化	3	二	略	略	略
	3	王明明	男	1993.01	机电工程学院	机械制造与自动化	3	二	略	略	略
	4	杨华	男	1993.10	机电工程学院	机械制造与自动化	3	二	略	略	略
指导教师	排序	姓名	性别	出生年月	院系	职称	学位		研究领域	邮箱	电话
	1	赵菲菲	女	1981.12	机电工程学院	讲师	硕士		机械设计制造及其自动化	略	略
	2	曲振华	男	1979.06	机电工程学院	助教	硕士		机电工程	略	略

注：1.“组别”选择方式为如果第一作者为本科生，则选择“本科”；如果第一作者为高职生，则选择“高职”。

2.“所属专业”是指按照参赛作品的属性，应该归属或靠近的专业名称。其中，组别为“本科”的需选择本科专业名称，组别为“高职”的需选择高职专业名称。

3.“排序”是指主要作者或指导教师对作品贡献程度大小的排列顺序，与今后获奖证书中的人员排序一致。

4.“所学专业”是指作者本人在校修读的规范专业全称。

5.“年级”填写截至2016年6月作者所在的年级。

二、科学性

1. 作品的研究意义

随着居民生活水平的提高、饮食观念的改变，人们由吃得饱、吃得好向吃得营养、吃得健康转变，菌类产品需求量大，在我国大多数地区种植面积广泛。菌种在经过发菌培养、转色、菌丝成熟后，上架出菇时要求出菇环境相对湿度达到90%以上，现有技术采取以下方法进行注水：①采用注水针手工将水注入菌棒中；②水泡法，即将菌棒投入水池内，一定时间后取出；③将菌棒投入压力水容器中，打压一定时间后取出。现有的注水方式由人工完成操作，生产效率较低；手工注水时水资源浪费严重。为此设计一种全自动菌种注水机，提高菌种注水作业的自动化程度，降低工人劳动强度，提高生产效率，使人力、物力得到充分的利用，将给企业带来巨大的经济效益。

2. 总体思路

菌种自动注水机是采用PLC电气控制系统开发的一种新型注水设备。该设备可以自动给菌种注入水分及营养液，且可以控制注水量，实现了自动化流水作业，保证了菌种对湿度的要求。在菌种种植过程中，多期注水都能使用此产品。

3. 研究内容

早期采取水泡法，程序比较烦琐，生产效率较低。后来采用将注水针插入菌袋中进行注水，程序相对简单，但人工注水效率低，注水量也不易控制，水资源浪费严重，而且劳动强度较大。

该设备重点解决注水时间是否可调、可否连续工作、注水针强度、集水板的水资源循环利用等问题，以提高工作效率、降低劳动强度，同时考虑材料、工艺、成本等因素，确定以下研究内容：

（1）研究注水针、助力结构和工作方式。

（2）研究各个装置系统的优化配置方案。

（3）在注针的出水和材料硬度上进行改进，防止在注水针插入或多次使用发生的折断现象。

（4）为提高工作效率采用同步带及单独设计储菌槽。

（5）设计集水板，进行水资源的回收，分离碎屑与残渣。

（6）用触摸屏软按键的设计来代替传统的物理按键，实现可视化操作。

4. 研究方法

项目组学生到淄博市周村区商家镇七河村的七河生物科技股份有限公司进行实地调查，了解到菌棒硬度大而且注水时间有严格控制，注水过多菌棒过重，注水量少湿度不够，都是不达标的。学生带着调研数据回到学校，并在网上查阅了大量的资料和许多菌种书籍，掌握了菌种注水时的许多注意事项和操作要求。学生不仅向老师请教自己不理解的难题，还在研制过程中积极联系企业生产负责人，请教了许多关于菌棒注水的问题。

5. 理论依据

该设备由 PLC 控制系统控制机器的电路部分，包括注水针的进出、同步带的正反转、水泵的开与关；注水作业时可以一次注水 20 支甚至更多菌种，提高了注水效率，注水时间、针头插入的深度与注水量可以手动调节，满足种植户的要求。水泵可以回收过滤的水重复使用，节约水资源减少浪费。该产品简单易操作。

6. 主要技术

菌种自动注水机的电动机带动同步带上的储菌槽移动到注水针位置，注水针固定在滑轨上，并行插入菌种注水。注水时间和注水量由电气部分控制，注水完毕注水针由丝杠带动返回初始位置。第一组菌种注水完成后传送带带动储菌槽移动，下一组菌种开始注水，如此循环。该设备只需一次性将若干待注水菌种置于储棒槽内，启动开关有手动、自动两种模式可选择，注水参数可以通过 PLC 自行控制，通过触摸屏可以显示注水菌棒数量。

注水针的工作方式具体如下：

（1）手动模式。打开总开关，旋至手动模式，此时系统便转成手动模式。在此模式下，能通过触摸屏上的软按键来实现菌种注水机的控制。当按下传送带前进或后退键时，储棒槽在步进电动机的带动下做前后移动实现准确定位；按下水泵启动键，启动水泵，再按下注水针前进键，步进电动机驱动丝杠带动注水针插入菌棒，此时行程开关关闭，注水针停止移动，水泵把循环水箱中的水抽出来注入分水器；分水器把水分配至每根注水针，水流在水泵的作用下从注水针侧壁上的小孔中喷出注入菌棒，注水时间可自行控制。注水完成后，关闭水泵。按下注水针退出键，电动机反转注水针由丝杠带动返回至初始位置，按下传送带移动键储菌槽继续移动，进行下一组菌棒注水，如此循环。

（2）自动模式。打开总开关，旋至自动模式，此时系统进入自动模式。打开循环启动开关，注水机实现上述手动注水过程，注完水后系统自动停止。

7. 实施方案

（1）市场调研。以香菇种植为例，菌袋在经过发菌培养、转色、菌丝成熟后，上架出菇时要求出菇环境相对湿度达到90%以上，传统工艺采取以下方法进行注水：①人工注水针注水；②水泡法，即将菌棒投入水池内，一定时间后取出；③将菌棒投入压力水容器中，打压一定时间后取出。以上3种方法生产效率较低。目前，市面上也出现了几款菌种注水机，如安阳君邦食用菌机械有限公司在销的注水机规格小，一次同时注水的菌棒较少，不能实现注水自动化循环作业。河南菇丰食用菌机械设备厂最近推出的一款双工作面的注水设备可两人同时工作，工作效率增加了一倍但规格过大。

我们根据目前机器的情况做了改进升级，设计了新型菌种自动注水机。该设备结构合理，操作方便，注水效果好，设计双储棒槽，可实现上料卸料循环作业，生产效率高，故障率低，自动化程度高，并拥有维修方便、价格实惠等优点。每次把菌种放入注水槽中扳动行程开关开始注水即可，方便易学，且注水时间可以调节，充分满足菌种的营养液需求，适合各种规模菌种的种植需求。

（2）产品组成及功能。该设备由PLC、触摸屏、框架、储棒槽、分水器、针架、同步传送带、水泵、步进电动机、过滤盒、水槽、水管等组成。

菌种自动注水机实现了菌种的自动注水。同步带将装有菌棒的储棒槽送至注水针工作位置，启动注水开关，启动水泵，分水器把水分配至每根注水针，丝杠带动注水针移动插入菌棒注水，注水完成后针自动退出，水泵关闭，同步带带动储棒槽继续向前移动，下一组菌棒继续注水，如此循环至设定组数后自动结束。该设备有手动和自动两种工作模式，可按种植户的实际要求进行操作。

（3）加工实验。项目组成员在指导教师的指导下根据市场调研的结果重新定位产品功能，设计出设备的整体结构，零件图与装配图经过多次修改最终确定方案，完成了电气控制部分的设计，经过多次实验电气控制部分能实现其控制功能。设备模型加工组装完成后，水箱加入水进行了实际注水工作测试，经过不断调整该设备基本能实现预初的设计要求。以后项目组可以根据企业不同实际需要做出适当调整，满足企业需要。

三、创新性

1. 作品主要创新点

该设备改进市面产品的缺点，其创新点如下：

（1）代替传统的人工注水，实现注水自动化，大大节省了人力资源，提高了工作效率。

（2）通过PLC控制，注水时间可以自行调整，可控制各种菌棒注水量，实现均匀注水。

（3）结构简单，移动方便，适宜于规模化生产，满足大、小企业的需求。

（4）采用传送带传送，改变了人工单独放置，节省了人工搬运的工作，减轻了劳动强度，菌棒箱一次性装载 20 支或更多菌棒，在实际操作中可使用 2 个或多个储棒箱更替工作，使注水工作不间断，总体不误工，大大提高工作效率。

（5）注水过程中漏的水可以重复使用，不像人工注水那样浪费严重，大大节省水资源。

（6）更改注水针的材料和硬度，保证针体的多次使用并达到要求。

2. 关键技术

有手动和全自动化控制两种模式可供选择，用 PLC 控制电动机和同步带的运作完成注水工作。

3. 与国内外同类研究（技术）比较

手工注水：

（1）费时费力且注水量控制不均匀。

（2）水资源浪费严重。

市面产品：

（1）一次同时注水的菌棒较少。

（2）不能实现注水自动化循环作业。

该设备：

（1）通过 PLC 控制，注水时间可以自行调整，可控制各种菌棒注水量，并实现自动化注水，提高了工作效率。

（2）采用传送带传送，节省了人工搬运的工作，设计储棒箱一次性装载 20 支或更多菌棒，采用 2 个或多个储棒箱更替工作，使注水工作不间断，大大提高工作效率。

四、实用性

1. 作品适用范围、可行性

该设备结构合理，操作方便，注水效果好，生产效率高，故障率低，自动化程度高，并拥有维修方便、价格实惠等优点。该设备既节省人力、注水效率高，又节约工时成本。每次把菌种放入储棒槽中扳动行程开关开始注水即可，方便易学，注水时间长短可以调整，充分满足菌种的营养液需求，适用于大面积食用菌菌种的种植。

2. 推广前景、市场分析及经济社会效益预测

据相关统计，每年菌种种植浪费水资源的费用和人工费用占总费用的 80%。

菌种自动注水机的应用可减小劳动强度，缩短劳动时间，降低生产成本，提高生产效率，扩大优质菌种种植规模。加之该设备的造价低，适用于各种规模的种植户，市场需求量大，应用前景非常广泛。

五、成果和效益

该设备获得了第十三届（2016 上半年）山东省大学机电产品创新设计大赛“一等奖”

六、入选作品公开宣传内容

作品名称：菌种自动注水机

学校名称：淄博职业学院

作者：王祥祥、于成龙、王明明、杨华

指导教师：赵菲菲、曲振华

作品简介：

1. 应用领域和技术原理

菌种自动注水机实现了菌棒的自动注水工作，有自动和手动两种模式。使用时，操作人员将若干菌棒置于储棒槽内，由传送带带至注水针工作位置，启动注水开关，启动水泵，分水器把水分配至每根注水针，丝杠带动注水针移动插入菌棒注水，注水时间已设定好。注水完成后，针自动退出，同时水泵关闭，传送带带动储棒槽继续向前移动，下一组菌棒继续注水，如此循环。

2. 作品的创新点

（1）注水时间及注水深度可控，实现均匀注水。

（2）水可循环使用，减少浪费。

（3）注水自动化，省时省力，降低成本。

3. 推广应用前景

据统计，菌种种植水资源浪费严重，采用人工注水，费时费力。菌种自动注水机可在很大程度上降低劳动强度，缩短劳动时间，且设备造价低，无论是大规模种植户还是小规模种植户都非常适用，应用前景非常广泛。

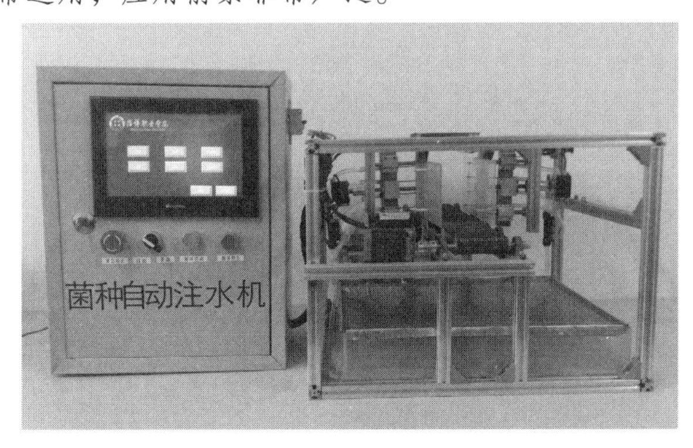

注：本表内容用于入选作品的公开宣传。教育厅将开辟网上专栏，对入选作品进行宣传推介，扩大作品的社会影响力，推动项目落地创业。此表的宣传内容，视为作者授权同意教育厅进行公开宣传。

七、作者及指导教师承诺

本作品是作者在教师指导下，独立完成的原创作品，无任何知识产权纠纷或争议。确认本申报书内容及附件材料真实、准确，对排序无异议。

作者签名：王祥祥、于成龙、王明明、杨华 指导教师签名：赵菲菲、曲振华 2016年9月20日

注：作者、指导教师须全部签名。本表以PDF格式通过系统上传。

八、推荐学校审查及推荐意见

2016年7月1日前，本作品作者是具有我校正式学籍的全日制普通本（专）科教育在校生。按照申报通知要求，我校对本作品的资格、申报书内容及附件材料进行了审核，确认真实。 同意推荐本作品参加第三届山东省大学生科技创新大赛。 负责人：（签字）　　学校公章： 2016年9月20日

注：负责人签字并加盖学校公章后，本表以图片粘贴到Word中通过系统上传。

九、附件及证明材料

（1）一分钟展示视频。

（2）作品研究报告。

（3）描述作品的图片。

（4）作品实物照片。

（5）产品使用说明。

（6）证明材料。

（三）菌种自动注水机作品研究报告

山东省大学生科技创新大赛
作品研究报告

推荐学校：淄博职业学院
作品名称：菌种自动注水机
组　　别：实物产品创新
所属专业：机械制造与自动化
主要作者：王明明、于成龙、王祥祥、杨华
指导教师：赵菲菲、曲振华
申报时间：2016 年 9 月 20 日

山东省教育厅制

摘　要：菌种自动注水机是一种专为食用菌菌棒注入水分及营养液的机械设备。其结构紧凑，接种效率高，无杂菌污染且可不间断自动连续作业。该设备由控制盒、框架、储棒槽、同步带、针架、固定架、分水器、电动机、水泵、水管、水槽、过滤盒组成。工作时同步带将装有菌棒的储棒槽送至注水位置，丝杠带动注水针移动插入菌棒注水，水泵启动并依次完成注水工作，针自动退出，水泵关闭，完成一组菌种的注水后自动退出。

设计重点实现自动注水时注水量和时间的控制，并对整个机身的框架进行规范合理的安排。该设备适用于各种规模菌种种植户需求，可代替传统手工注水，大大节省了人力，又节约工时成本。

关键词：菌种自动注水机、自动注水、注水量

1　概述

1.1　应用领域和技术原理、用途

菌种在我国大多数地区得到了广泛的种植，但是现阶段大多数还是采用人工注水，能够代替人工自动注水的设备普及范围还比较小。

菌种自动注水机可以自动给食用菌菌种注入水分及营养液，实现了自动化流水作业，保证了菌种对湿度的要求，在菌种种植过程中的多期注水都能使用此设备来完成。菌种自动注水机是采用电动机的动力原理及电气控制系统所开发的一种新型注水设备，该设备结构合理，操作方便，注水效果好，生产效率高，故障率低，自动化程度高，并拥有维修方便、价格实惠等优点。该设备既节省人力、提高注水效率，又节约工时成本。每次把菌种放入注水槽里扳动行程开关开始注水即可，方便易学，注水时间可以调整，充分满足菌种的营养液需求，适用于大面积食用菌菌种的种植。

1.1.1　研究内容

该设备重点针对注水时间是否可调、可否连续工作、注水针强度、集水板的水资源循环利用等问题进行了改进，以提高工作效率、降低劳动强度，同时考虑材料、工艺、成本等因素，确定以下研究内容：

(1) 研究注水针、助力结构和工作方式。

(2) 研究各个装置系统的优化配置方案。

(3) 在注水针的出水和材料硬度上做改进，为防止注水针插入或多次插入后发生的折断现象做一些实用的设计。

(4) 为提高工作效益采用传送带及单独设立储种槽。

(5) 设计集水板，进行水资源的回收，分离碎屑与残渣。

早期采取水泡法，程序比较烦琐，生产效率较低。后来采用注射器或注水针插入菌袋中进行注水，程序相对简单，但仍需要人工不停地为注射器或注水针加水，效率得不到很好的提高，注水量也不准确，人力和物力都得不到很好的利用，而且劳动强度较大。为此设计一种菌种自动注水机，提高菌种注水作业的自动化程度，降低人的劳动强度，提高生产效率，使人力、物力得到充分的利用。

1.2　技术性能指标

作业数量：每次16支10cm×40cm菌种。

注水时间：6s/次。

注水量：3s约400mL，可调。

单方入针深度：20～25cm，可调。

外形尺寸：1 250mm×800mm×1 200mm，可调。

整机质量：约100kg。

1.3　作品的应用与创新点

1.3.1　作品的应用性

（1）菌种自动注水机可显著减少人工劳动强度，缩短劳动时间，降低成本，扩大优质菌种种植规模，将菌种种植产业优势转化为我省区域经济优势。

（2）可实现自动为菌种注水，显著减少注水劳动时间和注水前人力搬运的工作量，降低生产成本，提高生产效益，便于推广使用。

（3）移动方便，可用于种植菌种的大棚优化注水。

（4）提升菌种出菇的水平和质量，提高注水量和湿度的精度，提高农机服务收益，壮大农机服务力量，有力推动农机化事业发展。

1.3.2　创新点

该设备采用电动控制与PLC控制注水，其特点如下：

（1）代替传统的人工注水，实现注水自动化，大大节省了人力资源，提高了工作效率。

（2）注水时间可以调整，可控制各种菌棒注水量，实现注水均匀。

（3）结构简单，移动方便，适用于规模化生产，满足大小企业的需求。

（4）采用传送带传送，减少了人工搬运的工作量，减轻了劳动强度。

（5）注水过程中漏的水可以重复使用，不像人工注水那样浪费严重，大大节省水资源。

1.4　推广应用前景、效益分析与市场预测

我国香菇市场已连续五六年保持较好的行情，虽说近两年香菇价格有所回落，但每斤香菇市场销售价仍稳定在8～11元，是金针菇、杏鲍菇价格的2倍左右，吸引了部分农民投资香菇种植的积极性，种植规模逐年扩大，香菇产量也出现了大幅度增长。

目前，全省农机产品市场竞争较为激烈，如果不是质量可靠、功能实用、性能稳定、价格低廉的农机产品，很难被农机市场所接受。所以，该设备的开发应用仍有一定市场风险，必须及时改进、完善设备的技术性能，降低生产成本，靠质量过硬和不断创新来降低市场风险。对策主要是通过及时、准确、全面地掌握国内外与该设备相关的新材料、新工艺、新技术的现状和发展趋势，及时、准确、全面了解农机用户、种植户的实际需求，注重农业和农机两方面的互相熟悉和互相配合。该设备具有结构合理，操作方便，注水效果好，生产效率高，故障率低，自动化程度高等优点，既节省人力，又节约工时成本，每次把菌种放入注水槽里扳动行程开关就能开始注水，且注水时间可调，能充分满足菌种的营养液需求。

据相关统计，每年菌种种植浪费水资源的费用和人工费用占总费用的80%，因此该设备年需求量非常大，并且成本低，让广大用户买得起、用得起，改进方便，便于推广使用。

2 菌种自动注水机的结构设计

2.1 菌种自动注水机的设计方案

菌种自动注水机的电动机带动同步带上的储菌槽移动到注水针位置，注水针固定在滑轨上，并行插入菌种注水。注水时间和注水量由PLC电气部分控制。注水完毕后，注水针由丝杠带动返回初始位置。第一组菌种注水完成后传送带带动储菌槽移动，下一组菌种开始注水，如此循环。菌种自动注水机同步带设计图如图1所示。该设备只需一次性将若干待注水菌种置于储种槽内，启动开关有手动、自动两种模式可选择。

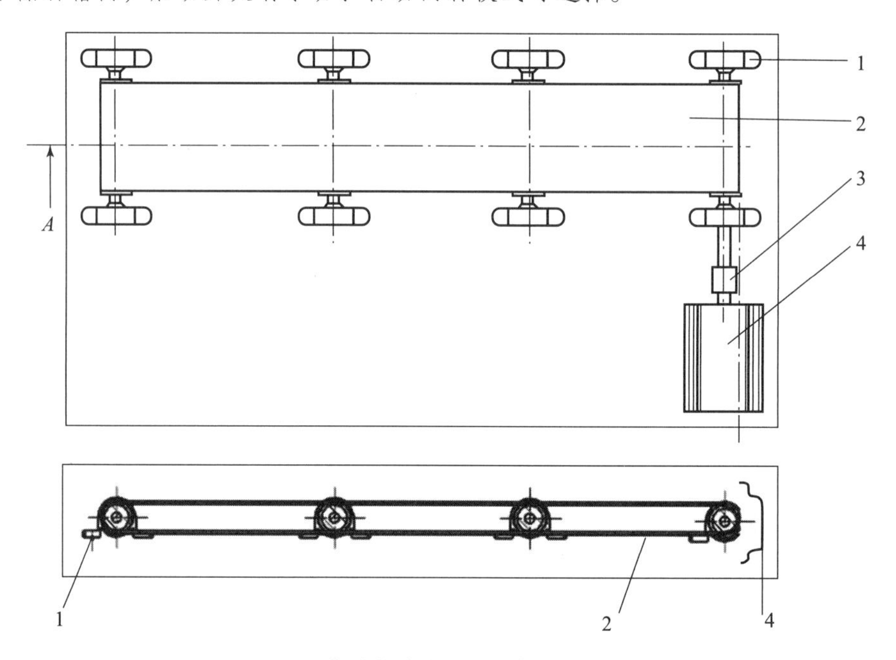

图1 菌种自动注水机同步带设计图

1—轴承座；2—同步带；3—联轴器；4—电动机

2.2 菌种自动注水机针架与针头的设计及特点

2.2.1 菌种自动注水机针架与针头的设计

菌种自动注水机重点在于注水。菌种种类多，种植过程也分期出菇，需要多次补充水分，所以注水针架和注水针的设计十分重要。不同种类菌种的硬度和菌种内需要的材料不同，所以硬度和渗水量不同，根据比较普遍和硬度较好的菌种来进行改进。

其解决的主要技术方案是在注水针架的推送和往复运动方面做改进，以及在注水针的出水和材料硬度上做改进，并对针体进行加厚。为防止在注水针插入或多次插入后发生折断现象，进行了一些实用设计。

针架固定在固定架上，固定架通过丝杠由电动机带动。当菌种放入菌种槽内，由电动机通过丝杠带动针架往复移动，进行插入菌种和注水。注水的时间和注水量由PLC控制，启动电动机运行及往复推送由行程开关控制，如图2所示。

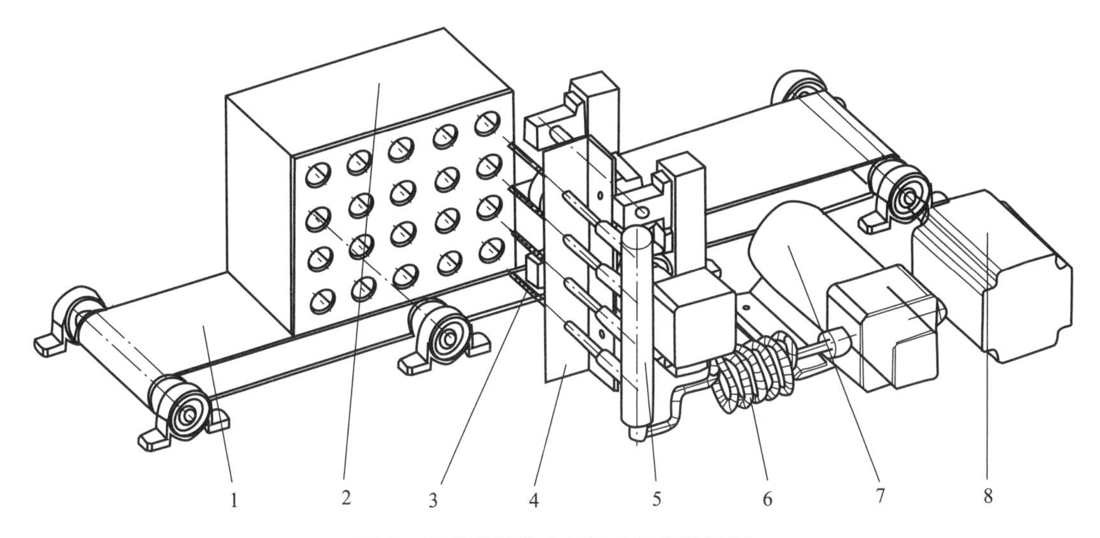

图2 菌种自动注水机注水针架设计图

1—同步带；2—储棒槽；3—针头；4—固定架；5—分流器；6—水管；7—水泵；8—电动机

2.2.2 菌种注水机针架与针头的设计特点

菌种注水机的4根注水针固定在针架上，由电动机带动做往复运动，水泵和伺服系统控制水量和注水时间，注水针配有针套，且在注水针套的前后捏扁注水针，以防止注水针的断裂。更改注水针的材料和硬度，保证针体的多次使用并达到要求。该设备组装简便，注水均匀，移动流畅，大大提高了工作效率，适用于多种菌种作业。

2.3 菌种注水机自动注水的设计及特点

现有技术的注水装置由人工完成操作，劳动强度大生产效率较低，且使用手工注水针或注水器时水资源浪费严重。针对这一问题设计一种菌种自动注水机，如图3所示。

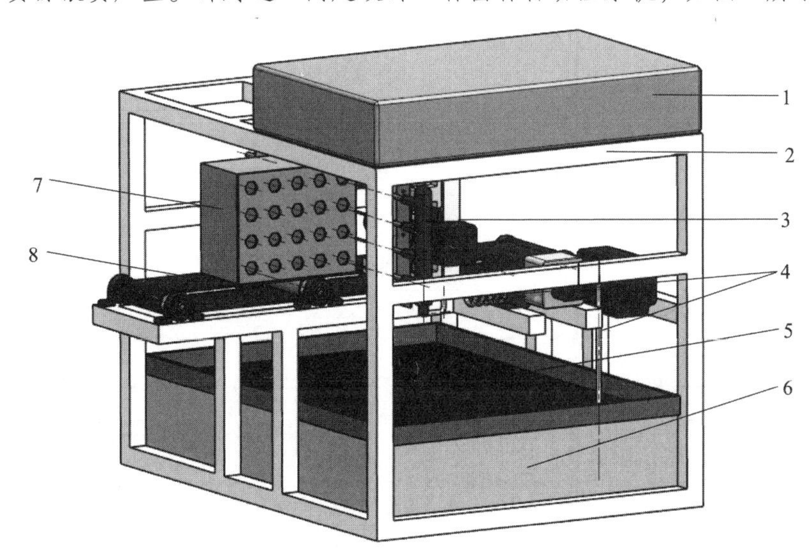

图3 菌种自动注水机设计图

1—PLC控制盒；2—框架；3—注水针；4—水管；5—过滤网；6—水箱；7—储棒槽；8—同步带

一次性将若干待注水菌棒置于储棒槽内，启动电动机使支架中间收缩，带动针架在滑杆上水平滑行至注水针通过稳定孔板刺入菌棒，此时行程开关动作，启动水泵，水泵把循环水箱中的水抽出来注入分水器；分水器把水分配至每根注水针，每根注水针上均有若干小孔，水流在水泵的作用下从刺入菌棒中的注水针侧壁上的小孔中喷出进入菌种，当水流从所有菌种的通气孔中渗出时，表明注满水，即可按下控制按钮，此时电动机带动两端针架从滑杆上向两端运行，行程开关打开，水泵关闭，针架继续水平滑行至完全抽离菌种推入注水针稳定孔板，取出注好水的菌种，即可进入下一个循环。

3 电气控制系统

3.1 控制系统的整体设计

该设备的控制系统由3部分组成：①控制板地址分配表；②控制板整体电路图；③控制板接线电路图（如表1、图4和图5所示）。

表1 控制板地址分配表

序号	引脚	功能	备注
1	P1.0	手动/自动按键，1自动/0手动	船型开关
2	P1.1	传送带正转按钮	按动松停
3	P1.2	传送带反转按钮	按动松停
4	P1.3	针插入按钮	
5	P1.4	针拔出按钮	
6	P1.5	水泵启停按键，1启动/0停止	船型开关
7	P1.6	针插入到位	行程开关
8	P1.7	针拔出到位	行程开关
9	P2.0	传送带脉冲	
10	P2.1	传送带方向	1正/0反
11	P2.2	插针脉冲	
12	P2.3	插针方向	1正/0反
13	P2.4	水泵控制线	
14	P2.5		
15	P2.6		
16	P2.7		
17	P3.0	自动指示	
18	P3.1	传送带工作指示	
19	P3.2	插针工作指示	

续表

序号	引脚	功能	备注
20	P3. 3	水泵运行显示	
21	P3. 4		
22	P3. 5	自动工作中	输出
23	P3. 6	传感器输入	输入
24	P3. 7	循环启动　开始工作按钮	输入

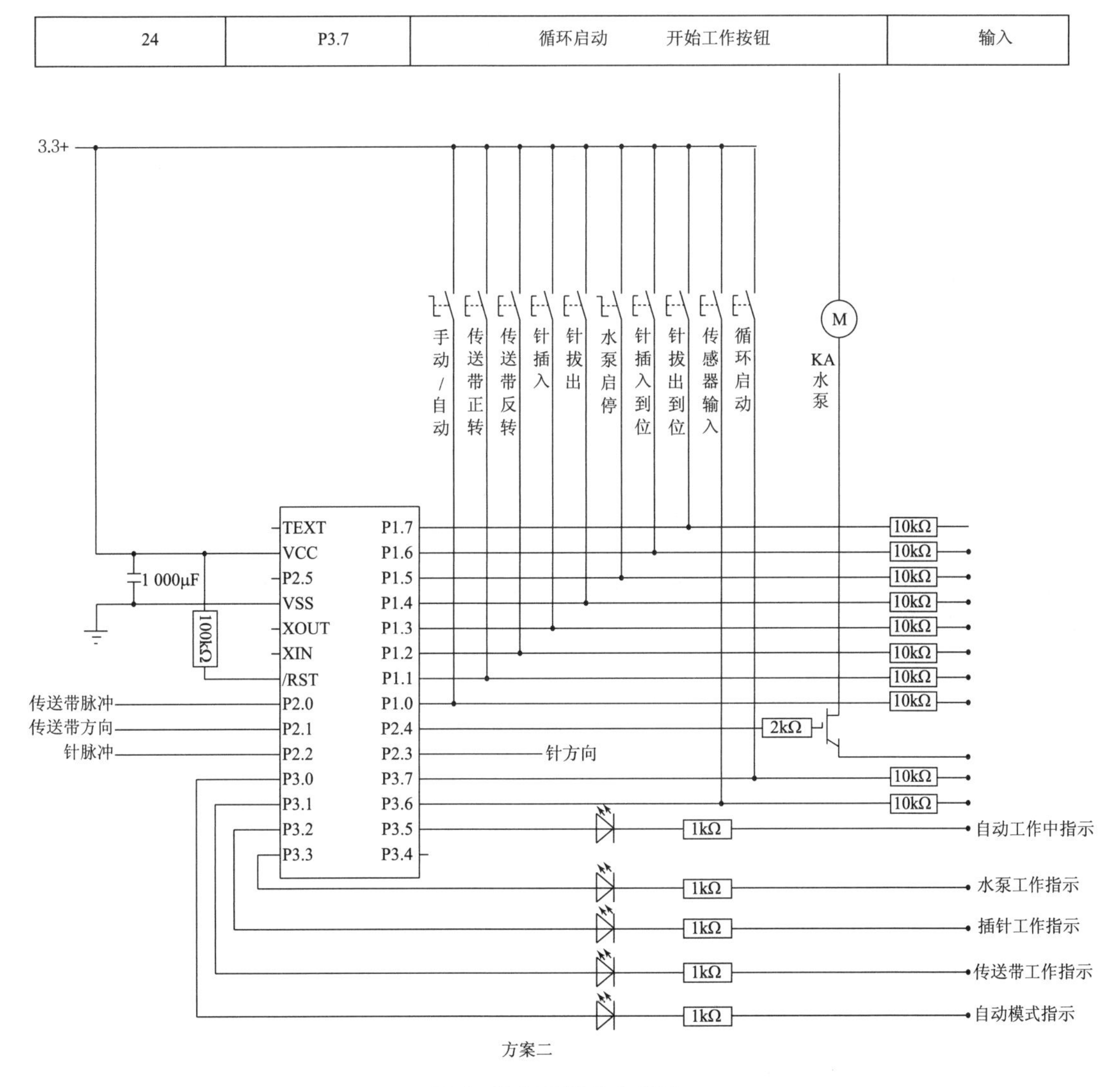

图 4　控制板整体电路图

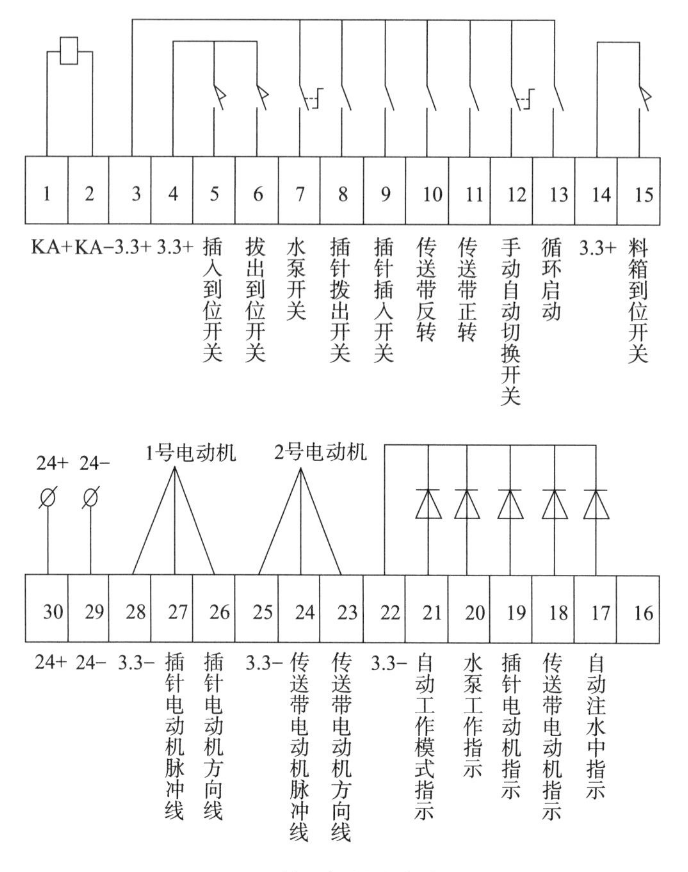

图5　控制板接线电路图

4　零件数控加工工艺编制与仿真

对固定架零件（图6）进行加工工艺分析。

4.1　零件结构工艺分析

（1）零件外形分析：零件由一厚度为2mm的方形板材冲压所得，零件长150mm，两边宽为28mm，从而确定毛坯尺寸为板材150mm×60mm×4mm。

（2）精度分析：ϕ5mm和ϕ3mm的孔精度为IT13。

（3）表面粗糙度：粗糙度要求不高，粗铣就可满足要求。

（4）几何公差：没有要求，一般加工就能达到要求。

（5）技术要求：无特殊的技术要求，材料为45钢。

4.2　确定装夹方案、定位基准、编程原点、换刀点

（1）装夹方案：平口虎钳装夹。

（2）定位基准：以板材的上下表面任意一面作为加工粗基准。

（3）编程原点：以毛坯右端点作为编程原点。

（4）换刀点：换刀点选在右端面为原点的点（$X100,Z100$）处。

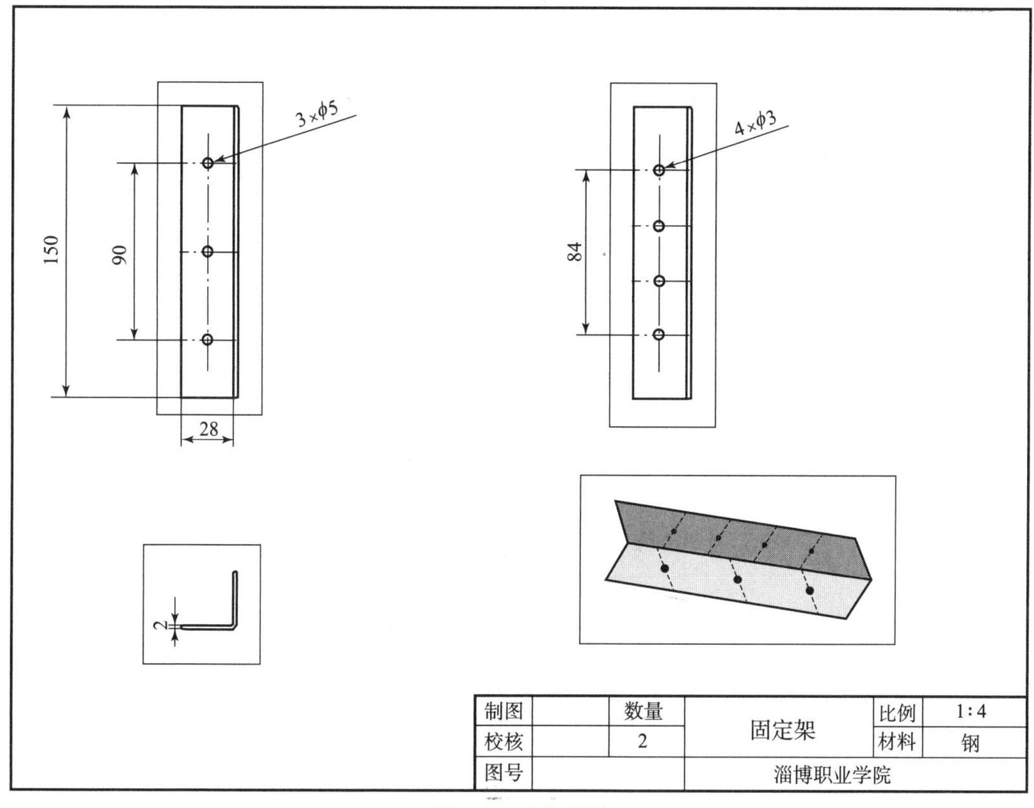

图 6　固定架零件

4.3　制订加工路线

1. 选择数控机床及数控系统

选择 FANUC 0i 数控铣床。

2. 加工方案及加工路线

（1）粗铣表面。

（2）装夹和定位。

（3）钻孔。

（4）清理毛刺。

（5）冲压。

4.4　确定加工参数

通过文献查资料：主轴转速为 600r/min，φ5mm 和 φ3mm 的钻头钻孔。

4.5　加工仿真

4.5.1　加工准备及对刀

（1）开机→启动→机床回原点，如图 7 所示。

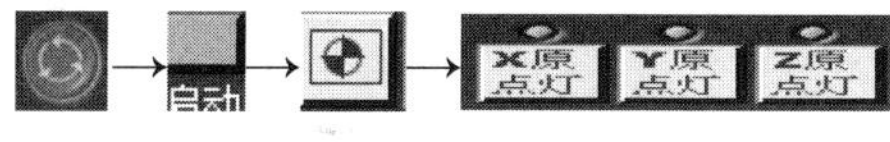

图 7　开机启动

（2）定义毛坯板材 150mm×60mm×2mm。

（3）选择刀具。

（4）使用 G54 对刀。

4.5.2 模拟加工

（1）对板材表面进行粗铣加工，如图 8 所示。

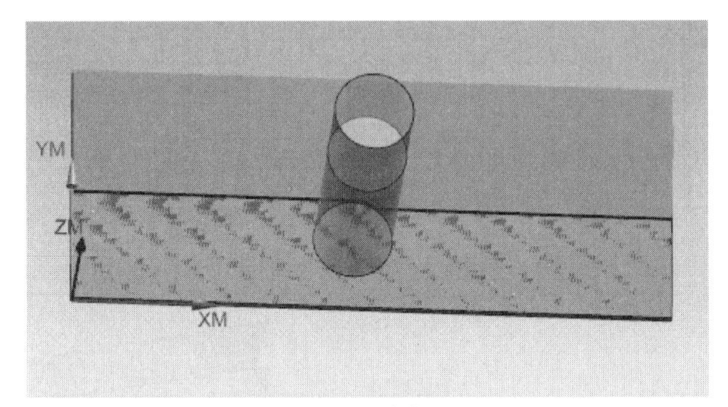

图 8 粗铣表面

（2）对板材进行装夹定位，如图 9 所示。

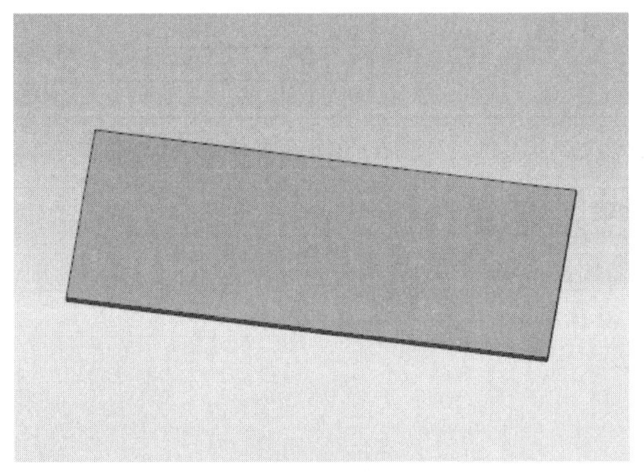

图 9 板材定位

（3）钻 5mm 的孔，如图 10 所示。

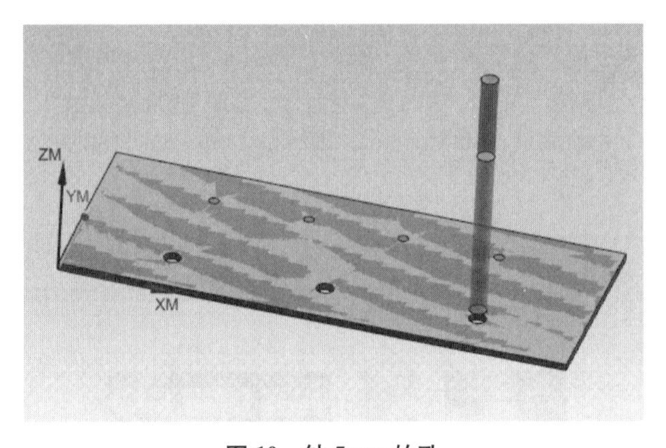

图 10 钻 5mm 的孔

（4）钻 3mm 的孔，如图 11 所示。

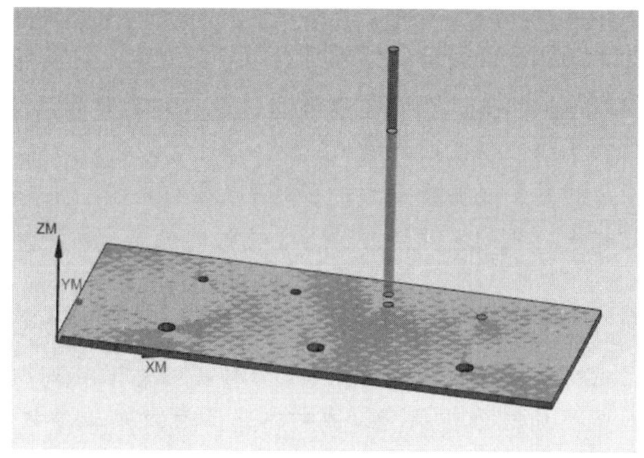

图 11　钻 3mm 的孔

（5）清理毛刺，如图 12 所示。

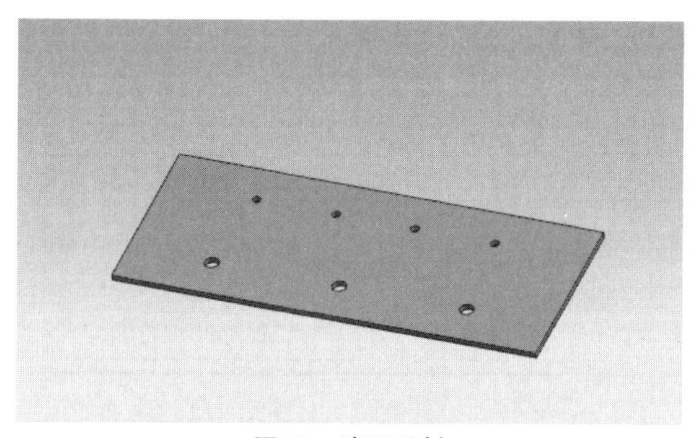

图 12　清理毛刺

（6）冲压得到零件，如图 13 所示。

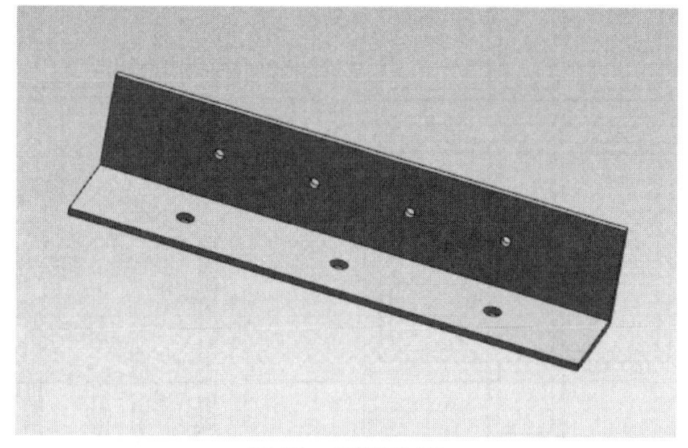

图 13　零件冲压

结论

从最初的茫然，到慢慢地进入状态，再到思路逐渐清晰，整个过程难以用语言来表达。

通过这次比较完整的菌种自动注水机设计，我摆脱了单纯的理论知识学习状态。理论知识和实际设计的结合锻炼了我综合运用所学的专业基础知识解决实际问题的能力，同时也提高了我查阅文献资料、设计手册、设计规范及计算机制图等能力水平。通过对整体的掌控，对局部的取舍，以及对细节的斟酌处理，我的能力得到了锻炼，经验得到了丰富，并且意志力、抗压能力及耐力也都得到了不同程度的提升。

回想这段日子的经历和感受我感慨万千，在这次比赛过程中，我拥有了无数难忘的回忆和收获。在整个设计过程中，我的综合能力得到了很大的提高，所学知识与以后的工作能够得到更好的衔接。

对图样、装夹方式、刀具、加工参数进行全面的分析，并利用 NX10.0 软件对其中的一个零件进行加工仿真，这样就可以对加工工艺及加工参数进行合理的调整，尽量避免在实际加工中出现不必要的损失。通过分析研究，我对加工工艺及加工参数有了更好的了解，对 NX10.0 软件的应用更加得心应手。

本次大赛，锻炼了我的动手能力，同时也使我知道了自己以后应该在哪些方面努力学习，学习有了更好的针对性。此次设计对我来说是非常重要的一个学习过程，学到了设计的整体思路和方法，是参加工作前一次很好的锻炼。

在今后的工作和生活中，面对过去，我无怨无悔；面对现在，我努力拼搏；面对将来，我期待更多的挑战，战胜困难，抓住每一个机遇，相信自己一定会演绎出精彩的一幕。我将继续学习，做好个人未来发展计划，不断提升自我，为社会贡献自己的力量。

参考文献（略）

附录1　零件图

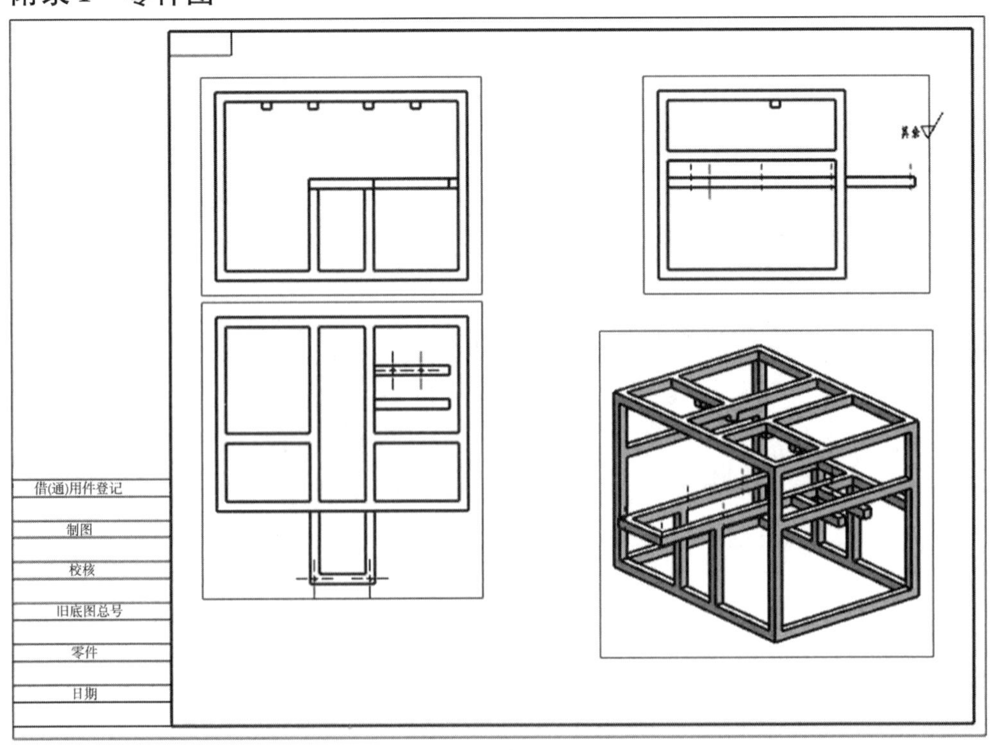

图1　框架

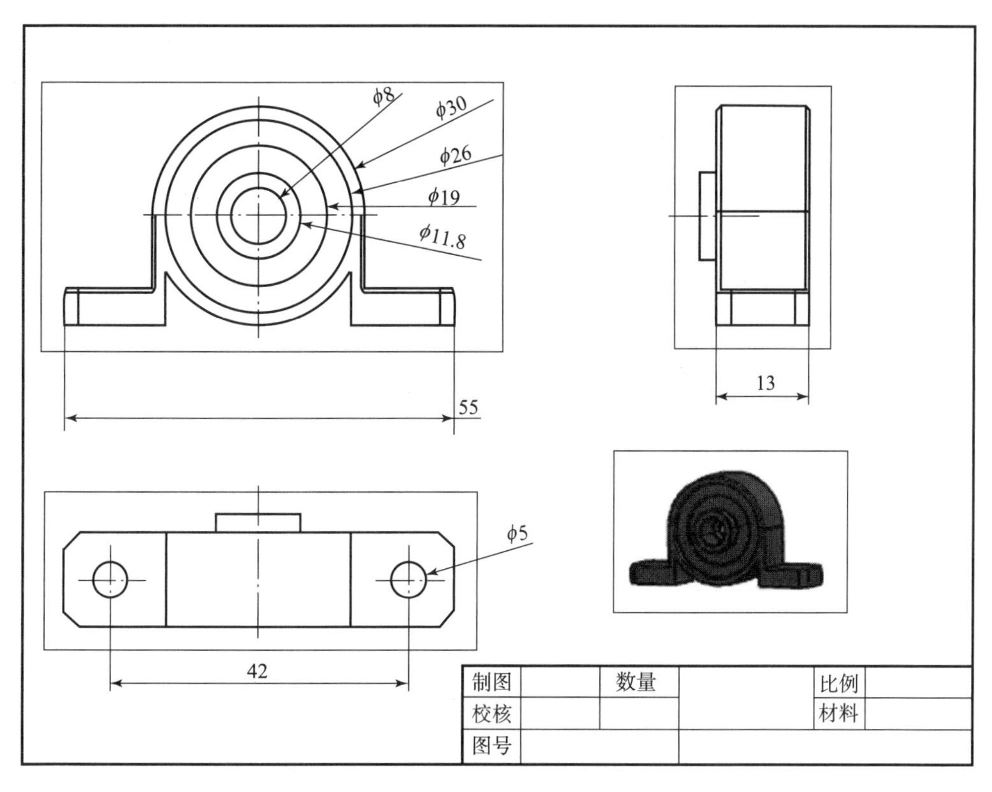

图 2　立式轴承座

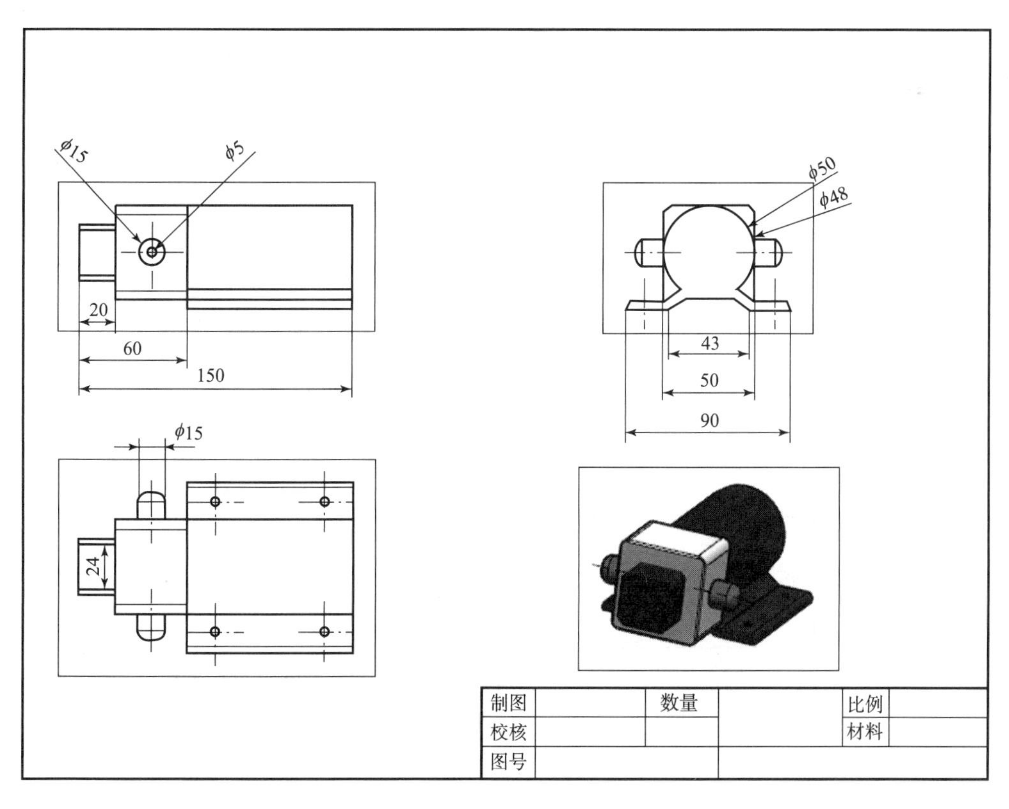

图 3　水泵

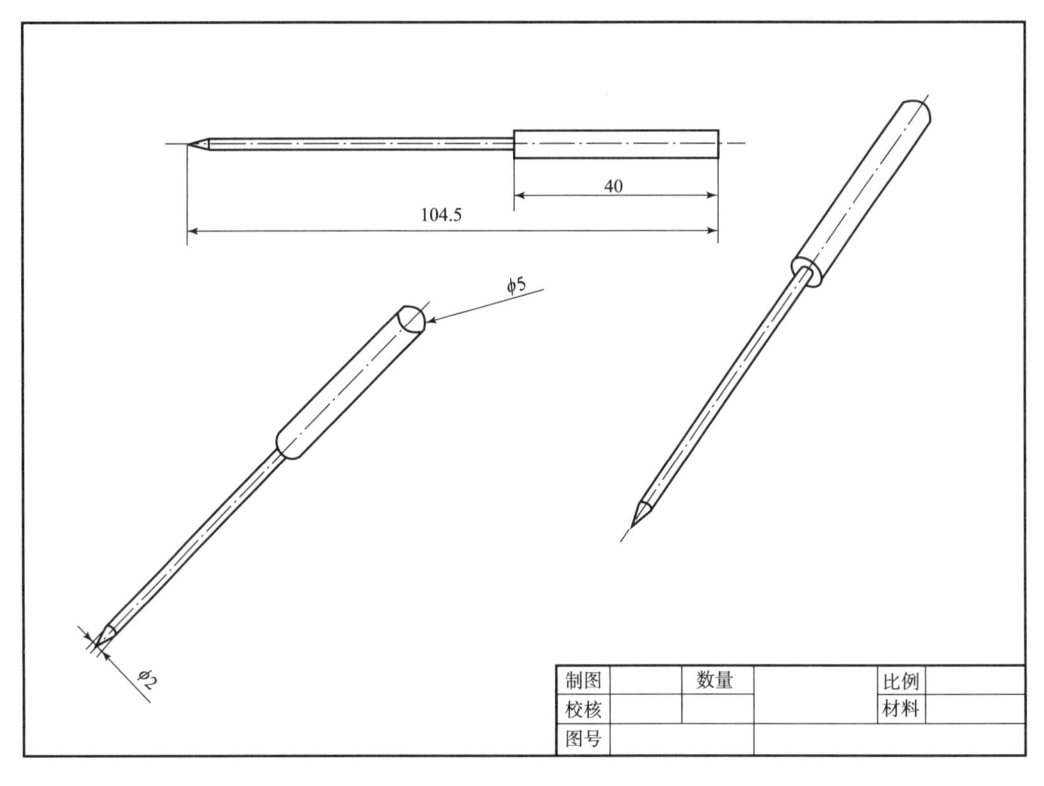

图 4　针头

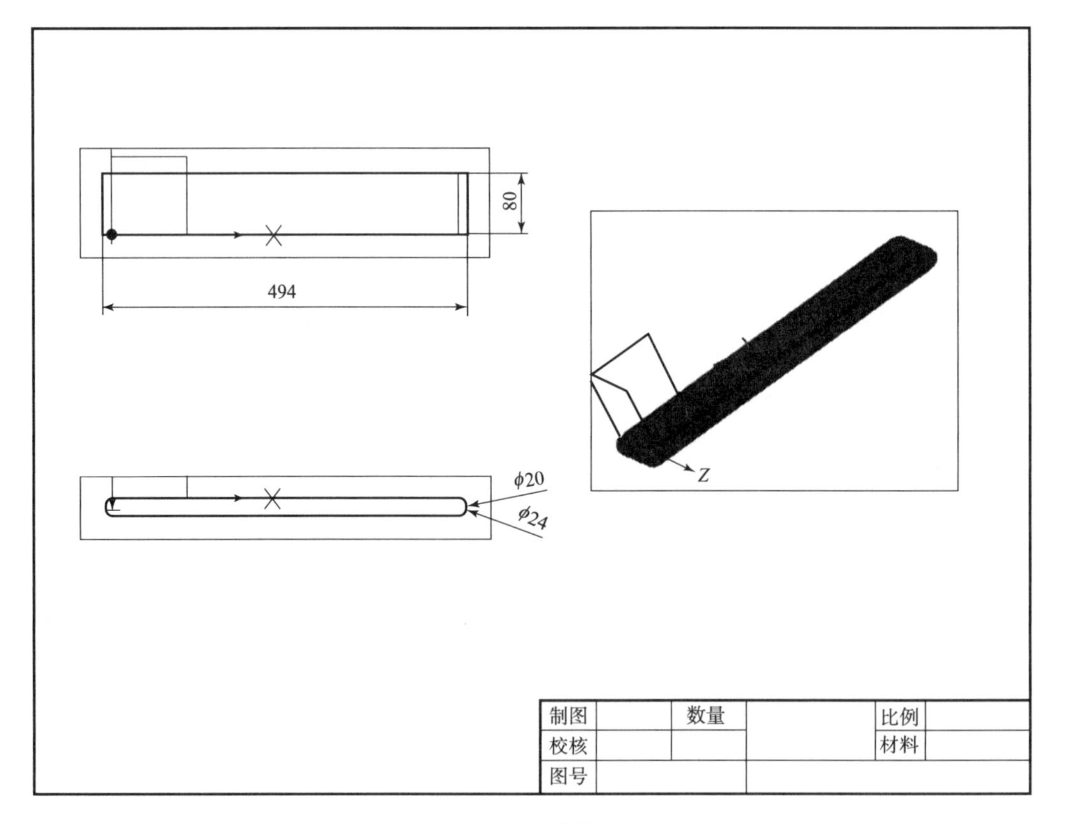

图 5　同步带

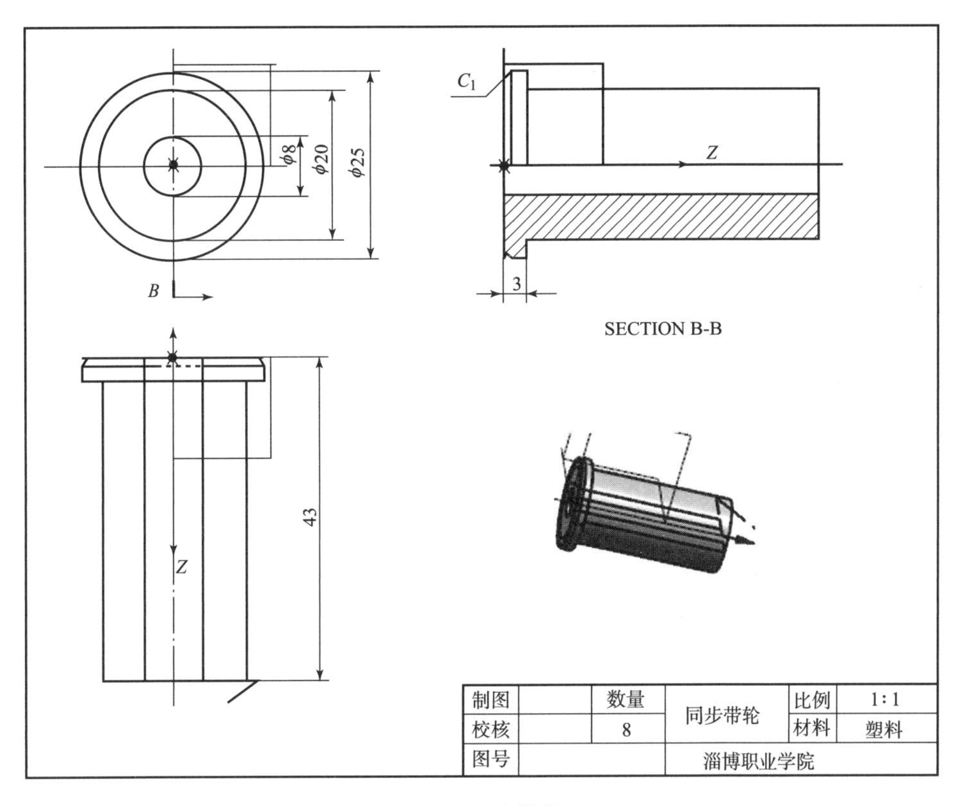

图6　同步带轮

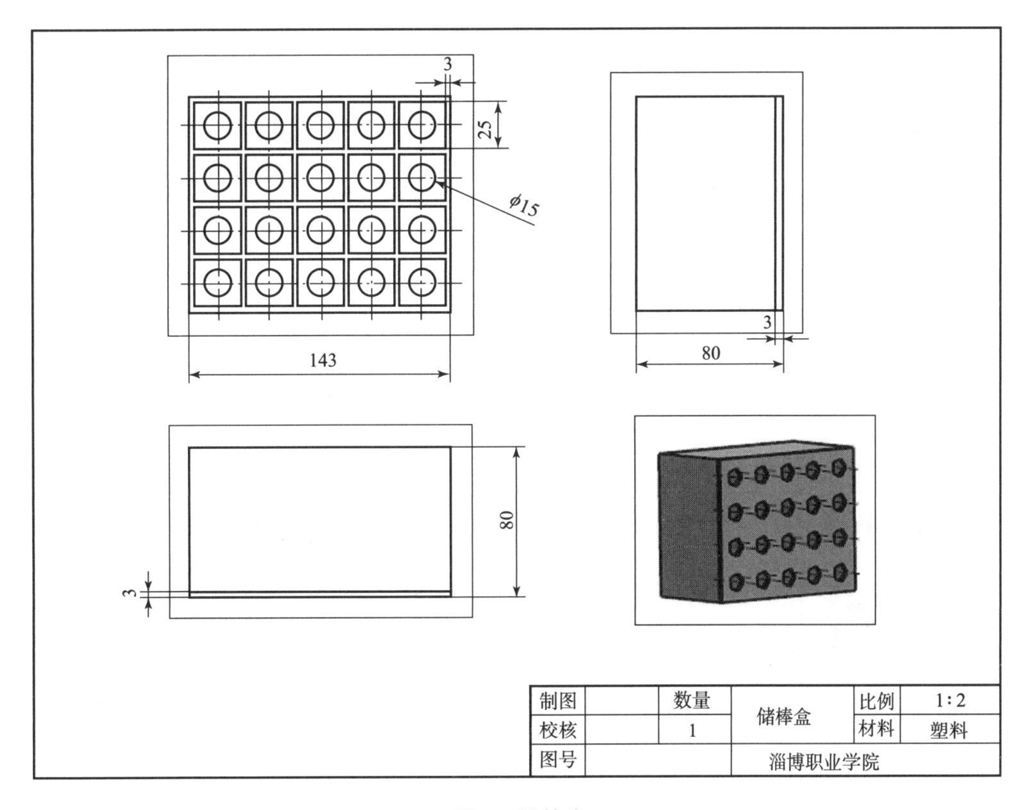

图7　储棒盒

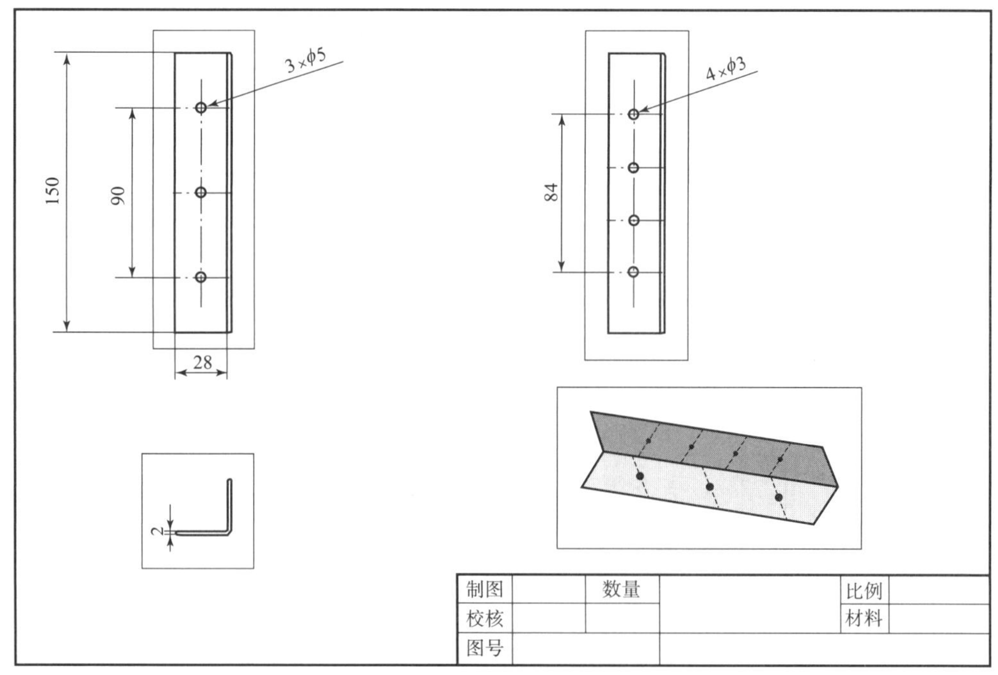

图 8 固定片

附录 2 装配图

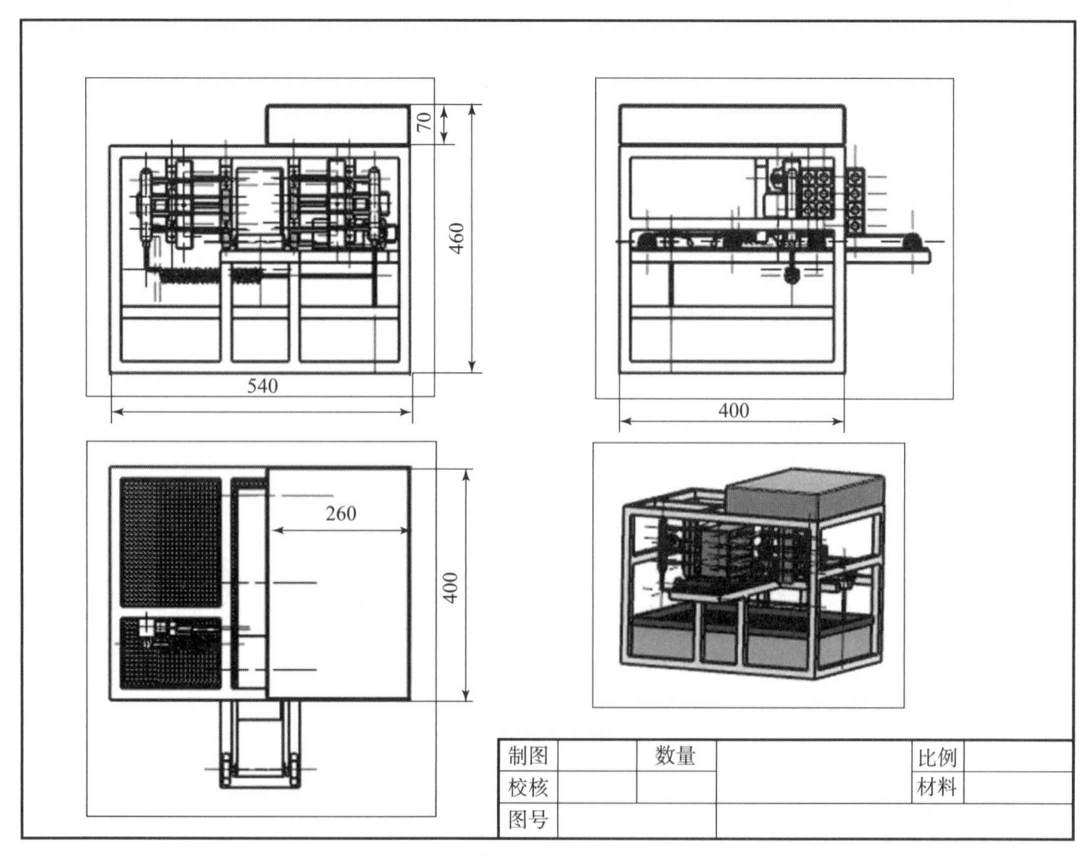

图 9 装配图

附录 3　样机渲染图

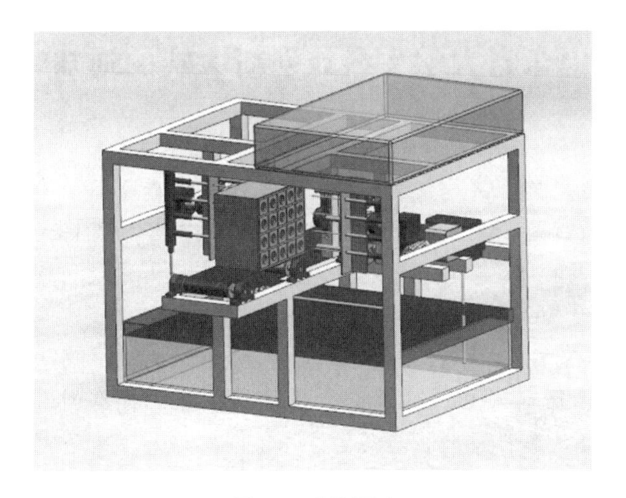

图 10　渲染图 1

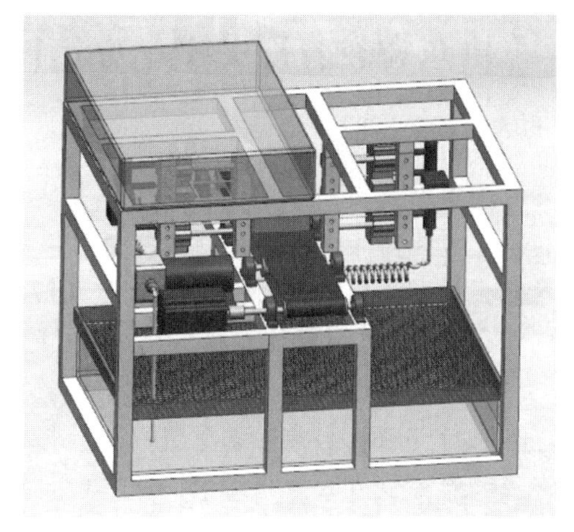

图 11　渲染图 2

附录 4　样机实物图

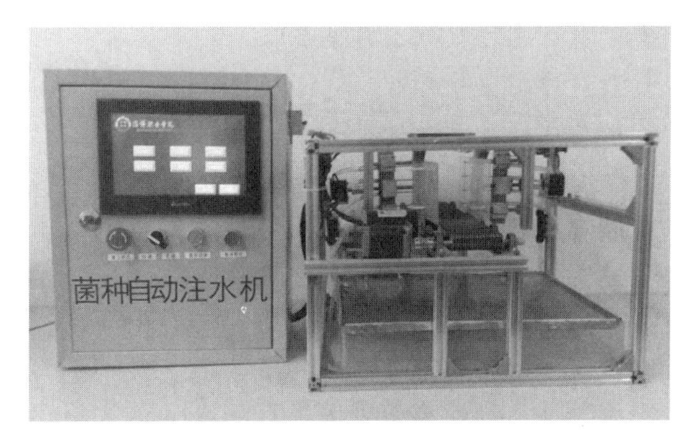

图 12　样机实物图

（四）作品点评

该设备源自企业，学生到企业进行了实地考察，根据企业要求设计了该设备。该设备实现菌棒自动注水，以及注水量和时间的控制，并对整个机身的框架进行规范合理的安排。该设备适用于各种规模菌种种植户，可代替传统手工注水，省时省力。该设备机械结构简单可靠，能很好实现功能要求，电气控制效果好，能实现可视化操作。

二、案例二　PPR 管自动烫接机

本产品获得第四届山东省大学生科技创新大赛一等奖。

（一）竞赛通知

山东省教育厅关于举办第四届山东省大学生科技创新大赛的通知

各高等学校：

为贯彻落实党中央、国务院和省委、省政府关于实施创新驱动发展战略、促进新旧动能转换、深化高等学校创新创业教育改革的决策部署，展示大学生科技创新成果，鼓励支持大学生开展科技创新活动，我厅拟于2017年8月至11月组织开展“第四届山东省大学生科技创新大赛”（以下简称大赛）。现将有关事项通知如下：

一、大赛目的

秉持“崇尚科学、锐意进取、开拓创新、面向未来”的理念，发现和扶持一批有创新潜质和研究能力的优秀人才，营造大学生积极从事科技创新活动的浓厚氛围，培养学生的创新精神、探索意识和实践能力。

二、组织机构

本届大赛由山东省教育厅主办，大赛组委会统筹负责赛事的组织、协调与实施。组委会人员如下：

主　任：左　敏　省教育厅厅长

副主任：郭建磊　省教育厅副厅长（正厅级）

委　员：吴建华　省教育厅财务处处长

高　磊　省教育厅高等教育处处长

蒋文莉　省教育厅学位管理与研究生教育处处长

梁斌言　省教育厅职业教育处处长

李　霞　省教育厅学生处处长

刘宝君　省教育厅教师工作处处长

徐文广　省教育厅科学技术处处长

李春光　省学生就业创业教育咨询中心副主任

省学生就业创业教育咨询中心承担组委会办公室职责，组委会办公室主任为李春光。

三、参赛对象

参赛对象为我省高校2017年7月1日前在校的、具有正式学籍的全日制普通本专科学生及研究生（不含成人教育学生），鼓励跨专业、跨院系、跨学校组建团队。

四、作品说明

（一）作品类型。申报作品不限科类，所有专业的学生均可申报。作品类型分为四类：实物创新、创意创新、实验创新、生产创新。参赛团队可根据作品实际情况自主选择参赛类型。

实物创新：指大学生以独特的思维模式提出有别于常规或常人思路，利用现有的知识和条件，对已有产品进行改造升级或创造性地设计并制造出新的产品。实物创新需以实物或模型形式呈现。

创意创新：指大学生基于独特的思维、新颖的构思和创造性的想法，以现有的知识和能力为基础，设计出具有一定科技含量，能够满足学习、科研、生活、生产等需求的创意方案、概念描述等。创意创新需以二维或三维设计图例形式呈现。

实验创新：指大学生在参与教学实验过程中，通过对实验内容、实验方法和实验过程的理解，产生有价值的创意和创新想法，提出自己的创新思路和方法，优选实验材料，优化实验流程，改进实验过程，达到降低成本、节约能耗、缩短时间、提高效率等目的。实验创新必须基于真实课程教学中的实验教学，且通过实际验证已经取得成功。

生产创新：指大学生在参与生产实训实习的过程中，通过对生产任务、生产方式、生产过程的理解，产生有价值的创意和创新想法，提出自己的创新思路和方法，优选生产材料、改变生产方式、改进生产工艺、优化生产流程，达到降低成本、节约能耗、缩短时间、提高效率等目的。生产创新必须基于真实的企业生产过程，且通过实际验证已经取得成功。

（二）作品要求。

1. 参赛作品须为学生在校期间的研究创新成果，有一定科学价值、创新价值和实际应用价值。

2. 参赛作品可以是个人作品，也可以是团队作品。团队作品的主要作者不超过5人，且所有作者均须对作品有实际贡献。

3. 参赛作品可以有指导教师（也可以没有），每件作品的指导教师不超过2人。

4. 参赛作品内容须健康、合法，无不良信息。作品所涉及的发明创造、专利技术、资源等须拥有清晰合法的知识产权或物权，报名时需提交完整的具有法律效力的所有人书面授权许可书、项目鉴定证书、专利证书等。抄袭、盗用、提供虚假材料或违反相关法律法规的，一经发现，即取消其参赛资格，相关法律责任由作品申报者承担。

五、赛程安排

（一）参赛报名。所有参赛作品均需通过大赛报名系统进行报名。参赛作品可通过大赛官网 http://221.214.56.13:8385 进行注册报名，报名系统开放时间为2017年8月14日8时，截止时间为2017年9月15日16时。

（二）校级初赛（2017年9月15日前）。校级初赛的比赛环节、评审方式等由各高校自行确定。入围参加省赛的作品数量，由大赛组委会根据各高校9月15日16时前在大赛官网正式报名参赛的作品总数及上一届大赛的获奖情况统筹确定。

（三）省级大赛（2017年11月30日前）。分为网上初评和现场决赛两轮进行。

第一轮：网上初评。专家通过评审系统网上评阅作品申报书、1分钟展示视频及其他佐证材料，依据评审标准，择优评选出600项左右作品入围现场决赛。

第二轮：现场决赛。专家组审阅作品申报书、1分钟展示视频、实物及其他佐证材料，在团队成员进行项目介绍12分钟后，对参赛作品团队成员现场答辩6分钟。专家组依据评审标准对参赛作品逐一评审，并拟定一、二、三等奖获奖作品名单。优秀组织奖名单由大赛组委会确定。

（四）结果公布。获奖名单经我厅审定后进行公示，公示无异议后，以省教育厅文件正式公布。

六、奖励设置

根据省教育厅、省财政厅《关于印发山东省大学生科技创新大赛奖励办法的通知》（鲁教科发〔2015〕2号）规定，大赛设优秀作品奖、优秀指导教师（团队）奖和优秀组织奖。其中，优秀作品奖数量为一等奖50项、二等奖100项、三等奖180项；一等奖获奖作品的指导教师（团队）为优秀指导教师（团队）。

优秀组织奖10个。

对获奖作品和优秀指导教师（团队）颁发证书。同时，对获得一等奖作品的学生（团队）奖励1万元、指导教师（团队）奖励5 000元；对获得二等奖作品的学生（团队）奖励8 000元、指导教师（团队）奖励4 000元；对获得三等奖作品的学生（团队）奖励5 000元、指导教师（团队）奖励3 000元。对获得优秀组织奖的高校颁发奖杯并奖励5万元，主要用于支持大学生开展科技创新活动、研发科技创新作品等。奖励资金于2018年5月底前拨付各有关高校。奖励资金实行单独核算、专款专用，任何单位和个人不得截留、挤占、挪用。

七、材料填报

（一）有关高校负责组织申报作品作者于2017年8月14日8时后登录大赛官网 http://221.214.56.13:8385，填写《山东省大学生科技创新大赛作品申报书》（附件1），并上传1分钟展示视频及其他佐证材料。材料填报工作务必于9月15日16时前完成。

（二）有关高校审核确认所有申报作品材料网上填报无误后，通过系统自动生成《第四届山东省大学生科技创新大赛推荐作品汇总表》（附件2）。高校根据作品质量确定推荐顺序，并将推荐序号人工填写到汇总表第一列“序号”栏目。序号填写无误后，通过系统导出汇总表并打印，加盖学校公章，于9月20日前邮寄至山东省学生就业创业教育咨询中心。我厅将根据统筹确定的分学校入围参加省赛的作品数量和高校作品推荐顺序，遴选具有省赛参赛资格的作品。

八、工作要求

（一）加强组织领导。举办大学生科技创新大赛，是推进高校创新创业教育改革的重要举措，大赛成绩是高校创新教育成果的重要展示。各高校要充分认识大赛的意义，把组织参赛作为重要抓手与实践平台，切实加强组织领导。要成立由校领导负责，团委、学生、教务、科技等部门组成的专门机构，明确职责分工，统筹做好校赛和申报作品的遴选推荐工作。

（二）搞好宣传发动。各高校要广泛动员，积极发动，通过开展以科技创新为主题的学术讲座、论坛、沙龙等活动，推动学生跨专业组队、跨界学习。坚持以赛促教、以赛促学、以赛促练，推进科技创新训练和实践。引导学生关注社会需求，提升参赛项目的应用价值和市场价值。大赛组委会将积极联系省内主流媒体，充分发挥省教育厅门户网站、山东教育电视台等传播作用，为大赛的开展营造浓厚氛围。

（三）强化服务保障。各高校要组建指导教师团队，认真做好参赛作品的前期培育，帮助学生组建科技创新团队。要为参赛团队提供政策法规、赛事动态信息、知识产权保护、争取社会支持等方面的服务，提供必要条件和经费支持。对参赛团队的学生，要根据参赛情况予以奖励，在认定创新创业学分、评奖评优等方面予以倾斜；对成绩优异参赛团队的指导教师要进行奖励，在工作量认定等方面增加权重，激发广大教师和学生投身创新活动的积极性、创造性和参赛热情。

九、其他事项

（一）申报“实物创新”的参赛作品实物或模型，只在进行现场决赛时展示，由作者按规定时间自行带到决赛现场。

（二）请各高校确定1~2名大赛工作联系人，填写《第四届山东省大学生科技创新大赛联系人信息表》（附件3）并加盖学校公章后，于6月23日前将Word版与PDF版发送到大赛专用邮箱 dxskjcxds@163.com。

（三）大赛工作联系方式。

1. 为方便大赛沟通交流和信息发布，组委会办公室专门建立了“第四届山东省大学生科技创新大赛”QQ群，群号169087197，各高校报送联系人信息后，将以邀请入群的方式添加成员。

2. 大赛动态还将通过“山东省教育厅创新创业大赛”微信公众号（微信号：sdjycy_dasai）发布，各高校和参赛师生可关注。

3. 大赛由山东省学生就业创业教育咨询中心具体承办。

联系人：陈璟，马跃

联系电话：0531-81676815，81676814

通信地址：济南市青年东路1号，山东文教大厦南楼1038室，邮编：250011

专用邮箱：dxskjcxds@163.com

附件：1. 山东省大学生科技创新大赛作品申报书

2. 第四届山东省大学生科技创新大赛推荐作品汇总表

3. 第四届山东省大学生科技创新大赛联系人信息表

山东省教育厅

2017年6月16日

（二）PPR管自动烫接机作品申报书

PPR管自动烫接机作品申报书如下：

山东省大学生科技创新大赛
作品申报书

推荐学校：淄博职业学院 PPR 管自动烫接机
作 品 名 称：PPR 管自动烫接机
组　　　别：实物产品创新
所 属 专 业：机械制造与自动化
项 目 负 责 人：杨腾
团队其他成员：李清华、张永琦、许相阳、史之华
指 导 教 师：赵菲菲、曲振华
申 报 时 间：2017 年 9 月 10 日

山东省教育厅制

填报说明

一、申报书填写内容必须属实，推荐学校应严格审查，对所填内容的真实性负责。
二、申报书填写文字使用小四号或五号宋体。

一、基本信息

作品情况	作品名称		PPR 管自动烫接机									
	作品类型		√实物创新　□创意创新　□实验创新　□生产创新							推荐学校	淄博职业学院	
	组别		本科 √高职 研究生			所属专业	机械制造与自动化				完成时间	2017. 9. 10
团队构成情况	序	身份	姓名	性别	出生年月	院系	所学专业	学制	年级	学号	邮箱	电话
	1	项目负责人	杨腾	男	1996. 04	机电工程学院	机械制造与自动化	三	2015 级	略	略	略
	2	团队其他成员	李清华	男	1996. 11	机电工程学院	模具设计与制造	三	2015 级	略	略	略
	3		张永琦	男	1997. 04	机电工程学院	机械制造与自动化	三	2016 级	略	略	略
	4		许相阳	男	1997. 02	机电工程学院	机械制造与自动化	三	2015 级	略	略	略
	5		史之华	男	1997. 07	机电工程学院	机械制造与自动化	三	2015 级	略	略	略
指导教师	排序		姓名	性别	出生年月	院系	职称	学位		研究领域	邮箱	电话
	1		赵菲菲	女	1981. 12	机电工程学院	讲师	硕士研究生		机械制造及其自动化	略	略
	2		曲振华	男	1979. 06	机电工程学院	讲师	硕士研究生		机电工程	略	略

注：1. “组别”如果第一作者为本科生，则选“本科”；如果第一作者为高职生，则选择“高职”，如果第一作者为研究生，则选择“研究生”。

2. “所属专业”是指按照参赛作品的属性，应该归属或靠近的专业名称。其中，组别为“本科”的需选择本科专业名称，组别为“高职”的需选择高职专业名称，组别为“研究生”的需选择研究生专业名称。

3. “排序”是指主要作者或指导教师对作品贡献程度大小的排列顺序，与今后获奖证书中的人员排序一致。

4. “所学专业”是指作者本人在校修读的规范专业全称。

5. “年级”填写截至 2017 年 6 月作者所在的年级。

二、科学性

1. 作品的研究意义

PPR 管材广泛应用于建筑业、市政工程、水利工程、农业和工业等行业，它是一种新型的水管材料，具有得天独厚的优势，质轻、耐压、耐腐蚀，PPR 管不仅适用于冷水管道，还适用于热水管道，甚至纯净饮用水管道。PPR 管采用热熔烫接方式进行连接，但是由于热熔烫接是人工操作完成的，生产效率低；热熔器工作温度高，人工操作易烫伤；烫接过程中由于加热融化导致管材添加剂发生化学反应，产生的有害气体容易使人恶心、呕吐，甚至昏迷。鉴于以上原因 PPR 管的热熔烫接不适合手工操作完成。

因此我们设计了一种 PPR 管自动烫接机，操作简单，自动烫接质量远高于人工烫接，且大大提高了工作效率，降低了 PPR 管烫接过程中产生的有害气体对人体产生的危害，改善了劳动环境，将给企业带来巨大经济效益。

2. 总体思路

该 PPR 管自动烫接机有 PLC 电气控制系统和人机交互系统，只需把 PPR 管放在夹爪上按动开关夹紧，按动启动按钮，PLC 电气控制系统根据设定的程序运行。此时热熔器与夹具由步进电动机带动丝杠自行移动到指定位置，定位准确，然后自动烫接，利用抽风机将加热过程中所产生的有害气体抽取到有害气体处理容器中，依靠活性炭的吸附作用进行过滤处理。

3. 研究内容

新产品重点针对热熔器温度较高人工热熔粘接易烫手及预防有害气体对呼吸系统造成伤害等问题进行了改进，以提高工作效率，降低对身体造成的伤害，同时考虑材料、工艺、成本等因素，确定以下研究内容：

（1）研究工作台结构和夹具工作方式。

（2）研究各个装置系统的优化配置方案。

（3）提高 PPR 管移动和定位的准确性。

（4）自动化程序的编制。

（5）有害气体的处理方法。

（6）简洁、实用、美观的人机交互系统操作界面。

4. 研究方法

项目组学生到寿光市的专业安装团队进行实地调查，了解到加热过程中热熔器的工作温度在 280℃，人工操作易烫伤；烫接过程中加热融化会导致管材添加剂发生化学反应产生有害气体，损害呼吸系统，而且烫管的质量不稳定。学生们带着调研数据回到学校，并在网上查阅了大量的资料和许多自动化方面的书籍，掌握了 PPR 管烫接时的许多注意事项和操作要求。同时，学生们还向老师请教自己不理解的难题。研制过程中，学生们积极联系专业安装团队，请教了许多关于烫接 PPR 管的问题。根据实际情况最后确定出新产品的功能和结构方案。

5. 理论依据

我们的设备由 PLC 电气控制系统和人机交互系统控制机器的电路部分，包括自定心管材夹具、Y 轴滑台、X 轴滑台、热熔器、人机交互系统、气体处理部分；将 PPR 管放入夹爪，通过 PLC 电气控制系统控制夹具与热熔器自行移动、准确定位实现烫接。对于加热过程中排出的有害气体，由开关控制抽风机运行，将其集中到处理容器中利用活性炭的吸附性进行过滤，实现了自动化流水作业。在烫接质量方面，自动烫接质量高于人工烫接，降低废品率，提高工作效率，而且 PPR 管烫接的速度和时间参数可调。

6. 主要技术

PPR 管自动烫接机的水平方向工作台采用丝杠和丝杠螺母配合，由步进电动机带动实现夹具滑块的移动，精准定位；垂直方向工作台同样采用丝杠和螺母配合，由步进电动机带动实现热熔器滑块的纵向进给，以到达指定位置；由控制模块控制接管时间和速度；启动抽风机将加热过程中产生的有毒气体抽到气体处理器中进行过滤处理。全部完成以后，根据设定的程序自动复位到达初始位置，进行下一次烫接作业。该设备为保证不同型号的管件接管质量稳定，烫接的速度和时间是可调的，这是因为不同型号的管件，直径、厚度、受热时间都是不同的。其解决的主要技术方案：通过人机交互系统将不同的量输入控制模块中，编辑不同的工作程序，设置多种模式可供选择。

PPR 管自动烫接机的工作方式具体如下：

（1）模式一。打开总开关，将管件放在夹爪上夹紧，按下模式一开关，PLC 电气控制系统根据所输入的程序自行移动热熔器和夹具到达指定位置，实现自动烫接。同时抽风机启动运行，将产生的有害气体抽取到气体处理模块集中过滤处理，实现全自动作业。

（2）模式二。打开总开关，将管件放在夹爪上夹紧，按下模式二开关，PLC 电气控制系统根据所输入的程序自行移动热熔器和夹具到达指定位置，实现自动烫接。同时抽风机启动运行，将产生的有害气体抽取到气体处理模块集中过滤处理，实现全自动作业。

（3）手动模式。打开总开关，按开关夹紧管件，按点动开关控制夹爪前进到达指定位置，进行接管。同时打开抽风机，将产生的有害气体抽取到气体处理模块集中过滤处理。

7. 实施方案

（1）市场调研。以传统的热熔烫接为例，目前 PPR 材质管材安装存在如下问题：①热熔烫接是纯手工操作，热熔器工作温度高，人工操作易烫伤；②热熔烫接过程会产生有害气体，容易使人恶心、呕吐，甚至昏迷等，对呼吸系统有很大危害；③人工烫接存在误差，直线度、同轴度、对中性、烫接深度、烫接质量等无法保证。

我们根据传统热熔烫接暴露出的问题进行整合，设计了 PPR 管自动烫接机。该产品设计合理，操作简单，得到了很多专业安装队的认可。在烫接质量方面，为保证不同型号的管件接管质量稳定，烫接的速度和时间等参数可调，自动烫接质量高于人工烫接，降低废品率；同时提高了工作效率，降低了 PPR 管烫接过程中对人体造成的危害，而且随着自动化技术的发展，人力成本大大减少，小规模企业也可以享受国家科技发展的红利。该产品既改善了劳动者的工作环境、减少了对身体的损伤，又降低了人力成本。

（2）产品组成及功能。该产品主要由 PLC 电气控制系统、人机交互系统、框架、自定心管材夹具、Y 轴滑台、X 轴滑台、热熔器、气体处理部分、步进电动机、过滤盒等部分组成。

PPR 管自动烫接机的水平方向工作台采用正反丝杠和丝杠螺母配合，由步进电动机带动实现夹具滑块移动，精准定位，垂直方向工作台同样采用丝杠和螺母配合，由步进电动机带动实现热熔器滑块的纵向进给，以到达指定位置，由控制模块控制烫接时间和速度，同时启动抽风机将加热过程中产生的有害气体抽到气体处理器中进行过滤处理。全部完成以后，根据设定的程序自动复位到达初始位置，进行下一次烫接作业。该产品有模式一、模式二、手动模式等三种工作模式，使用者可根据实际情况进行选择具体操作模式。

（3）加工实验。项目组成员在指导教师的指导下根据市场调研的结果重新定位产品功能，设计出产品的整体结构，零件图与装配图经过多次修改最终确定方案，完成了电气控制部分的设计，经过多次实验，电气控制部分能实现其控制功能。产品加工组装完成后，进行实地烫接 PPR 管测试，经过不断调整，该产品基本能实现最初的设计要求。以后项目组可以根据企业不同实际需要做出适当调整，满足企业需要。

三、创新性

1. 作品主要创新点

（1）自动烫接质量高于人工烫接，降低废品率。

（2）实现精确定位自动烫接过程。

（3）在水暖工程中可以多台 PPR 管自动烫接机协作同时接管，降低劳动力成本。

（4）可以同时处理 PPR 管烫接过程中产生的有毒气体，改善劳动环境。

（5）结构简单，移动方便，适宜于规模化生产，满足大小企业的需求。

（6）在烫接质量方面，为保证不同型号的管件接管质量稳定，烫接的速度和时间等参数可调，使用范围广。

（7）为了操作更简洁、实用研究了人机交互系统，以此代替传统按钮。

2. 关键技术

有模式一、模式二、手动模式等三种模式可供选择，由 PLC 电气控制系统和人机交互系统控制夹具和热熔器在步进电动机的带动下自行移动，精确定位，实现自动烫接过程。

3. 与国内外同类研究（技术）比较

传统的热熔烫接：

（1）纯手工操作，热熔器工作温度高，人工操作易烫伤。

（2）热熔烫接过程会产生有害气体，容易使人恶心、呕吐，甚至昏迷等，对呼吸系统有很大危害。

（3）人工烫接存在误差，直线度、同轴度、对中性、烫接深度、烫接质量等无法保证。

四、实用性

1. 作品适用范围、可行性

本产品适用于建筑业、市政工程、水利工程、农业和工业等领域的规模 PPR 管道安装。通过细致的市场调研，发现此类产品市场前景广阔，我们的 PPR 管自动烫接机设计合理、操作简单，得到了很多专业安装队的认可。通过实地检验发现，PPR 管自动烫接机的烫接质量高、效率高，可使安装人员远离有害气体，减少了对身体的损害。本产品烫接参数时间和速度可以调整，满足了安装任意口径管的需求，实地检验效果非常好。

2. 推广前景、市场分析及经济社会效益预测

我们的产品针对人工 PPR 管烫接的弊端进行有针对性的设计，在市场上没有这类产品。我们实地检测一小时内人工传统烫接与 PPR 自动烫接机的烫接，根据烫接的速度、质量得出 PPR 管自动烫接机速度比人工传统烫接快 30%，而且烫接质量好。由此得知，我们的产品满足市场需求，市场前景广阔，降低了劳动力成本，提高了企业效益。

五、成果和效益

我们的产品可以大大提高工作效率，产品效益增加了 30%，在大学生机电产品创新设计大赛中获得评委的好评，获得第十三届山东省大学机电产品创新设计大赛“一等奖”。

该产品已申报专利，获得了专利授权书。

六、入选作品公开宣传内容

作品名称：PPR 管自动烫接机

学校名称：淄博职业学院

作者：杨腾、李清华、张永琦

指导教师：赵菲菲、曲振华

作品简介：

1. 技术原理和功能

该设备采用 PLC 电气控制和人机交互系统，将 PPR 管放入夹爪按动开关夹紧，通过 PLC 电气控制夹具与热熔器自行移动、准确定位实现自动接管，加热过程中排出的有害气体集中到处理容器中利用活性炭的吸附性进行过滤，实现了自动化流水作业，解放了双手，改善了工作环境。

2. 创新点

（1）自动烫接质量高于人工烫接，降低废品率。

（2）实现精确定位自动烫接过程。

（3）在水暖工程中可以多台 PPR 管自动烫接机协作同时接管，降低人力成本。

（4）可以同时处理 PPR 管烫接过程中产生的有毒气体，改善劳动环境。

（5）结构简单，移动方便，适宜于规模化生产，满足大小企业的需求。

（6）在烫接质量方面，为保证不同型号的管件接管质量稳定，烫接的速度和时间等参数可调，使用范围广。 （7）为了操作更简洁、实用使用研究了人机交互系统，以此代替传统按钮。 3. 作用意义 PPR 管自动烫接机可提高接管的自动化程度，减少有害气体和热熔器对人体造成的伤害，提高工作效率，使人力、物力得到充分利用，将给企业带来巨大经济效益。 4. 推广应用前景、效益分析与市场预测 通过市场调研该产品非常受喜欢，它操作简单，无须工作人员学习操作，得到了很多专业安装队的认可。在烫接质量方面，自动烫接质量高于人工烫接，降低废品率，提高了工作效率，且降低了 PPR 管烫接过程中对人体健康产生的危害，应用前景非常广阔。

注：本表内容用于入选作品的公开宣传。教育厅将开辟网上专栏，对入选作品进行宣传推介，扩大作品的社会影响力，推动项目落地创业。此表的宣传内容，视为作者授权同意教育厅进行公开宣传。

七、作者及指导教师承诺

本作品是作者在教师指导下，独立完成的原创作品，无任何知识产权纠纷或争议。确认本申报书内容及附件材料真实、准确，对排序无异议。 作者签名：杨腾　李清华　张永琦 指导教师签名：赵菲菲、曲振华 2017 年 9 月 10 日

注：作者、指导教师须全部签名。本表以 PDF 格式通过系统上传。

八、推荐学校审查及推荐意见

2017 年 7 月 1 日前，本作品作者是具有我校正式学籍的全日制在校生。按照申报通知要求，我校对本作品的资格、申报书内容及附件材料进行了审核，确认真实。 同意推荐本作品参加第四届山东省大学生科技创新大赛。 负责人：（签字）　　学校公章： 年　月　日

注：负责人签字并加盖学校公章后，本表以 PDF 格式通过系统上传。

九、附件及证明材料

（1）一分钟展示视频。

（2）作品研究报告。

（3）作品实物照片。

（4）产品使用说明。

（5）获奖证明材料。

（6）作者及指导教师承诺。
（7）推荐学校审查及推荐意见。

（三）PPR管自动烫接机作品研究报告

山东省大学生科技创新大赛
作品研究报告

推荐学校：淄博职业学院
作品名称：PPR管自动烫接机
组　　别：实物产品创新
所属专业：机械制造与自动化
主要作者：李清华、杨腾
指导教师：赵菲菲、曲振华
申报时间：2017年9月10日

山东省教育厅制

摘　要：PPR管自动烫接机是一种由PLC电气控制系统开发的PPR管自动烫接设备。本产品只需把PPR管放在夹爪上，启动电动机，PLC电气系统根据设定的程序运行，热熔器与夹具自行移动，准确定位，由步进电动机带动丝杠移动到指定位置，实现自动接管，并且烫接速度可调；同时PLC电气控制系统启动抽风机，将加热过程中所产生的有毒气体抽取到有毒气体处理容器中，依靠活性炭的吸附作用进行过滤处理，实现了自动化流水作业，极大地改善了劳动者的工作环境，降低了对呼吸系统的伤害。一次接管完成后自动复位，即可进行下一个循环。在整个设计中重点实现了自动接管，烫接速度可调，自动处理加热过程中产生的污染物不会排放到大气中，并对整个机身的框架进行规范合理的安排。该产品既适用于个体专业安装人员，又适用于大型安装公司规模化安装，大大提高了接管的质量，降低了废品率，提高了生产效率，推动服务安装行业的改造，享受国家科技发展所带来的红利。

关键字：PLC电气控制、烫接速度可调、自动接管

1　绪论

1.1　PPR管自动烫接机的目的和意义

1.1.1　产品的目的

PPR管采用热熔烫接方式进行连接，但是热熔烫接是人工操作完成的，生产效率低；热熔器工作温度高，人工操作易烫伤；烫接过程中，由于加热融化导致管材添加剂发生化学反应，产生的有害气体容易使人恶心、呕吐，甚至昏迷。鉴于以上原因PPR管的热熔烫接不适合手工操作完成。

因此，我们设计了一种PPR管自动烫接机，其操作简单，自动烫接质量远高于人工烫接；大大提高了工作效率，避免了PPR管烫接过程中产生的有害气体对人体产生的危害，改善了劳动环境，将给企业带来巨大经济效益。

PPR管自动烫接机的创新点如下：

(1) 采用PLC电气控制系统。

(2) 按照程序设定，由PLC电气控制系统控制夹具和热熔器在步进电动机的带动下自行移动，精确定位，实现自动烫接过程。

(3) 在水暖工程中可以多台PPR管自动烫接机协作同时接管，降低劳动力成本。

(4) 对于PPR管在高温加热时产生的有害气体，通过触摸屏控制抽风机运行将其集中，依靠活性炭的吸附能力把有害气体集中过滤处理，改善劳动环境。

(5) 结构简单，移动方便，适合规模化生产，满足大小企业的需求。

(6) 在烫接质量方面，自动烫接质量高于人工烫接，降低废品率。

1.1.2　产品的意义

本产品在连续工作、废气的处理、提升接管的质量等方面进行了改进，同时考虑材料、工艺、成本等因素，以提高工作效率，降低劳动强度，改善劳动者的工作环境。该产品设计合理、操作简单，市场反应良好。在烫接质量方面，自动烫接质量高于人工烫接，可降低废

品率，提高工作效率，同时降低了 PPR 管烫接过程中对人体健康产生的危害。随着自动化技术的发展人力成本大大减少，小规模企业也可以享受国家科技发展的红利。相信该产品会在建筑业、市政工程、水利工程、农业和工业等行业有较大的市场空间。

1.2　研究现状

我国接管机市场发展迅速，产品产出持续扩张，国家产业政策鼓励接管机产业向高技术产品方向发展，国内企业新增投资项目投资逐渐增多，投资者对接管机市场的关注越来越密切，接管机市场越来越受到各方的关注。2014—2017 年接管机市场容量/市场规模统计如图 1 所示。接管机在建筑业、市政工程、水利工程、农业和工业等行业的市场需求量不断增加，市场销量非常大。

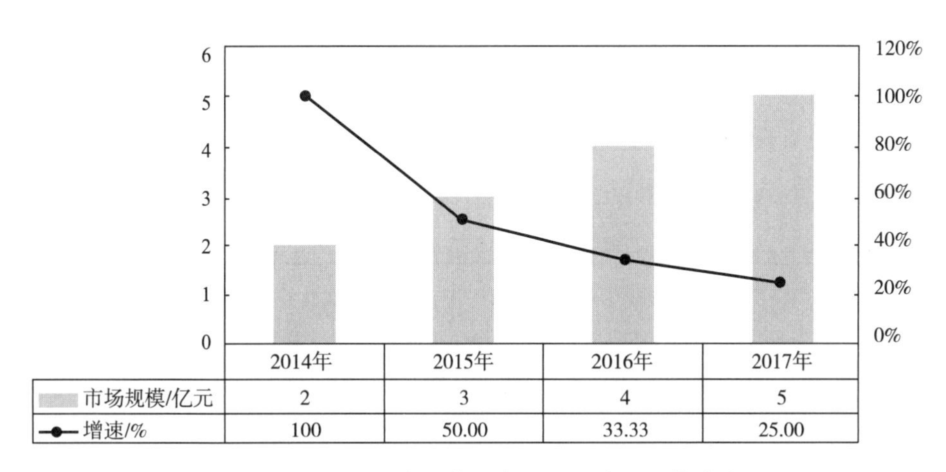

图 1　2014—2017 年接管机市场容量/市场规模统计

1.3　研究的主要内容

为保证不同型号管件烫接质量的稳定，该产品烫接的速度和时间是可调的。因为不同型号的管件直径、厚度、受热时间都是不同的，所以应根据管件型号调整烫接的速度和时间。PPR 管自动烫接机主要组成部分：气体处理装置、管材夹具、热熔装置、丝杠滑台、支撑座等。

1. 步进电动机速度的改进

对于不同型号、不同材料的管件，其热熔的时间是不一样的。为保证关键的部位烫接质量稳定，时间是必须要把握的。而把握时间的前提是电动机的速度稳定及进行一定程度的可调控。所以，步进电动机的速度需要更好的更新改进。

2. 气体处理装置的改进

热熔时管件会挥发出有毒的气体，这时需要使用气体处理装置。对于吸收气体来说，活性炭是个不错的选择。但是活性炭不能清除一些有毒气体，所以需要对气体处理装置进行改进。

3. 热熔装置的改进

管件的融合，需要更精准的热度来进行精准的操作，所以热熔装置是很重要的部分。产品由于是自动接管，对于精度的要求高，这时需要精准及可靠地控制热熔温度。所以，热熔装置还需要进一步改动。

2 PPR管自动烫接机产品设计

2.1 PPR管自动烫接机总体设计

2.1.1 PPR管自动烫接机的工作原理

PPR管自动烫接机的水平方向工作台采用正反丝杠和丝杠螺母配合，由步进电动机带动实现夹具滑块的相向移动，精准定位，垂直方向工作台同样采用丝杠和螺母配合，由步进电动机带动实现热熔器滑块的纵向进给，到达指定位置，由控制模块控制接管时间和速度，同时启动抽风机将加热过程中产生的有毒气体抽到气体处理皿中进行过滤处理。全部完成以后，根据设定的程序自动复位到达初始位置，进行下一次接管作业，如此循环。根据管材直径不同，启动开关有两种模式可选择，做到最大限度减少工作误差，保证接管质量的稳定。其装配如图2所示。

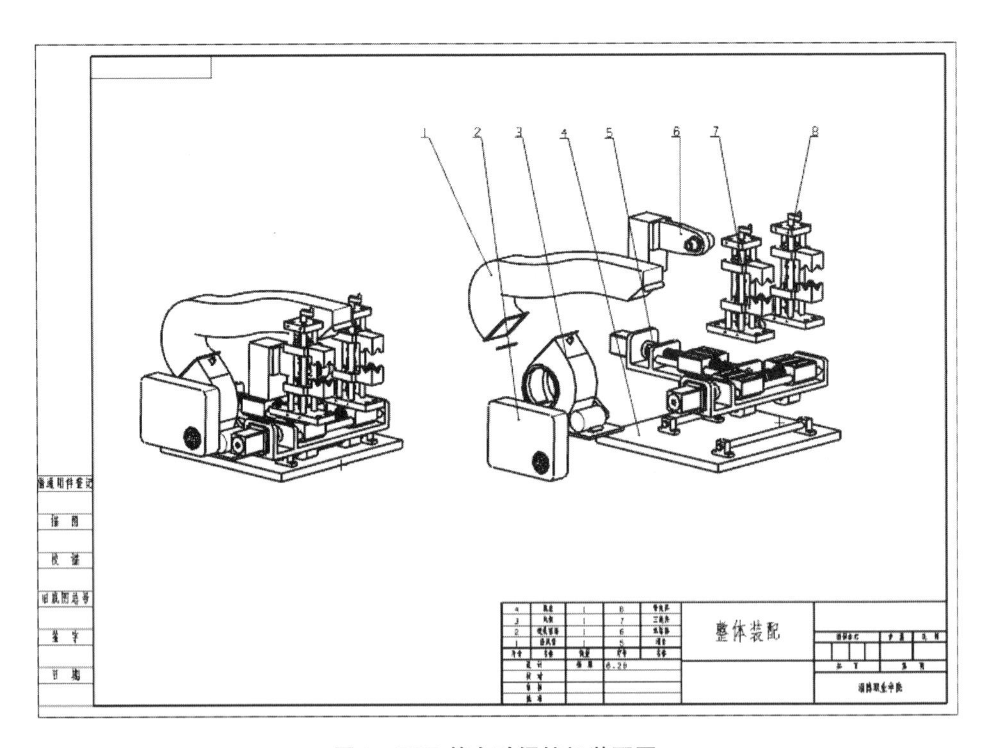

图2　PPR管自动烫接机装配图

2.1.2 技术性能指标

单次接管数量：1；

热熔时间：30s；

外形尺寸：1 250mm×800mm×约1 200mm，可调；

整机质量：约100kg。

2.1.3 PPR 管自动烫接机工作方式

为保证不同型号的管件烫接质量稳定，本产品烫接的速度和时间是可调的。其解决的主要技术方案是将不同的量输入控制模块中，编辑不同的工作程序，设置多种模式。

PPR 管自动烫接机的工作方式具体如下：

1. 32 模式

打开总开关，将 ϕ32mm 的管件放在夹爪上夹紧，按下 32 模式开关，PLC 电气控制系统根据所输入的程序自行移动热熔器和夹具到达指定位置，实现自动接管。同时抽风机启动运行，将产生的有毒气体抽取到气体处理模块集中过滤处理，实现全自动作业。

2. 25 模式

打开总开关，将 ϕ25mm 的管件放在夹爪上夹紧，按下 25 模式开关，PLC 电气控制系统根据所输入的程序自行移动热熔器和夹具到达指定位置，实现自动接管。同时抽风机启动运行，将产生的有毒气体抽取到气体处理模块集中过滤处理，实现全自动作业。

3. 手动模式

打开总开关，按下点动开关控制热熔器和夹具到达指定位置，进行接管。同时打开抽风机，将产生的有毒气体抽取到气体处理模块集中过滤处理。

2.2 PPR 管自动烫接机的组成部分

PPR 管自动烫接机的主要组成部分包括气体处理装置、管材夹具、热熔装置、丝杠滑台、支撑座等。整机结构如图 3 所示。

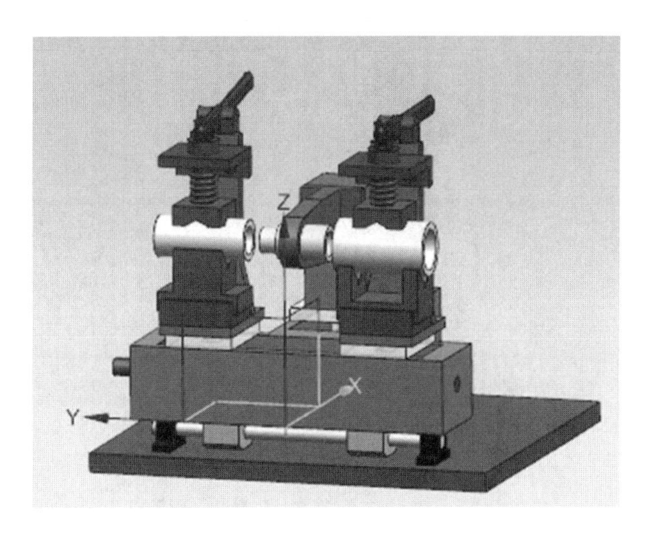

图 3　PPR 管自动烫接机整机结构

2.2.1 气体处理装置

PPR 管在高温加热时产生的有毒气体，通过 PLC 电气控制系统控制抽风机运行将其集中，依靠活性炭的吸附能力把有毒气体集中过滤处理，改善劳动环境。

2.2.2 管材夹具

为保证不同型号的管件烫接质量稳定，烫接的速度和时间是可调的，该产品的管材夹具可以很好地支持不同型号的管材。

2.2.3 热熔装置

在烫接质量方面，该产品的热熔装置的烫接质量高于人工烫接的质量，并可以降低废品率，提高工作效率。

2.2.4 丝杠滑台

PPR管自动烫接机的水平方向工作台采用正反丝杠和丝杠螺母配合，垂直方向工作台同样采用丝杠和螺母配合，由步进电动机带动实现热熔器滑块的纵向进给，到达指定位置，由控制模块控制烫接的时间和速度，步进电动机带动实现夹具滑块的相向移动，精准定位。

2.2.5 支撑座

我们在支撑座和工作台及设备结构上做改进，防止支撑座和设备结构分布不均导致局部过重产生设备变形，保证了设备的稳定和持续工作。

2.3 重要零件设计

2.3.1 管材夹具设计

为保证管材受压不变形，同时兼顾生产效率和实用性，该产品的管材夹具在自动模式下可兼容尺寸为ϕ25mm和ϕ32mm的两种不同管材，在手动模式下可装夹小于ϕ40mm的管材，如图4所示。

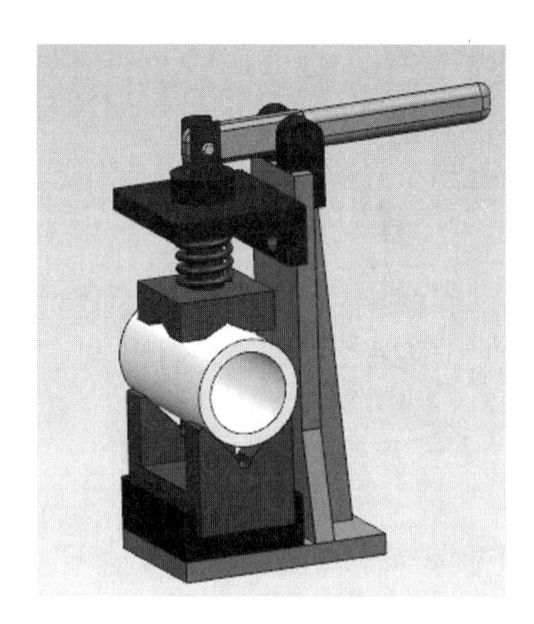

图4 管材夹具装配图

2.3.2 通风管的设计

热熔装置在加热管材时会产生有毒气体，危害人体健康，污染环境，所以设计了PLC电气控制系统，它会自动启动抽风机，将加热过程中所产生的有毒气体抽取到有毒气体处理容器中，依靠活性炭的吸附作用进行过滤处理，实现了自动化流水作业，极大地改善了劳动者的工作环境，降低了对呼吸系统的伤害。通风管设计图如图5所示。

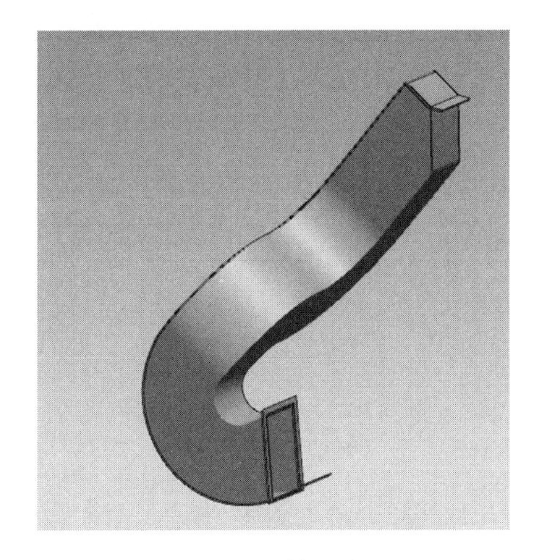

图5　通风管设计图

2.3.3　步进电动机的选择

根据实践测量得知，步进电动机负载所受的转矩为50N·m，步进电动机的负载运行转速为200r/min。当PPR管自动烫接机正常工作时，夹具滑块上的管材相对移动，热熔器前后移动，全部完成以后根据设定的程序自动复位到达初始位置，进行下一次接管作业。通过力学的计算可知，$M_a=(J_m+J_t)\times n/T\times 1.02\times 10^{-2}=(50+10)\times 200/4\times 102\times 10^{-2}=3060$（N），即PPR管自动烫接机正常工作时，受到的切向力为3 060N。

其中：M_a——电动机启动加速力矩；

J_m——电动机自身惯量；

J_t——电动机自身负载；

n——电动机所需达到的转速；

T——电动机升速时间。

2.3.4　步进电动机的微步驱动电路的设计

根据资料《步进电动机的选择与参数详解》可查得步进电动机步距角的参数，如表1所示。

表1　步进电动机步距角的参数

电动机固有步距角	所有驱动器类型及工作状态	电动机运行时的真正步距角
0.9°/1.8°	驱动器工作在半步状态	0.9°
0.9°/1.8°	驱动器工作在5细分状态	0.36°
0.9°/1.8°	驱动器工作在10细分状态	0.18°
0.9°/1.8°	驱动器工作在20细分状态	0.09°
0.9°/1.8°	驱动器工作在40细分状态	0.045°

采用细分驱动技术可以大大提高步进电动机的步距分辨率，减小转矩波动，避免低频共振及减小运行噪声，就经济和实用方面考虑我们选用的是驱动器10细分状态。

2.3.5　控制系统的整体设计

主供电电路图如图6所示。

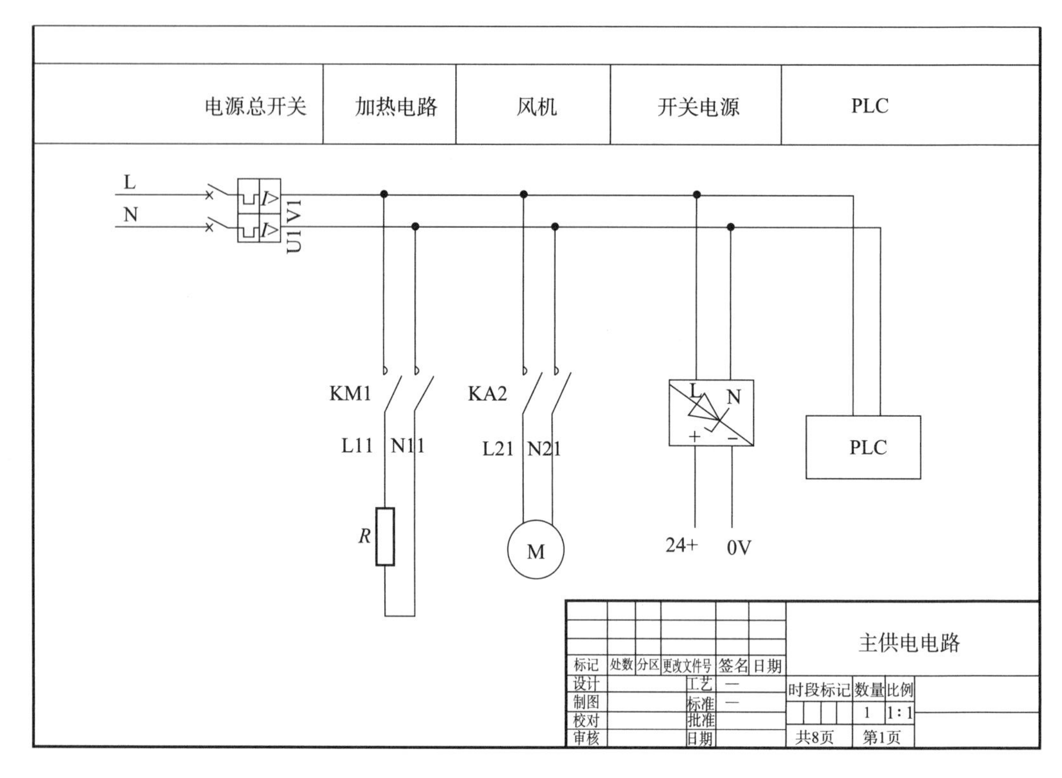

图 6　主供电电路图

输入电路图如图 7 所示。

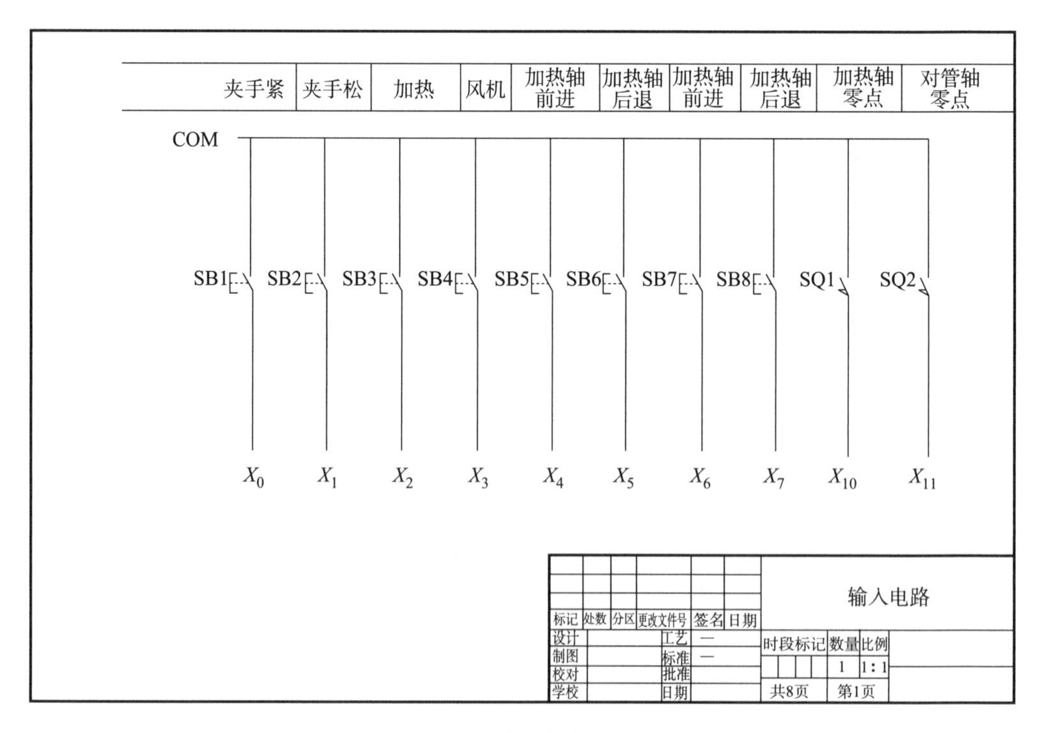

图 7　输入电路图

PLC 接线地址输入电路图如图 8 所示。

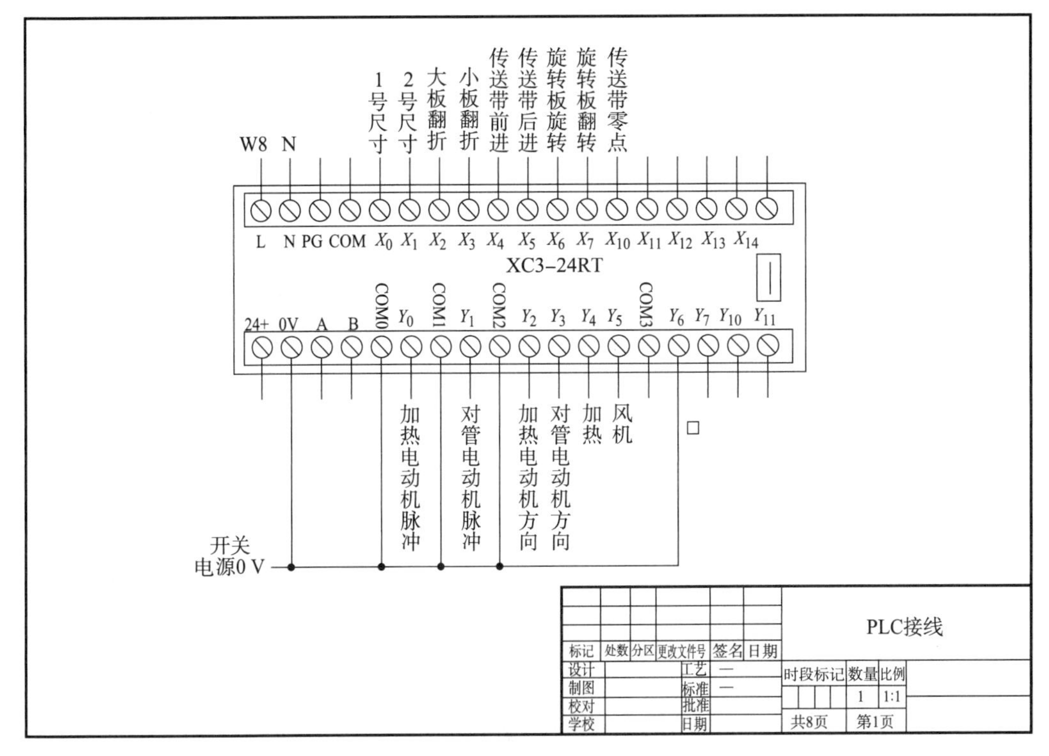

图 8　PLC 接线地址输入电路图

继电器控制电路如图 9 所示。

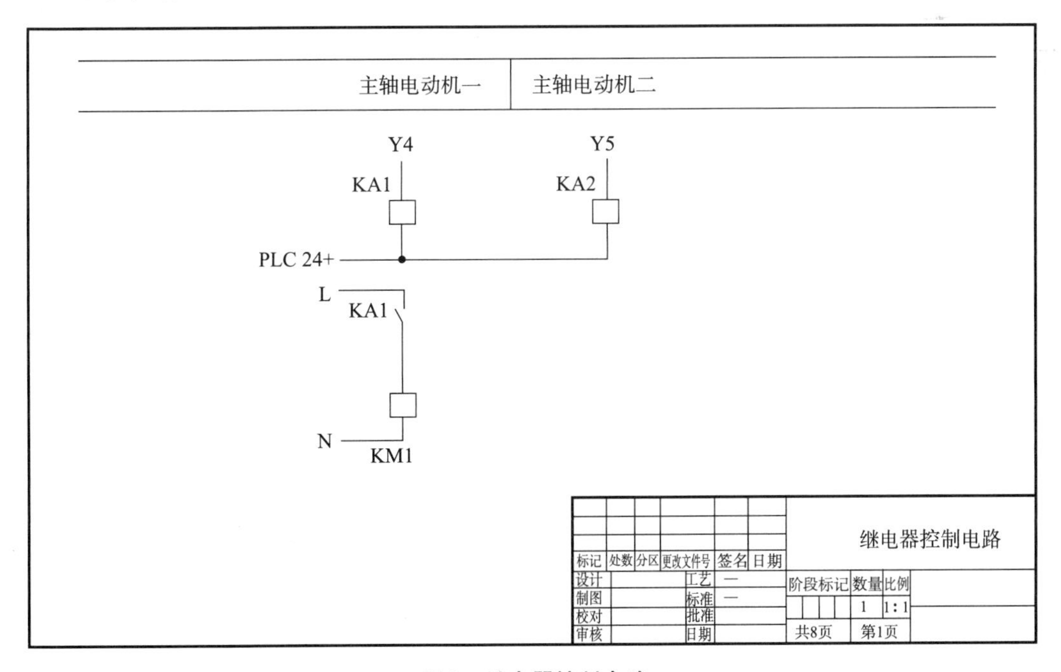

图 9　继电器控制电路

步进电动机接线图如图 10 所示。

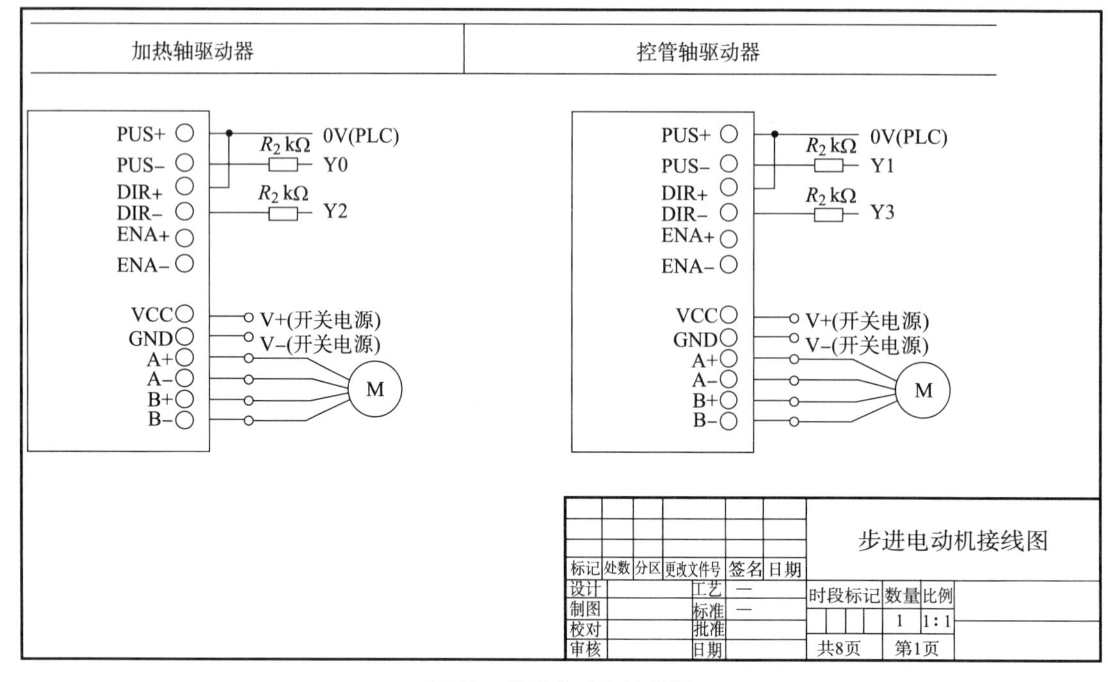

图 10 步进电动机接线图

3 零部件数控加工工艺分析及编程

对零件光轴滑块（图 11）进行加工工艺分析。

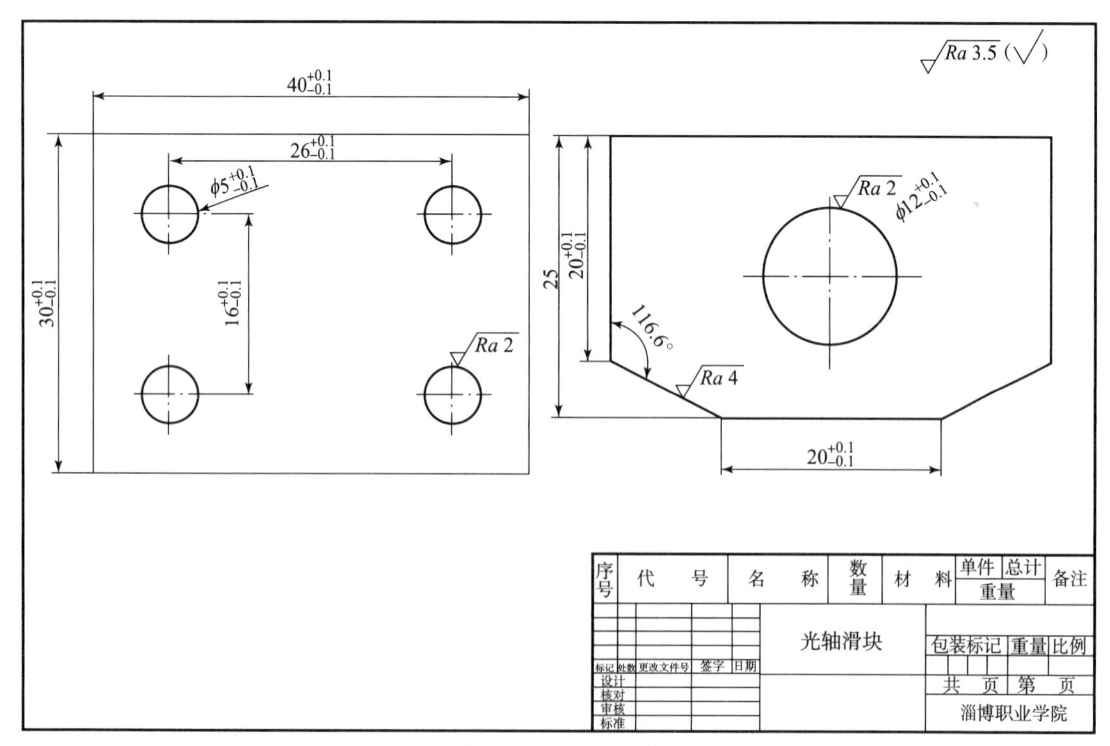

图 11 零件光轴滑块

3.1　图样分析

该零件有孔和斜面的加工，尺寸精度要求高，尺寸公差为0.02mm，ϕ12mm孔表面粗糙度最高为3.2μm。选用数控铣床加工。

3.2　确定装夹方案、定位基准、编程原点

选用平口钳装夹，依次选用上表面和侧面为定位基准，上表面和侧面的中心点顺序依次为编程原点。

3.3　制订走刀路线

粗加工面的走刀路线如图12所示。

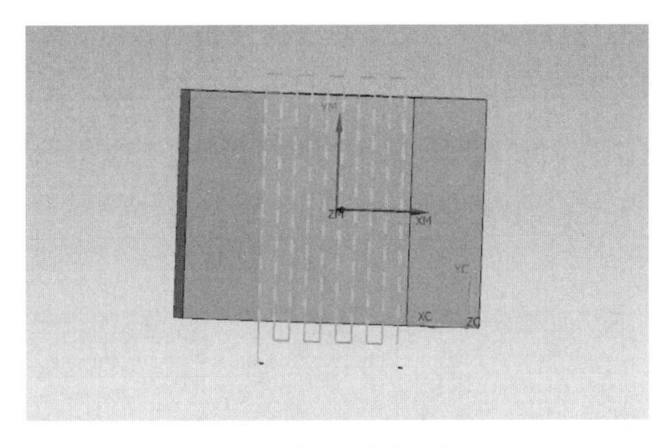

图12　粗加工面的走刀路线

精加工面的走刀路线如图13所示。

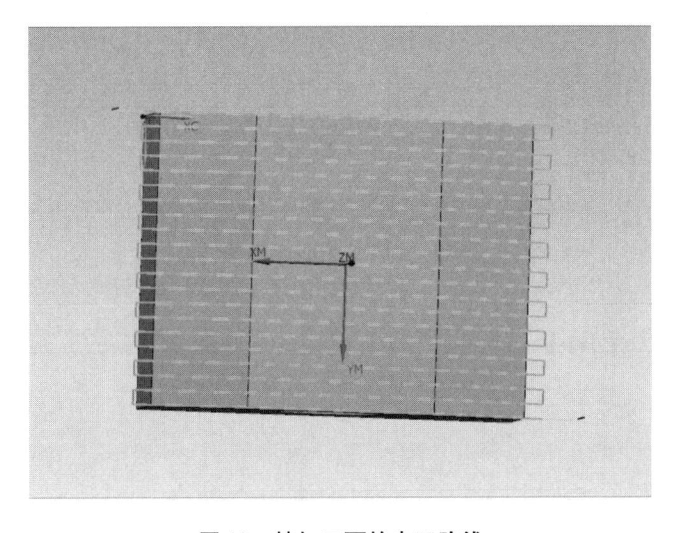

图13　精加工面的走刀路线

加工小孔的走刀路线如图 14 所示。

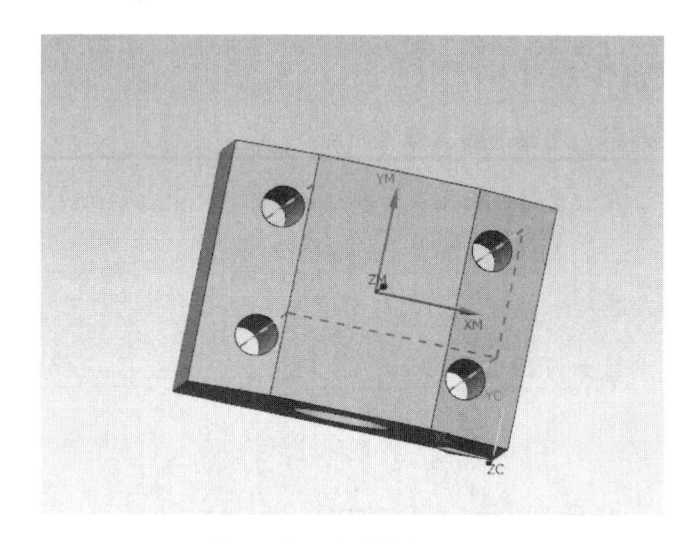

图 14　加工小孔的走刀路线

加工大孔的走刀路线如图 15 所示。

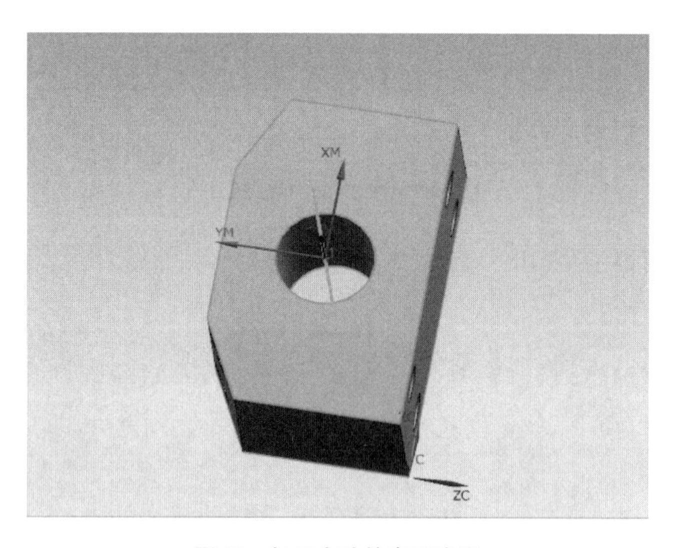

图 15　加工大孔的走刀路线

3.4　数控加工工序卡

数控加工工序卡如表 2 所示。

表 2 数控加工工序卡

数控车床加工工序卡			产品名称		零件名称		零件图号	
			PPR 管自动烫接机		光轴滑块		3－4	
单位名称	淄博职业学院机电工程系		夹具名称		使用设备		车间	
			平口钳		FANUC 0i 铣床		现代制造技术中心	
序号	工艺内容	刀具号	刀具规格/mm	主轴转速/(r·min^{-1})	进给速度/(mm·r^{-1})	背吃刀量/mm	刀具材料	程序编号	量具
1	下料								
2	装夹找正								
3	粗铣面	T0101	D5 立铣刀	400	0.6	1	硬质合金	O0001	游标卡尺
4	精铣面	T0202	D5 立铣刀	600	0.5	0.2	高速钢		游标卡尺
5	钻中心孔	T0303	A2.5 中心钻	200	1	0.5	硬质合金		游标卡尺
6	钻小孔	T0404	D5 钻孔刀	600	1		高速钢	O0002	游标卡尺
7	装夹找正								
8	钻中心孔	T0303	A2.5 中心钻	200	2	1	硬质合金		
9	钻大孔	T0505	D12 钻孔刀	800	1		硬质合金	O0003	游标卡尺
10	去毛刺检验								

3.5 编制程序

1. 面铣粗加工

```
O0001;
N100 G17 G40 G49 G80 G90;
N102 G54 G00 X0.0 Y0.0;
N104 G91 G28 Z0.0;
N106 T00 M06;
N108 G00 G90 X-9.997 Y-20.5 S0 M03;
N110 G43 Z13.H00;
N112 Z3;
N114 G01 Z0.0 F250.M08;
N116 Y-17.5;
N118 Y17.5;
N120 X-7.908;
N122 Y-17.5;
N124 X-5.82;
N126 Y17.5;
N128 X-3.731;
N130 Y-17.5;
N132 X-1.643;
N134 Y17.5;
N136 X.446;
N138 Y-17.5;
N140 X2.534;
N142 Y17.5;
N144 X4.623;
N146 Y-17.5;
N148 X6.711;
```

```
N150 Y17.5;
N152 X8.8;
N154 Y -17.5;
N156 Y -20.5;
N158 Z3;
N160 G00 Z13;
M05;
N162 M30;
```

2. 面铣精加工

```
O0002;
N100 G17 G40 G49 G80 G90;
N102 G54 G00 X0.0 Y0.0;
N104 G91 G28 Z0.0;
N106 T00 M06;
N108 G00 G90 X -3.001 Y14.95 S0 M03;
N110 G43 Z10. H00;
N198 X16.953 Y -8.953 Z -1.977;
N200 X13.013 Z -.007;
N202 X12.997 Z0.0;
N204 X9.983 Y -8.952;
N206 X -9.999 Y -8.951;
N208 X -12.995;
N210 X -16.952 Z -1.976;
N212 X -16.953 Y8.95 Z -1.977;
N214 X -13.013 Z -.007;
N216 X -12.997 Z0.0;
N218 X -12.98;
N220 X -9.984;
N222 X -.001;
N224 Y5.95;
N226 X9.974;
N228 X12.999;
N230 X13.952 Z -.476;
N232 X13.953 Y -5.953 Z -.477;
N234 X13.027 Z -.013;
N236 X12.999 Z0.0;
N238 X9.974 Y -5.952;
N240 X -9.973 Y -5.951;
N242 X -12.998;
N244 X -13.952 Z -.476;
N246 X -13.953 Y5.95;
N248 X -13.026 Z -.013;
N250 X -12.999 Z0.0;
N252 X -9.974;
N254 X -.001;
N256 Y2.95;
N258 X9.99;
N260 X10.953;
N262 Y -2.953;
N264 X9.99 Y -2.952;
N266 X -9.99 Y -2.951;
N268 X -10.952;
N270 X -10.953 Y2.95;
N272 X -9.99;
N274 X -.001;
N276 Y.25;
N278 X8.253;
N280 Y -.252;
N282 X -8.252 Y -.251;
N284 X -8.253 Y.25;
N286 X -.001;
N112 Z3.;
N114 G01 X -2.899 Z2.224 F250. M08;
N116 X -2.599 Z1.5;
N118 X -2.122 Z.879;
N120 X -1.501 Z.402;
N122 X -.777 Z.102;
N124 X -.001 Z0.0;
N126 X12.95;
N128 X13.382 Z -.191;
N130 X13.814 Z -.407;
N132 X22.952 Y14.951 Z -4.976;
N134 X22.954 Y -14.953 Z -4.977;
N136 X13.27 Z -.135;
N138 X12.912 Z0.0;
N140 X -12.91 Y -14.951;
N142 X -13.268 Z -.134;
```

```
N144 X -22.951 Y -14.95 Z -4.976;
N146 X -22.954 Y14.955 Z -4.977;
N148 X -13.27 Y14.953 Z -.135;
N150 X -12.912 Z0.0;
N152 X -.001 Y14.95;
N154 Y11.95;
N156 X9.982;
N158 X13.004 Z -.002;
N160 X13.814 Z -.407;
N162 X19.952 Y11.951 Z -3.476;
N164 X19.953 Y -11.953 Z -3.477;
N166 X13.017 Z -.008;
N168 X12.997 Z0.0;
N170 X9.997 Y -11.952;
N172 X -9.995 Y -11.951;
N174 X -12.996;
N176 X -19.952 Z -3.476;
N178 X -19.953 Y11.95 Z -3.477
N180 X -13.017 Z -.008;
N182 X -12.997 Z0.0;
N184 X -9.997;
N186 X -.001;
N188 Y8.95;
N190 X9.982;
N192 X13.004 Z -.002;
N194 X13.814 Z -.407;
N196 X16.952 Y8.951 Z -1.976;
N288 X.776 Z.102;
N290 X1.499 Z.402;
N292 X2.12 Z.879;
N294 X2.597 Z1.5;
N296 X2.897 Z2.224;
N298 X2.999 Z3;
N300 G00 Z10;
M05;
N302 M30.
```

3. 小孔的加工

```
O0003;
N100 G17 G40 G49 G80 G90;
N102 G54 G00 X0.0 Y0.0;
N104 G91 G28 Z0.0;
N106 T00 M06;
N108 G00 G90 X13. Y8. S0 M03;
N110 G43 Z40. H00;
N112 G81 Z -26.5 R40. F250;
N114 Y -8;
N116 X -13;
N118 Y8;
N120 G80;
M05;
N122 M30;
```

4. 大孔的加工

```
O0004;
N100 G17 G40 G49 G80 G90;
N102 G54 G00 X0.0 Y0.0;
N104 G91 G28 Z0.0;
N106 T00 M06;
N108 G00 G90 X0.0 Y0.0 S0 M03;
N110 G43 Z40. H00;
N112 G81 Z -31.5 R40. F250;
N114 G80;
M05;
N116 M30;
```

4 零部件数控加工仿真

4.1 选择机床

打开宇龙仿真软件，选择 FANUC 系统 FANUC 0i 铣床，如图 16 所示。

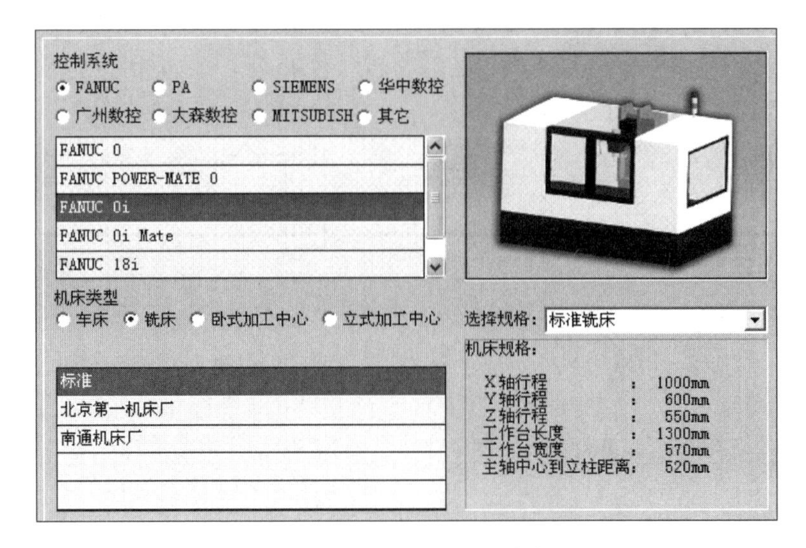

图 16 选择 FANUC 0i 铣床

4.2 开机回参考点

按下操作面板上的启动按钮，然后按下急停按钮，在回参考点状态下回参考点，直至 X 原点灯、Z 原点灯都亮为止。在回参考点时注意先回 Z 轴方向，再回 X 轴、Y 轴方向，以避免刀架与尾座发生碰撞。

4.3 选择刀具

单击工具栏上的选择刀具按钮，分别选择 D5 立铣刀、A2.5 中心钻、D5 钻孔刀和 D12 钻孔刀。

分别进行各个结构的数控加工，操作如图 17 所示。

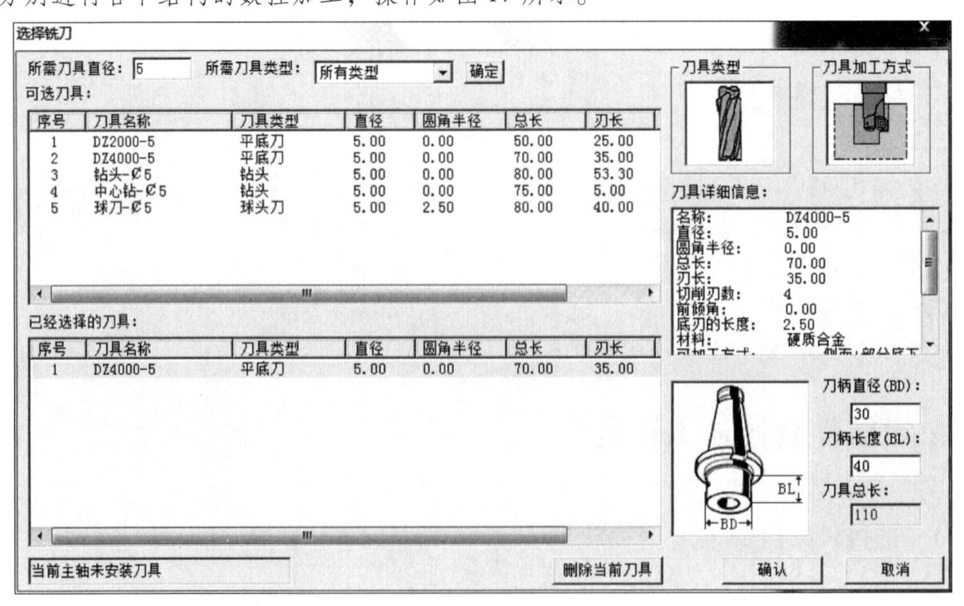

图 17 刀具的选择

4.4　毛坯的选择

选择长为50mm、宽为50mm、高为40mm的长方形毛坯，操作如图18所示。

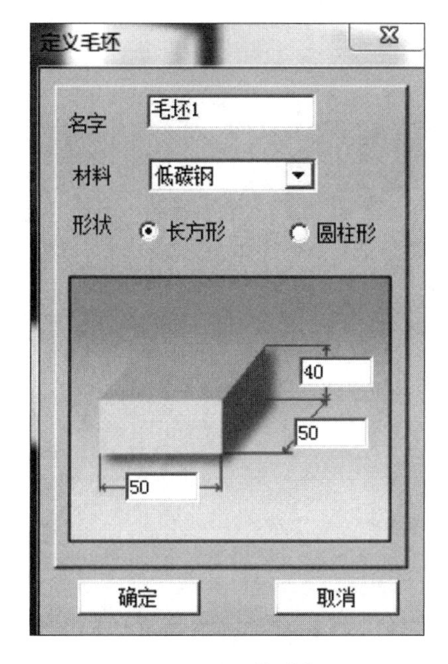

图18　毛坯的选择

4.5　安装刀具和毛坯

安装刀具和毛坯后，通过对刀操作确定工件在机床上的位置，即确定工件坐标系与机床坐标系的相互位置关系，在铣床中使用寻边器对 *XY* 向、*Z* 向使用对刀棒对刀。

4.6　零件加工步骤仿真

1. 面铣粗加工

首先采用平面铣粗加工最上面的平面，选用D5立铣刀，进行粗加工，效果如图19所示。

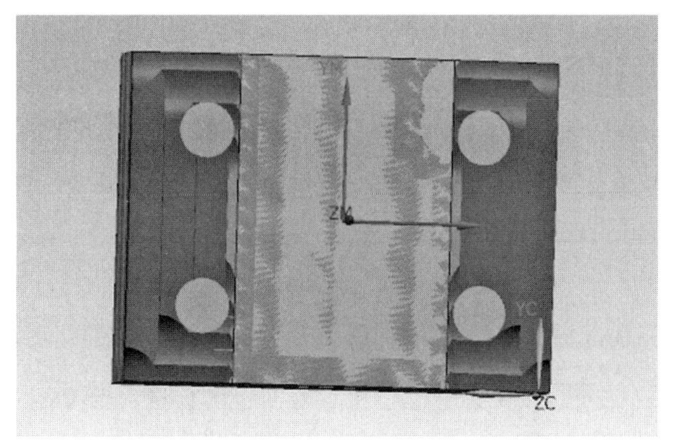

图19　面铣粗加工

2. 面铣精加工

因正面存在斜面，故不使用面铣进行精加工。选用型腔铣中的区域轮廓铣进行平面和斜面的精加工，效果如图 20 所示。

图 20　面铣精加工

3. 加工 ϕ5mm 的小通孔

先使用 A2. 5 的中心钻打中心孔，然后换用 D5 钻孔刀进行孔的加工，完成效果如图 21 所示。

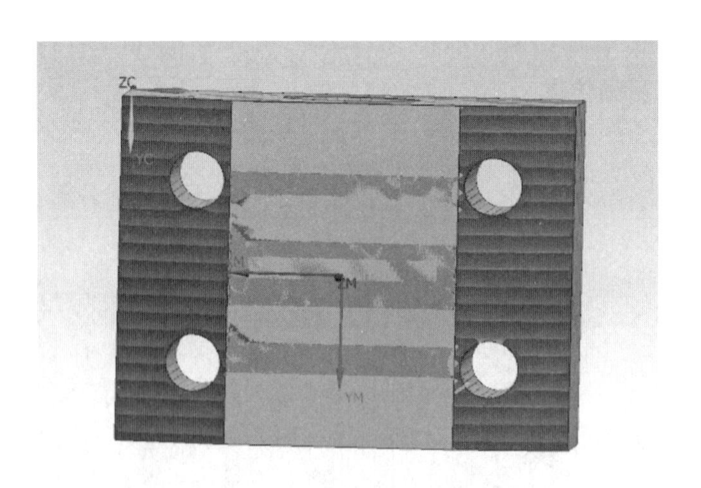

图 21　加工 ϕ 5mm 的小通孔

4. 加工 ϕ12mm 的大通孔

调换装夹位置，先使用 A2. 5 的中心钻打中心孔，然后换用 D12 钻孔刀进行孔的加工，完成效果如图 22 所示。

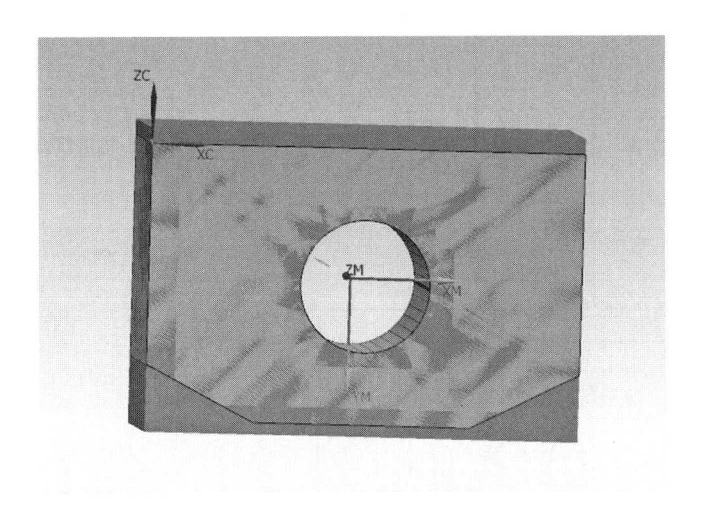

图 22　加工 ϕ12mm 的大通孔

5. 测量

单击测量按钮，测量各尺寸是否在尺寸要求范围内。

结论

通过一个多月的资料收集、整理和设计，我们所设计的 PPR 管自动烫接机已经完成。在这一个多月的设计过程中，我通过收集、检索及查找，找到了很多对设计有用的资料，从而保证了设计顺利完成。可以说这次设计是对我以前所学到的知识、收集资料的能力和设计方法等一次综合的锻炼。在这个过程中，我先了解了自动接管机的主要结构及工作原理，然后熟悉整个设计流程。通过对图书馆借阅的各种手册、说明书等资料的整理，根据设计要求得出自己的设计方案。在整个设计过程中，我的综合能力得到很大的提高，所学知识与以后的工作能够更好地衔接。

对图样、装夹方式、刀具、加工参数进行全面分析，并利用宇龙数控车床软件对其中的一个零件进行加工仿真，这样就可以对加工工艺及加工参数进行合理调整，尽量避免在实际加工中出现不必要的损失。通过分析研究，我对加工工艺及加工参数有了更好的了解，对宇龙仿真软件的应用更加熟练。

通过本次设计，我锻炼了动手能力，同时也知道了自己以后应该在哪些方面努力学习，使以后的学习有了更好的针对性。此次设计对我来说是非常重要的一个学习过程，我学到了设计的整体思路和方法，这是参加工作前的一次很好的锻炼。

参考文献（略）

附录：零件图、装配图

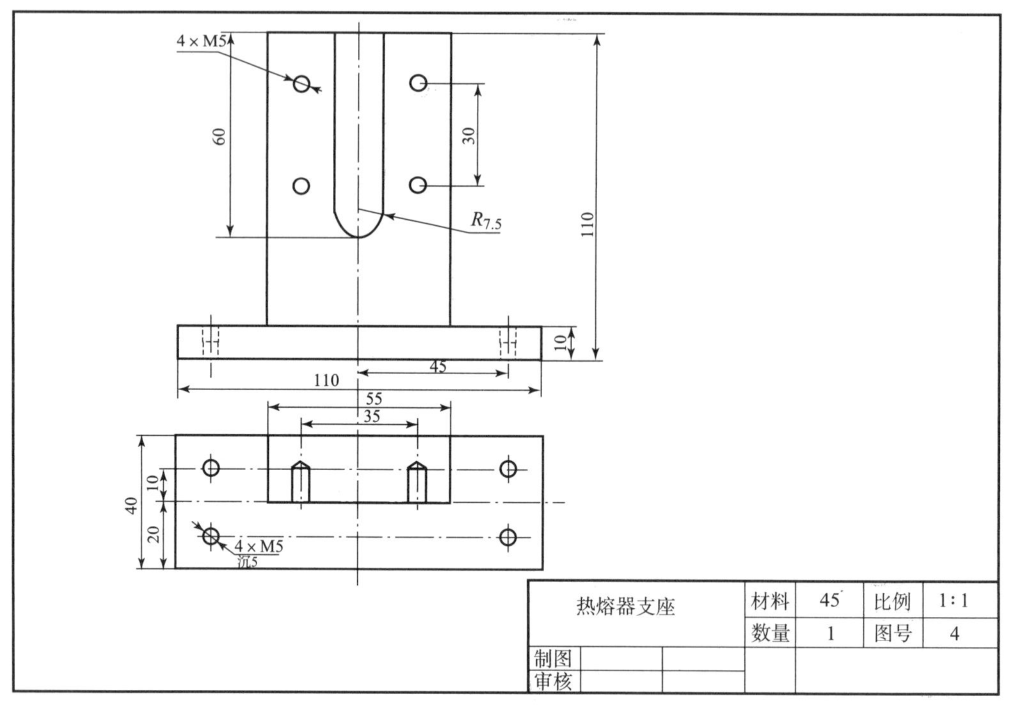

图 1　热熔器支架

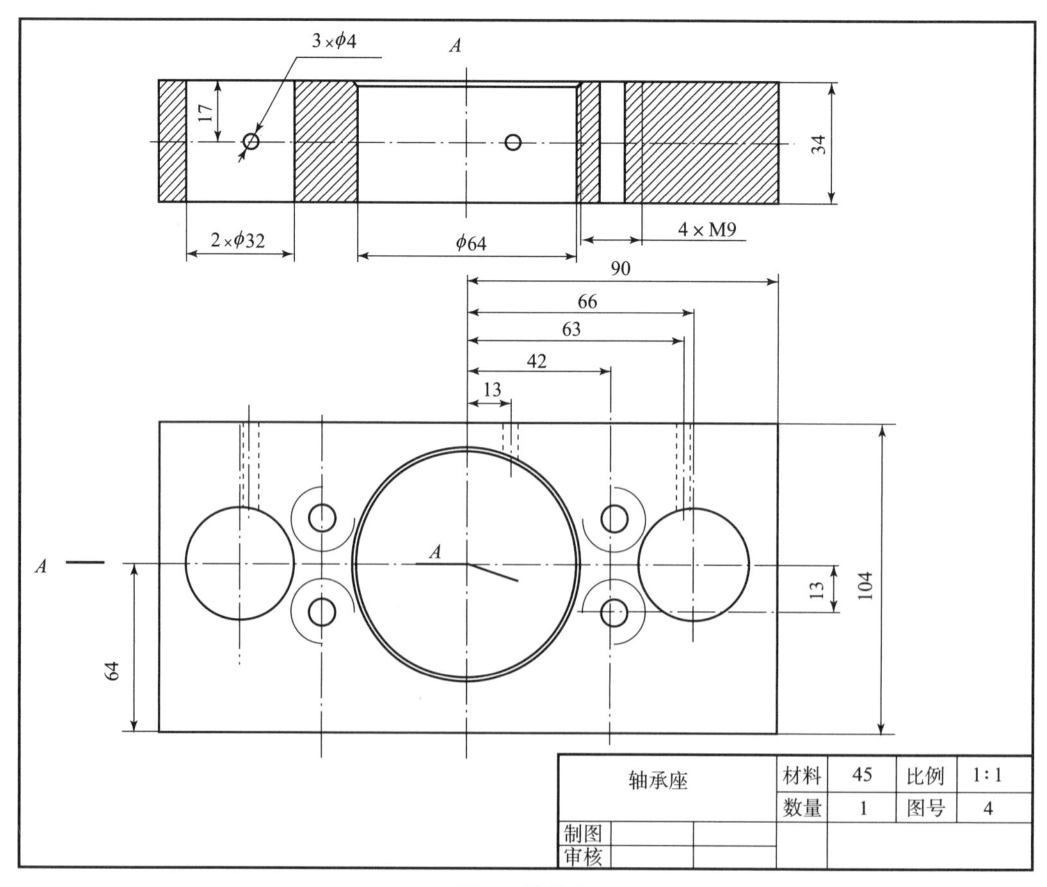

图 2　轴承座

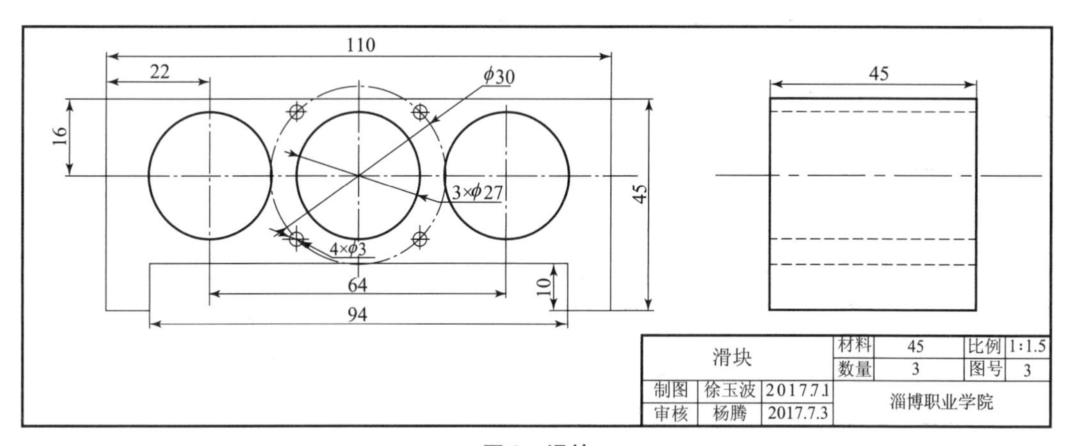
110
22
φ30
16
3×φ27
45
4×φ3
64
10
94
45
滑块
材料
45
比例
1:1.5
数量
3
图号
3
制图
徐玉波
2017.7.1
审核
杨腾
2017.7.3
淄博职业学院

图 3　滑块

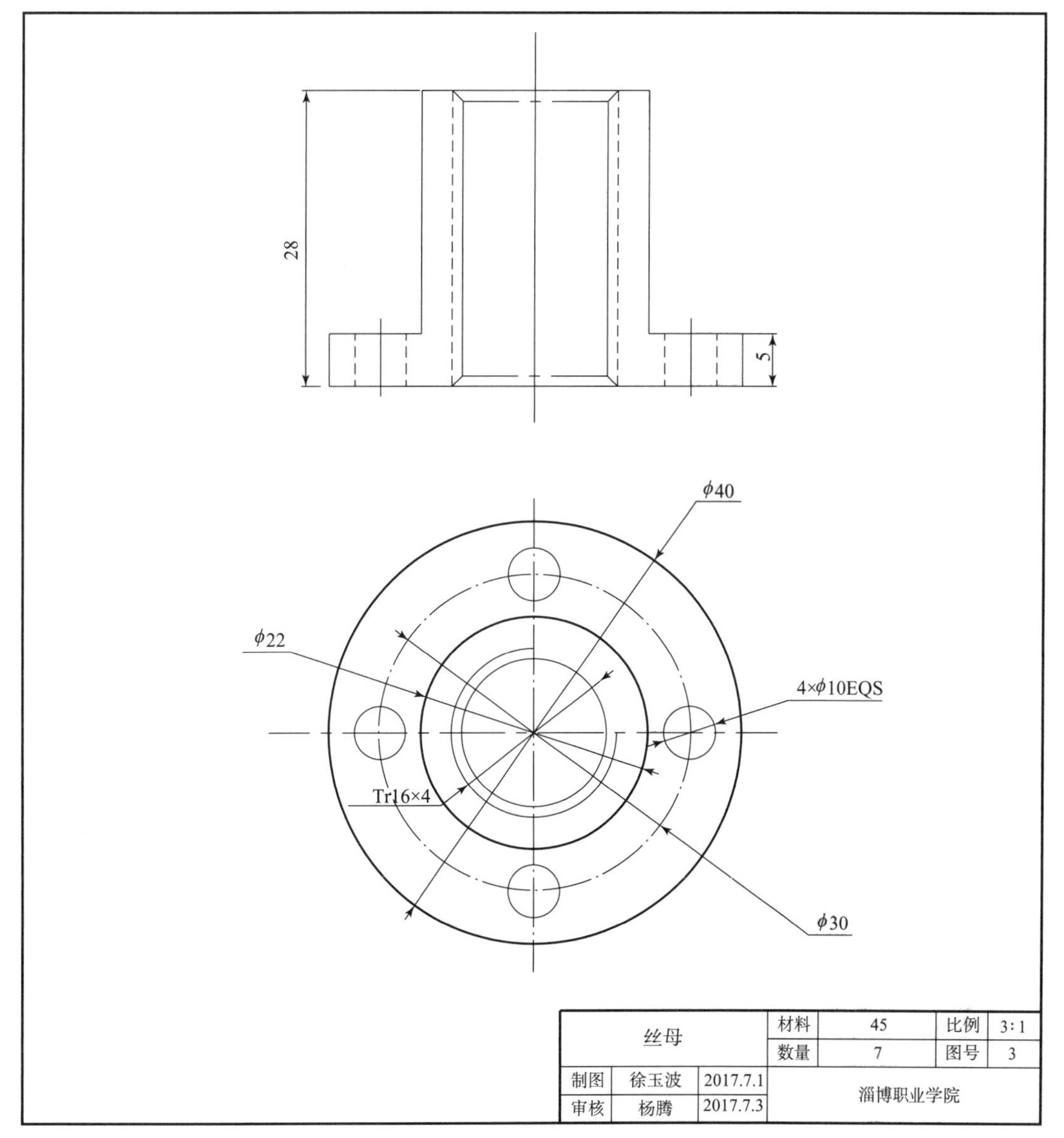
28
5
φ40
φ22
4×φ10EQS
Tr16×4
φ30
丝母
材料
45
比例
3∶1
数量
7
图号
3
制图
徐玉波
2017.7.1
审核
杨腾
2017.7.3
淄博职业学院

图 4　丝母

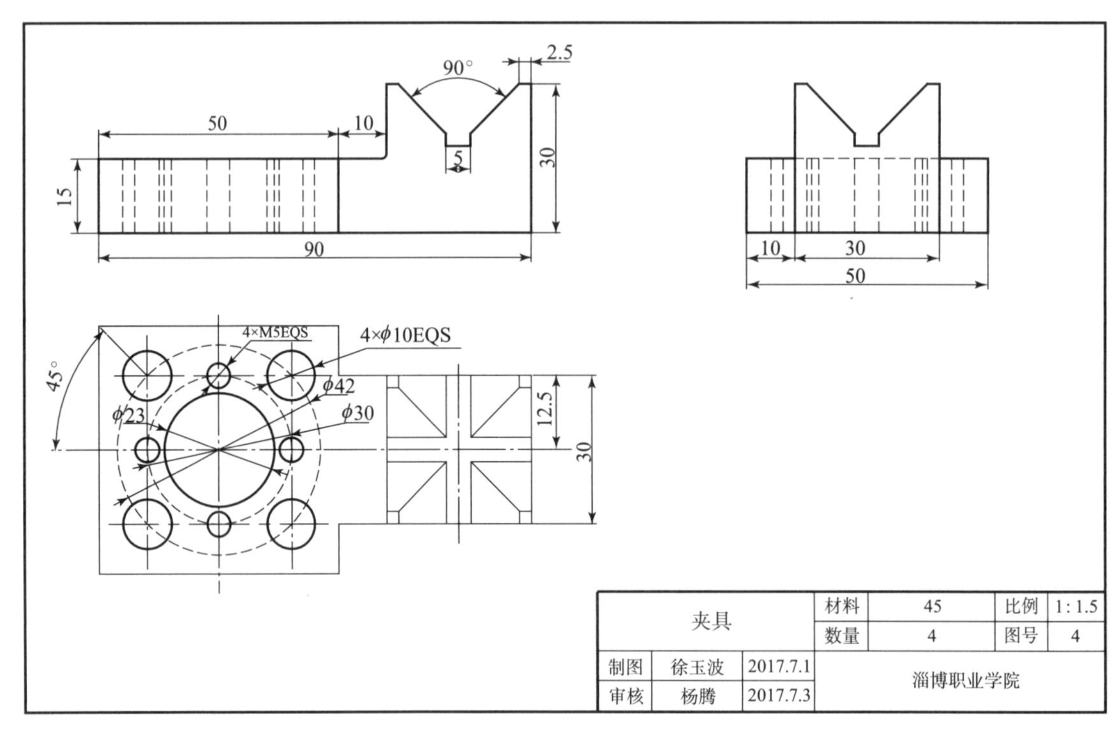

图 5　管材自定心夹具

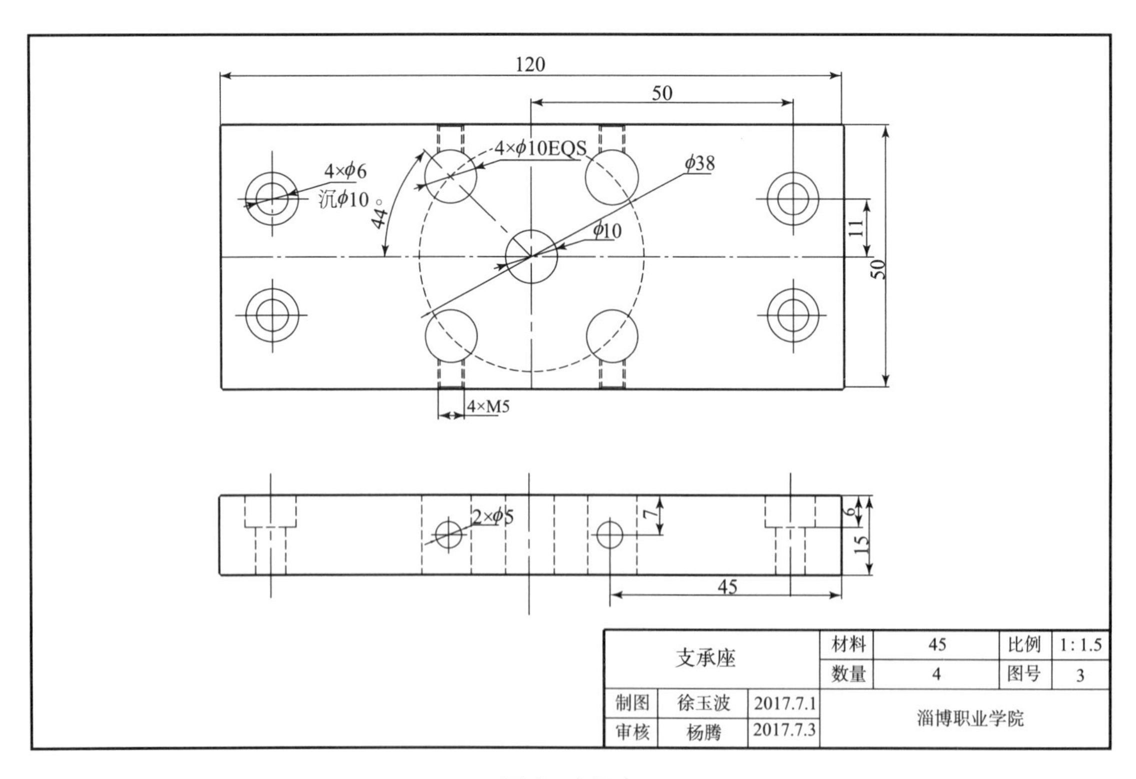

图 6　支承座

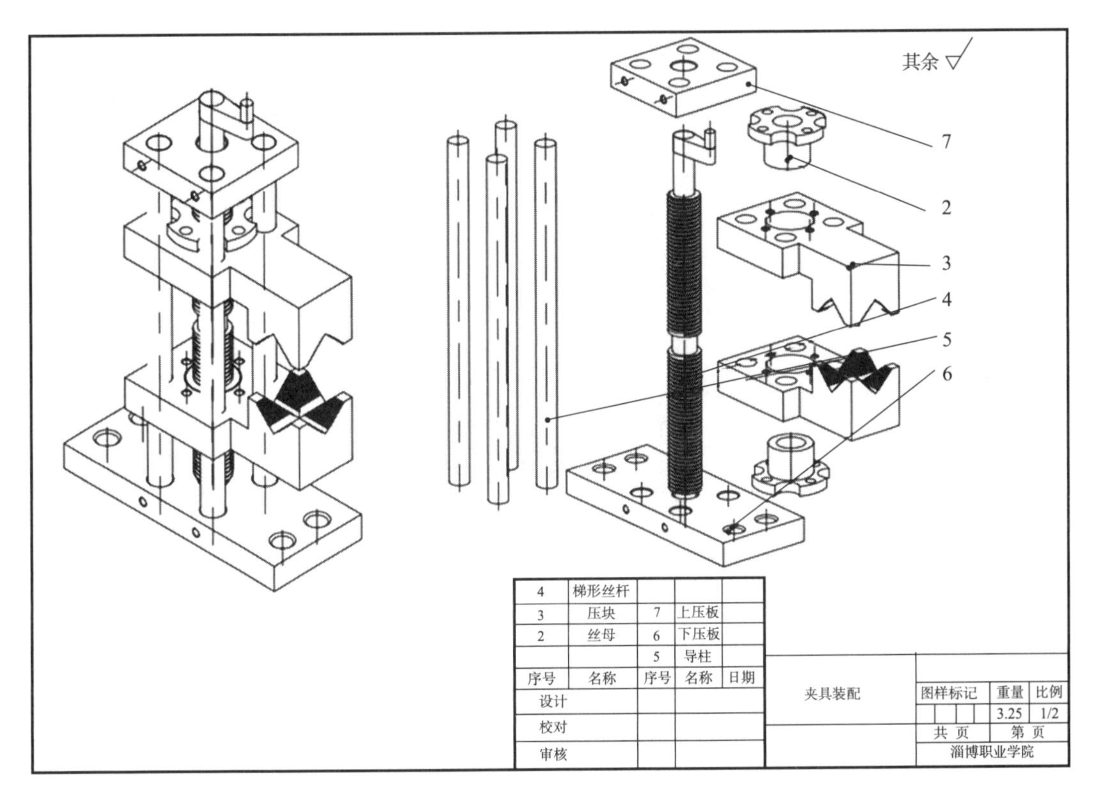

图 7　夹具装配

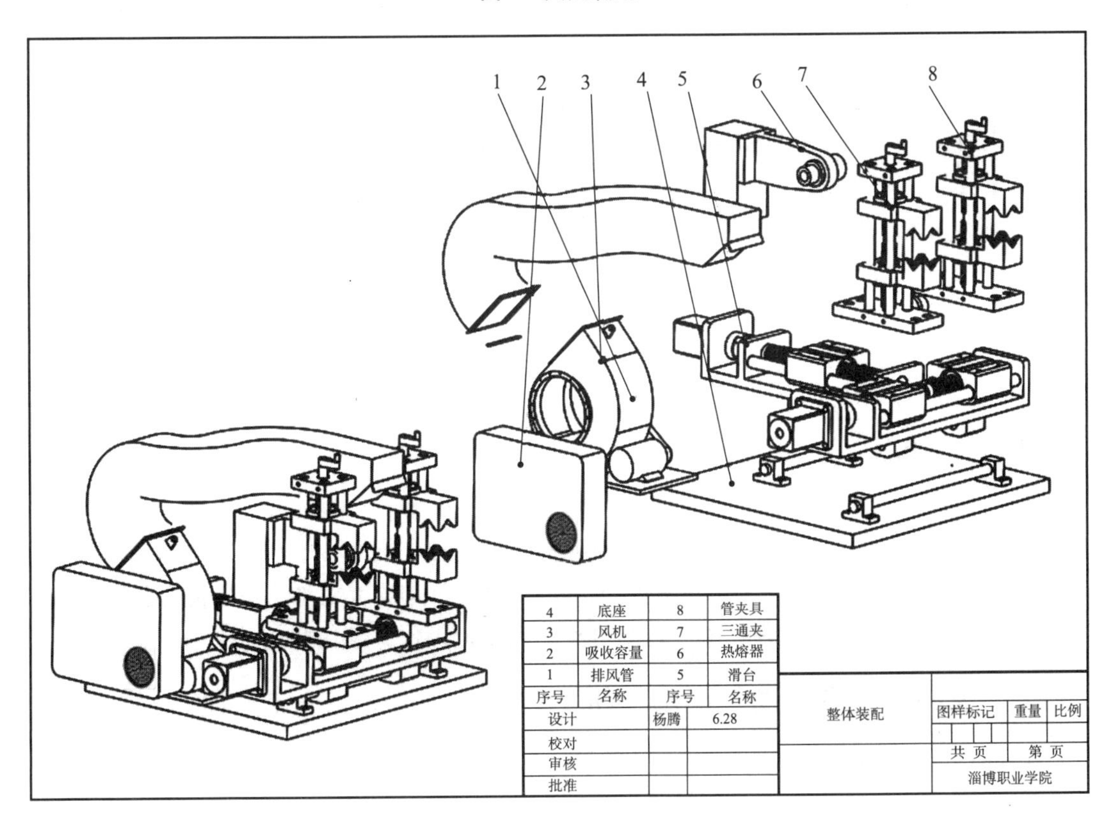

图 8　整体装配

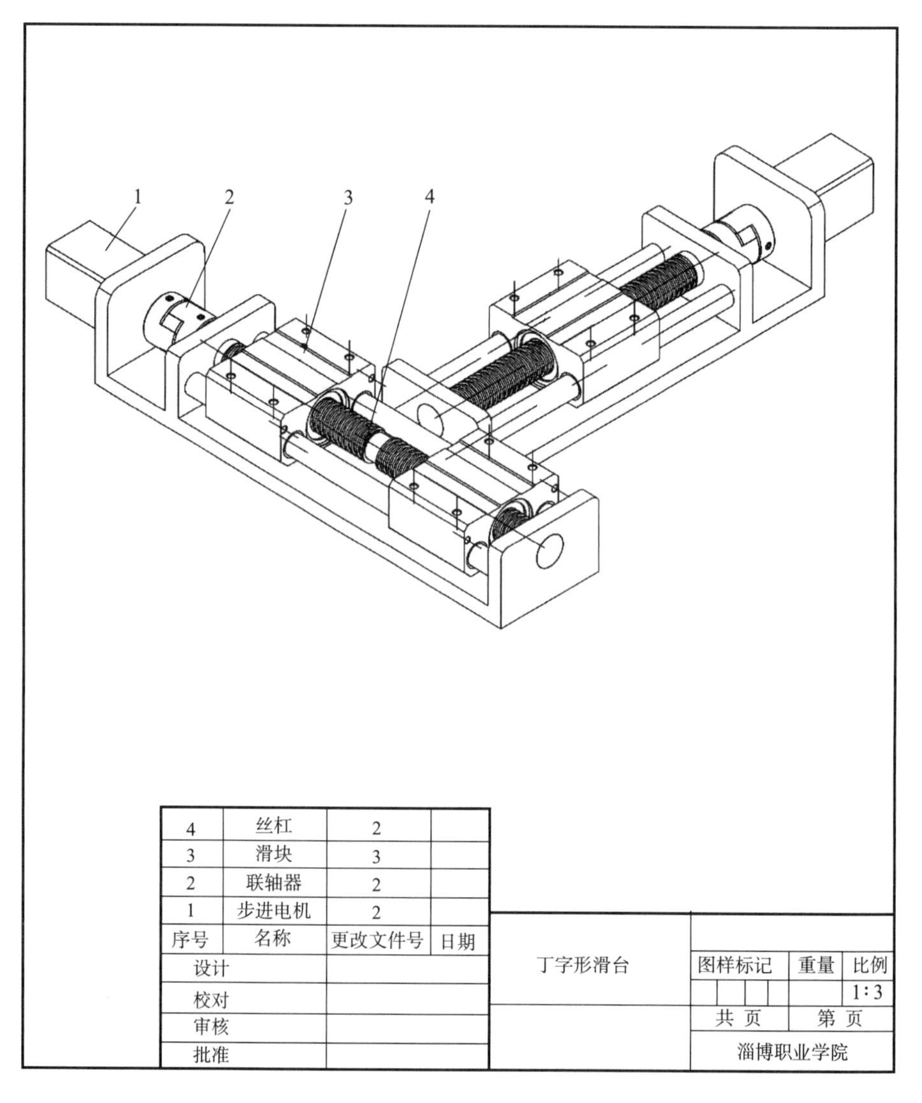

图 9　丁字形滑台

（四）作品点评

该项目源自学生。该生的家长做暖气管道 PPR 管的烫接，都是手工操作，且有污染，因此该生萌发了设计一款自动接管机的想法。该产品实现了 PPR 管的自动烫接，烫接速度可调，自动处理加热过程中产生的污染物不会排放到大气中，并对整个机身的框架进行规范合理的安排。该产品结构合理，电气控制可靠，可视化操作方便快捷。

三、案例三　全自动针型端子机

本产品获得第四届山东省大学生科技创新大赛一等奖。

（一）作品申报书

山东省大学生科技创新大赛
作品申报书

推 荐 学 校：淄博职业学院
作 品 名 称：全自动针型端子机
组　　　别：实物产品创新
所 属 专 业：机械制造与自动化
项 目 负 责 人：李明洋
团队其他成员：龙跃、孙星迪、杨志诚、和常旺
指 导 教 师：赵菲菲、曲振华
申 报 时 间：2017 年 9 月 9 日

山东省教育厅制

填报说明

一、申报书填写内容必须属实，推荐学校应严格审查，对所填内容的真实性负责。
二、申报书填写文字使用小四号或五号宋体。

一、基本信息

<table>
<tr><td colspan="2" rowspan="3">作品情况</td><td colspan="2">作品名称</td><td colspan="9">全自动针型端子机</td></tr>
<tr><td colspan="2">作品类型</td><td colspan="6">√实物创新 □创意创新 □实验创新 □生产创新</td><td>推荐学校</td><td colspan="2">淄博职业学院</td></tr>
<tr><td colspan="2">组别</td><td colspan="2">□本科√高职 □研究生</td><td>所属专业</td><td colspan="4">机械制造与自动化</td><td>完成时间</td><td>2017. 9. 9</td></tr>
<tr><td rowspan="6">团队构成情况</td><td>排序</td><td>身份</td><td>姓名</td><td>性别</td><td>出生年月</td><td>院系</td><td>所学专业</td><td>学制</td><td>年级</td><td>学号</td><td>邮箱</td><td>电话</td></tr>
<tr><td>1</td><td>项目负责人</td><td>李明洋</td><td>男</td><td>1997. 09</td><td>机电工程学院</td><td>机械制造与自动化</td><td>三年</td><td>3</td><td>略</td><td>略</td><td>略</td></tr>
<tr><td>2</td><td rowspan="4">团队其他成员</td><td>孙星迪</td><td>男</td><td>1996. 12</td><td>机电工程学院</td><td>机械制造与自动化</td><td>三年</td><td>3</td><td>略</td><td>略</td><td>略</td></tr>
<tr><td>3</td><td>龙跃</td><td>男</td><td>1995. 12</td><td>机电工程学院</td><td>机械制造与自动化</td><td>三年</td><td>3</td><td>略</td><td>略</td><td>略</td></tr>
<tr><td>4</td><td>杨志诚</td><td>男</td><td>1996. 05</td><td>机电工程学院</td><td>机械制造与自动化</td><td>三年</td><td>3</td><td>略</td><td>略</td><td>略</td></tr>
<tr><td>5</td><td>和常旺</td><td>男</td><td>1997. 03</td><td>机电工程学院</td><td>机械制造与自动化</td><td>三年</td><td>3</td><td>略</td><td>略</td><td>略</td></tr>
<tr><td colspan="2" rowspan="2">指导教师</td><td>排序</td><td>姓名</td><td>性别</td><td>出生年月</td><td>院系</td><td>职称</td><td colspan="2">学位</td><td>研究领域</td><td>邮箱</td><td>电话</td></tr>
<tr><td>1</td><td>赵菲菲</td><td>女</td><td>1981. 12</td><td>机电工程学院</td><td>讲师</td><td colspan="2">硕士</td><td>机械制造及其自动化</td><td>略</td><td>略</td></tr>
<tr><td colspan="2"></td><td>2</td><td>曲振华</td><td>男</td><td>1979. 06</td><td>机电工程学院</td><td>助教</td><td colspan="2">硕士</td><td>机电工程</td><td>略</td><td>略</td></tr>
</table>

注：1. “组别”选择方式为如果第一作者为本科生，则选择“本科”；如果第一作者为高职生，则选择“高职”；如果第一作者为研究生，则选择“研究生”。

2. “所属专业”是指按照参赛作品的属性，应该归属或靠近的专业名称。其中，组别为“本科”的需选择本科专业名称，组别为“高职”的需选择高职专业名称，组别为“研究生”的需选择研究生专业名称。

3. “排序”是指主要作者或指导教师对作品贡献程度大小的排列顺序，与今后获奖证书中的人员排序一致。

4. “所学专业”是指作者本人在校修读的规范专业全称。

5. “年级”填写截至 2017 年 6 月作者所在的年级。

二、科学性

1. 研究意义

如今人们已步入信息化与智能化社会，自动化是一个国家或社会现代化水平的重要标志，可以说现在的社会已经离不开自动化。在电气行业中基于安全快捷和方便修改等多方面的考虑，在用电线将电气元件进行连接时，在电线的端头插接上接线端子。现在应用比较多的端子有U型端子、针型端子、O型端子等，其中针型端子应用广泛。现在对于针型端子的压接主要基于人工操作，人工接线需要先将电线的外层绝缘剥开，然后拧紧线头并将其插进端子中，最后用端子钳将端子与线压接。这样动作重复，费时间、人力，且效率低，长时间工作人手会因拧线而磨破皮。为此我们设计一种小型能够集剥线和压端子于一体的针型端子机，提高接线效率，降低工人劳动强度，实现高度自动化。

2. 总体思路

全自动针型端子机是采用PLC电气控制系统开发的压接针型端子的设备。本产品可以压接针型冷压端子，集剥线、压端子等多功能于一体，适用各种长度电线，能够实现自动化流水工作，在接线工作中能够保证随时接线。

3. 研究内容

本产品重点针对针型端子不能自动压接、端子机体型庞大、压接线的长度有限制、操作复杂等问题进行了改进，以提高工作效率，降低劳动强度，同时考虑材料、工艺、成本等因素，确定以下研究内容：

（1）研究夹线、剥线、压端子的工作方式；

（2）研究自动上端子的工作方式；

（3）研究各个装置系统的优化配置方案；

（4）根据现有的端子机和压接端子的工具，研究如何将端子自动压接；

（5）研究如何能够提高工作效益；

（6）研究端子如何能够自动补充。

4. 研究方法

在学校实训课电气柜接线中发现接线所需的压接端子操作较为重复，而且工作时间越长效率越低。通过查找资料、网上搜索，掌握了接线压线的注意事项和操作要求，同时还向老师请教自己不理解的难题。研制过程中积极联系企业生产负责人，请教了许多关于电气接线方面的问题。

5. 理论依据

本产品采用PLC控制系统，包括气动控制的夹线气缸、剥线气缸、工作台移动气缸、打端子气缸，以及控制剥线旋转和平台上下移动的电动机。本产品电气双动力结合，运行速度快，精确度高，提高了压接效率，电线的长度不受限制，只需要将电线的一端插入按下开关即可，简单易操作。

6. 主要技术

全自动针型端子机是由电、气两种动力结合，电气系统控制，能够自动压接端子的设备。其结构紧凑，压接端子效率高，且可不间断自动连续作业。

主要工作如下：

将电线插入线口，启动开关，夹紧装置夹紧线缆，微型气缸启动将端子打在工作台的模板上，剥线装置将线缆剥皮，同时旋转向下；横向的气缸推动竖着的丝杠滑台，带动装有端子的工作台平移，工作台平移到剥完皮的线头处时，端子对准线头进行插接，最后电动机带动拨盘顺势拨动端子钳钳臂，使其夹紧端子；拔出压接完端子的线，工作台复位。这样便可循环压接端子。

端子的装压工作需要在电线的一端剥好皮，然后将线插进端子中最后进行压接。插端子的时候要求电线不能散线，不然电线会插不进端子中；不能使端子和线松弛，否则相当于没压接好；还要能够多次重复压接，所以需要储存很多端子原料和能够自动补进。装压端子要求精度比较高，而且需要多重配合，所以难度比较大，针对以上问题我们设计了装压端子一体化的装置。装压端子工作方式具体如下：

一次性将若干针型端子置于端子排内，将端子排插入端子排槽中，气缸启动将端子精准地打入工作台中的模具上。在完成剥线工作后，装有端子的工作台平移到剥好的线头下，将端子插接到线头上，端子下方的电动机旋转带动拨盘顺势拨动端子钳钳臂，最后夹紧端子。

7. 实施方案

（1）市场调研。电气柜接线企业对于不定长度电线的压接端子采用纯人工或半自动化方式进行压接，半自动化方式是由人工剥线后将线头拧紧插接到端子中，用电动端子机压接实现半自动化工作。

我们将纯人工操作和半自动化操作相结合设计了全自动针型端子机。本产品结构设计合理，操作方便，压接精度高、速度快，实现了全自动化的端子压接。每次只需将端子的一端插入，启动开关即可完成端子的压接。

（2）产品组成及功能。本设备由控制盒、框架、端子排、气缸、导轨、固定架、电动机、滑台、压线钳、剥线夹手、夹线夹手组成。工作时将线的一端插入插线口，按下开关，夹线夹手夹紧线，剥线夹手将线剥皮，装有端子的工作台平移到剥好的线头下端，将线插入端子中夹紧。

（3）加工实验。项目组成员在指导教师的指导下，根据市场调研的结果定位产品功能，设计出产品的整体结构，零件图与装配图经过多次修改最终确定方案，完成了电气控制部分的设计，经过多次实验电气控制部分能实现其控制功能。产品模型加工组装完成后，经过不断调整，该产品基本能实现最初的设计要求。以后项目组可以根据企业不同实际需要做出适当调整，满足企业需要。

三、创新性

1. 创新点

本产品改进了市面产品，其创新点如下：

（1）代替传统的人工压端子，实现压端子的自动化，大大节省了人力资源，提高了工作效率。

（2）自动剥线、自动拧线、自动装端子、自动压接端子。

（3）结构简单，移动方便，适用于规模化生产，满足大小企业的需求。
（4）采用端子排放置、气缸上端子，节省了工作时间。
（5）将插接端子、压接端子融为一体化。
（6）体积小、自动化程度高、精度高，能够精准压接。

2. 关键技术

由电、气两种动力结合，由电气系统控制，实现全自动化；自主设计的存放端子装置可以不断推进端子进行补充实现连续作业；采用PLC控制，其特点为准确定位，集剥线、拧线一体化和插线、压端子一体化，可精准压接端子，并能够适应所需压接线的长短。

3. 与国内外同类研究（技术）

据市场调查，目前还未有针型端子机销售，市面上的端子机大多适用于开口式端子。开口式端子的压接比针型端子的压接简单，但开口式端子机集剥线与压接端子于一体的机器大多体积庞大，且在工作时大多只能对固定长度的电线进行压接；略微小点的端子机虽然体积小了，但是功能上只能进行单个操作，不能全自动化，一部分工作还需要人工完成。本产品针对针型端子这一方面的空白，能够对不定长度的电线进行压接端子，可以随用随压，能够实现全自动化，并且体积小、速度快、精度高。

全自动针型端子机产业是一个具有强烈投资拉动型的产业，需要相关方更多地发挥作用，否则中国自动端子机发展的可持续性将受到挑战。

未来几年，中国全自动端子机的发展趋势有六个方面：

一是竞争加剧，端子机行业的整体利润率在逐步降低，但总体上还是要高于一些行业，全自动端子机行业需要理性发展良性竞争；

二是自动压端子机行业集中度还很低，行业的分化会逐步展开，企业淘汰率增大，中国端子机企业格局还远没到“大局已定”；

三是端子机关键零部件产业发展潜力巨大；

四是端子机产业的区域集中化趋势将加强，产业集群将成为全自动端子机产业发展的重要形态；

五是端子机产业的自主研发能力将增强；

六是中国端子机企业将逐步走向世界，形成以中国为主的国际性大企业。

综上所述，全自动端子机预测2020年全年销量16万台。

四、实用性

1. 作品适用范围及可行性

本产品适用于电气、电力等行业。通过细致的市场调研，本产品可供各类中小企业，包括个人，需求远大于供给，产品市场前景广阔。本产品设计结构合理，操作方便，精确度高，生产效率高，故障率低，自动化程度高，并拥有维修方便、价格实惠等优点。本产品不仅可连续作业、省时省力、体积小、结构易于拆装、成本低，还操作简单、组装简便、移动流畅、压接准确，可大大提高工作效率和人力。所需压接线的长短不限制，充分满足电气行业随时接线的需求，适用于多种大批量接线压接端子。

2. 推广前景

现在电气、电力行业需要大量接线工作，但是都在使用人工接线的方式，本产品安全可靠，效率高，完全可以替代人工，解放劳动力，提高企业效益，应用前景广阔。

3. 市场分析及经济社会效益预测

据调查，我们还没发现市场上有可以将针型端子进行自动压接的端子机。针型端子在电气、电力行业应用广泛，绝大部分还是人工压接端子，费时费力，接线效率低。自动端子机，减小劳动强度，缩短劳动时间，降低生产成本，提高压接效率，减少接线时间。加之本产品造价低，移动方便，无论是对于大规模的电气行业接线还是小规模的接线，购买本产品都是十分划算的，所以市场绝对广阔。

五、成果和效益

本产品获得第十三届山东省大学机电产品创新设计大赛三等奖。

本产品已申报专利，获得了专利授权书。

六、入选作品公开宣传内容

作品名称：全自动针型端子机

学校名称：淄博职业学院

作者：李明洋、孙星迪、龙跃、杨志诚、和常旺

指导教师：赵菲菲、曲振华

作品简介：

1. 产品工作原理

全自动针型端子机是采用 PLC 电气控制系统开发的压接针型端子的设备。本产品可以压接针型冷压端子，集剥线、压端子等多功能于一体，适用各种长度电线，能够实现自动化流水工作，在接线工作中保证能够随时接线。

将线缆插入线口，启动开关，夹紧装置夹紧线缆，另一侧微型气缸启动，将端子打在工作台的模板上，剥线装置将线缆剥皮，同时旋转向下，横向的气缸将竖着的丝杠滑台推动，带动装有端子的工作台平移，工作台平移到剥完皮的线头处，端子对准线头进行插接，钳臂夹紧端子，拔出压接完端子的线，工作台复位，即可循环压接端子。

2. 创新点

（1）代替传统的人工压端子，实现压接端子的自动化，大大节省了人力资源，提高了工作效率。

（2）自动剥线、自动拧线、自动装端子、自动压接端子。

（3）结构简单，移动方便，适用于规模化生产，满足大小企业的需求。

（4）采用端子排放置、气缸上端子，节省了工作时间。

（5）将插接端子、压接端子融为一体。

（6）机器体积小、自动化程度高、精度高，能够精准压接。

3. 推广应用前景

在电气、电力行业中电线剥线压端子大部分是人工操作，费时费力，接线效率低。全自动压端子机可减小劳动强度，缩短劳动时间，降低生产成本，提高压接效率，减少接线时间。加之本产品造价低，移动方便，无论是对于大规模的电气企业还是小规模的企业，购买本产品都是十分划算的，应用前景非常广泛。

注：本表内容用于入选作品的公开宣传。教育厅将开辟网上专栏，对入选作品进行宣传推介，扩大作品的社会影响力，推动项目落地创业。此表的宣传内容，视为作者授权同意教育厅进行公开宣传。

七、作者及指导教师承诺

本作品是作者在教师指导下，独立完成的原创作品，无任何知识产权纠纷或争议。确认本申报书内容及附件材料真实、准确，对排序无异议。 作者签名：李明洋、孙星迪、龙跃、杨志诚、和常旺 指导教师签名：赵菲菲、曲振华 2017 年 9 月 13 日

注：作者、指导教师须全部签名。本表以 PDF 格式通过系统上传。

八、推荐学校审查及推荐意见

2017 年 7 月 1 日前，本作品作者是具有我校正式学籍的全日制在校生。按照申报通知要求，我校对本作品的资格、申报书内容及附件材料进行了审核，确认真实。 同意推荐本作品参加第四届山东省大学生科技创新大赛。 负责人：（签字）　　学校公章： 年　月　日

九、附件及证明材料

（1）一分钟展示视频。

（2）作品研究报告。

（3）作品实物照片。

（4）产品使用说明。

（5）获奖证明材料。

（6）作者及指导教师承诺。

（7）推荐学校审查及推荐意见。

（二）作品研究报告

山东省大学生科技创新大赛
作品研究报告

推荐学校：淄博职业学院
作品名称：全自动针型端子机
组　　别：实物产品创新
所属专业：机械制造与自动化
作　　者：李明洋、孙星迪、龙跃、杨志诚、和常旺
指导教师：赵菲菲、曲振华

申报时间：2017 年 9 月 9 日

摘　要：全自动针型端子机是由电、气两种动力结合，电气系统控制，能够自动压接端子的设备。其结构紧凑，压接端子效率高，且可不间断自动连续作业。本产品由控制盒、框架、端子排、气缸、导轨、固定架、电动机、滑台、压线钳、剥线夹手、夹线夹手组成。工作时将线的一端插入插线口，按下开关，夹线夹手夹紧线，剥线夹手将线剥皮，装有端子的工作台平移到剥好的线头下端，将线插入端子中夹紧。

整个设计重点实现自动夹线、自动剥线、自动套端子及自动压接端子，并对整个机身的框架进行规范合理的安排。该产品适用于电气行业对不同长度的电线压接端子的需求，可代替传统手工压接端子，大大节省了人力，又节约工时成本。

关键词：自动端子机、自动夹线、自动剥线、自动套端子、自动压接端子

1　全自动针型端子机的分类和发展

1.1　自动化设备的地位和需求

如今是信息化与智能化的社会，自动化是一个国家或社会现代化水平的重要标志，可以说现在的社会已经离不开自动化设备。在电气行业，基于安全快捷和方便修改等多方面的考虑，用电线将电气元件进行连接时，在电线的端头插接接线端子。现在应用比较多的端子有U型端子、针型端子、O型端子等，其中针型端子应用广泛。现在对于针型端子的压接主要是人工进行，人工接线需要先将电线的外层绝缘剥开，然后将线头拧一下插入端子中，最后用端子钳将端子与线压接，这样动作重复而且费时间、费人力、效率低，长时间工作人手会因拧线而磨破皮。因此，我们设计了一种能够集剥线和压端子于一体的小型针型端子机，提高接线效率，降低工人劳动强度，实现高度自动化。

1.2　全自动针型端子机的分类

端子机分为全自动端子机、半自动端子机、单头打端单头扭线沾锡机、接连端子切PIN机、连剥带打端子机、半主动超静音端子机、小金刚端子机、串激电动机定子打端子机、插针机端子机、金线端子机等。

下面就常见的全自动端子机加工中所用不同类型的端子机做一介绍。

（1）全自动单头压接端子机。采用单片机控制，伺服电动机或步进电动机提供动力，生产过程无须人工参与，生产效率高。目前该类型的国产设备可实现每小时约5 000pcs的线材裁剪、剥皮、单端压接端子，可自动检测端子压接品质，在目前国内市场上比较受欢迎。

（2）全自动单头压接单头扭线沾锡端子机。采用PLC或单片机控制，伺服电动机或步进电动机提供动力，生产过程无须人工参与，生产效率高。目前该类型的国产设备可实现每小时约4 000pcs的线材裁剪、剥皮、单端压接端子、单端扭线+粘助焊剂+沾锡，可自动检测端子压接品质，是目前国内市场上自动化程度最高的端子机之一。

（3）全自动双头压接端子机。采用PLC或单片机控制，伺服电动机或步进电动机提供动力，生产过程无须人工参与，生产效率高。目前该类型的国产设备可实现每小时约4 500pcs的线材裁剪、剥皮、双端压接端子，可自动检测端子压接品质，精度极高。

(4) 全自动并线打端子机。采用 PLC 或单片机控制，伺服电动机或步进电动机提供动力，生产过程无须人工参与，生产效率高。目前该类型的国产设备可实现每小时约 7 000pcs 的线材裁剪、11 000pcs 的端子压接，其中 3 500pcs 为并线压端子、7 500pcs 为单线压端子，可自动检测端子压接品质，具有上述三种全自动端子机的功能，是目前国内市场上自动化程度最高的端子机之一。

1.3 全自动针型端子机的发展

全自动针型端子机产业是一个具有强烈投资拉动型的产业，需要各相关方更多地发挥作用，否则中国自动端子机发展的可持续性将受到挑战。

未来几年，中国全自动端子机的发展趋势有以下六个方面：

(1) 竞争加剧，端子机行业的整体利润率在逐步降低，但总体上还是要高于其他一些行业，全自动端子机行业需要理性发展良性竞争；

(2) 自动端子机行业集中度还很低，行业的分化会逐步展开，企业淘汰率加大，中国端子机企业格局还远没到“大局已定”；

(3) 端子机关键零部件产业发展潜力巨大；

(4) 端子机产业的区域集中化趋势将加强，产业集群将成为全自动端子机产业发展的重要形态；

(5) 端子机产业的自主研发能力将增强；

(6) 中国端子机企业将逐步走向世界形成以中国为主的国际性大企业。

1.4 创新点

(1) 代替传统的人工压端子，实现压接端子的自动化，大大节省了人力资源，提高了工作效率。

(2) 自动剥线、自动拧线、自动装端子、自动压接端子。

(3) 结构简单，移动方便，适用于规模化生产，满足大小企业的需求。

(4) 采用端子排放置、气缸上端子，节省了工作时间。

(5) 将插接端子、压接端子融为一体。

(6) 体积小、自动化程度高、精度高，能够精准压接。

1.5 推广应用前景、效益分析与市场预测

据调查，市场上还有可以将针型端子进行自动压接的端子机。针型端子在电气、电力行业应用广泛，绝大部分还是人工压接端子，费时费力，影响接线效率。自动端子机的应用可以减少劳动强度，缩短劳动时间，降低生产成本，提高压接效率，减少接线时间。加之本产品造价低，移动方便，无论是对于大规模的电气企业还是小规模的企业，购买此设备都是十分划算的。故本产品应用前景非常广阔。

2 全自动针型端子机的工作原理和结构设计

2.1 工作原理

全自动针型端子机如图 1 所示，它是由电、气两种动力结合，电气系统控制，能够自动

压接端子的设备。其结构紧凑，压接端子效率高，而且可不间断自动连续作业。工作时将电线的一端插入插线口，按下启动开关，夹线夹手夹紧线，同时右边的微型气缸将在端子排中的端子打入位置孔内，剥线电动机通过旋转和滑台上的丝杠正转带动剥线夹手将线外部剥皮、内部夹紧，推动气缸开始收缩，工作台在光杠上滑动，将装有端子的工作台位置孔移动到剥好的线头下端，滑台电动机反转将线插入端子中，再通过电动机压线钳夹紧。夹紧后，电动机反转，松开端子，拔出压接完端子的电线，工作台复位，即可循环压接端子。

图1　全自动针型端子机

2.2　结构设计

2.2.1　机构原件选择

压线卡盘、丝杠滑台、步进电动机、减速电动机、滑动装置、联轴器、铝钢、电动夹手、控制盒、顶杆机构、固定架。

2.2.2　驱动方式

端子的装压需要在电线的一端剥好线，然后将线插进端子中，最后进行压接。插端子的时候要求电线不能散线，不然电线会插不进端子中。不能使端子和线松弛，否则相当于没压接。另外，还要能够多次重复压接，所以需要储存很多端子原料和能够自动补进。装压端子要求精度比较高而且需要多重配合，所以难度比较大。针对以上问题，我们设计了装压端子一体化的装置，装压端子工作方式具体如下：

一次性将若干针型端子置于端子排内，将端子排插入端子排槽中，气缸启动将端子精准地打入工作台中的模具上。在完成剥线工作后，装有端子的工作台平移到剥好的线头下，将端子插接到线头上，端子下方的电动机旋转带动拨盘顺势拨动端子钳钳臂，最后夹紧端子。

2.2.3　端子机中端子排的设计

产品中的端子排，在该产品中起到重要的作用，在研究设计之初，根据整个压接端子的工作流程我们发现，如果需要实现端子机的连续工作，需要让端子不断补充。经过多次试验，我们总结了之前失败的经验，设计出了现在的端子排，如图2所示。该端子排的结构类似于订书机形状，用来储存针型端子，用于端子的不断补充进给，让端子在需要压接出去的时候能轻易压接，不处于工作状态时能处在端子排中不掉落。将端子放进端子排中也比较容易，因为其特定的结构，可以在放置端子时始终保持端子低端向下。工作时将端子排插进机器的固定位置，在其工作时单个端子会被气缸推进特定的模具中，然后进行下一步工作，其他端子则依然在端子排中。

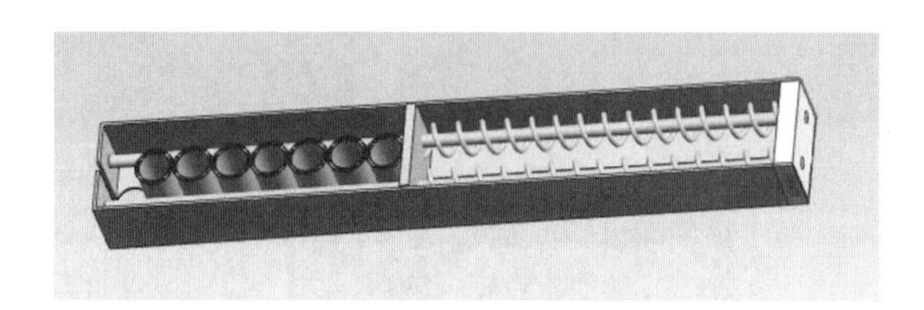

图2 端子排

2.2.4 总体结构

全自动针型端子机由控制盒、框架、端子排、导轨、固定架、电动机、滑台、压线钳、剥线夹手、夹线夹手组成。整个设计重点实现自动夹线、自动剥线、自动套端子及自动压接端子，并对整个机身的框架进行规范合理的安排。该产品适用于电气行业不同长度的电线压接端子，可代替传统手工压接端子，既大大节省了人力，又节约了工时成本。运用UG技术对自动端子机进行三维实体造型，如图3所示，并进行了运动仿真，使其能将基本的运动更具体地展现在人们面前。

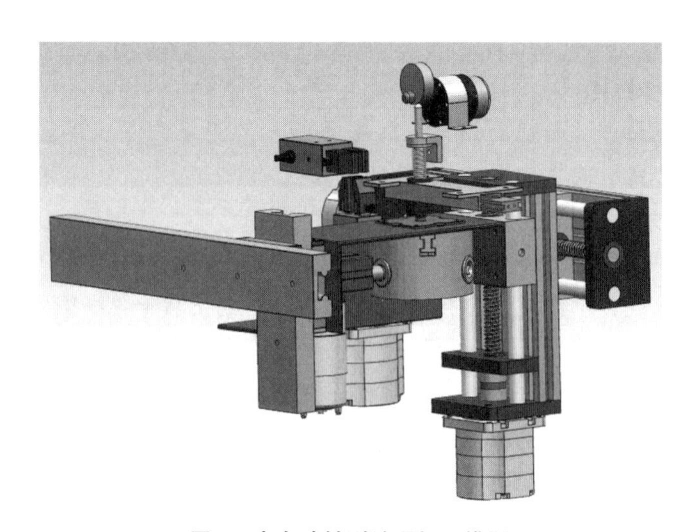

图3 全自动针型端子机三维图

整机结构：全自动端子机由电力系统、行走导轨和控制系统组成，结构合为一体。

电线的位置控制：采用电动夹手（电缸）夹紧，工作台初始位置确定等实现电线位置的确定。

工作台的位置移动：采用步进电动机带动丝杠滑台移动，光敏系统固定在特定位置实现工作台的位置定位。

执行机构传动方式的确定：为保证系统的传动精度和工作平稳性，在设计机械传动装配时，应考虑以下几点：

（1）尽量采用低摩擦的传动和导向元件。

（2）尽量消除传动间隙。

（3）缩短传动链。缩短传动链可以提高系统的传动刚度，减小传动误差。可以采用预紧以提高系统的传动刚度，例如，在丝杠滑台的两支承端轴向固定，提高传动的刚度。

3　全自动针型端子机基本参数的确定

3.1　机械组件参数的确定

（1）工作台如图4所示。

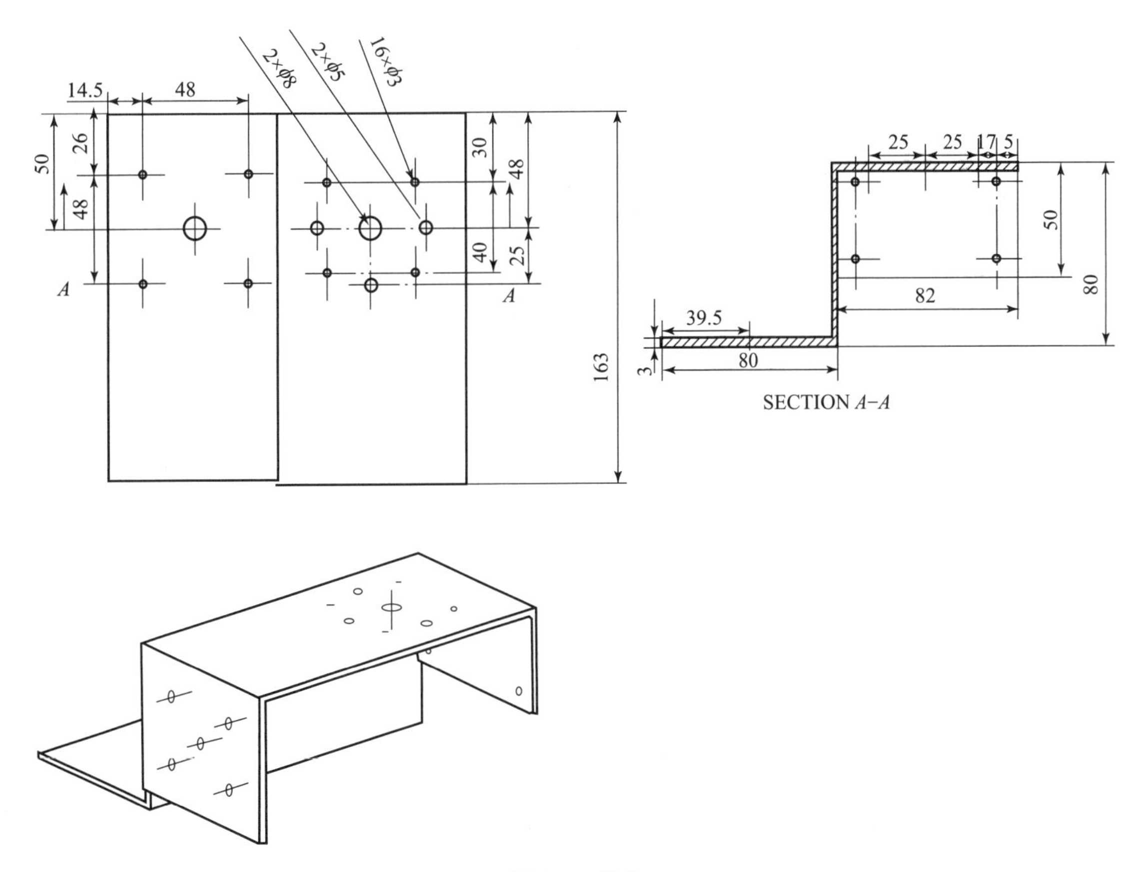

图4　工作台

（2）机械手连接台如图5所示。

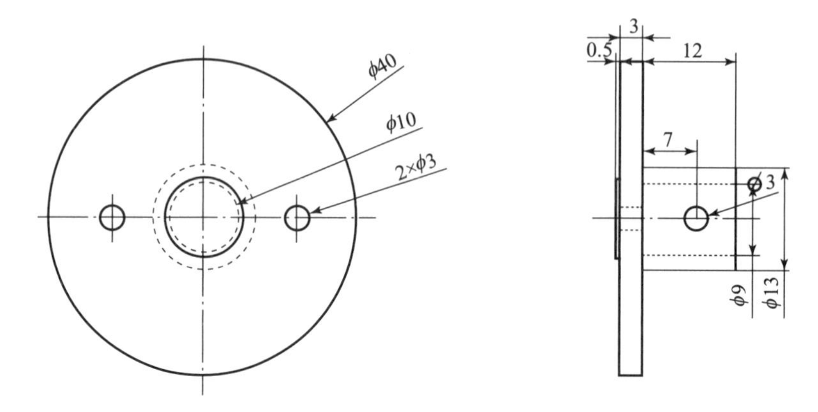

图5　机械手连接台

（3）端子排外壳如图6所示。

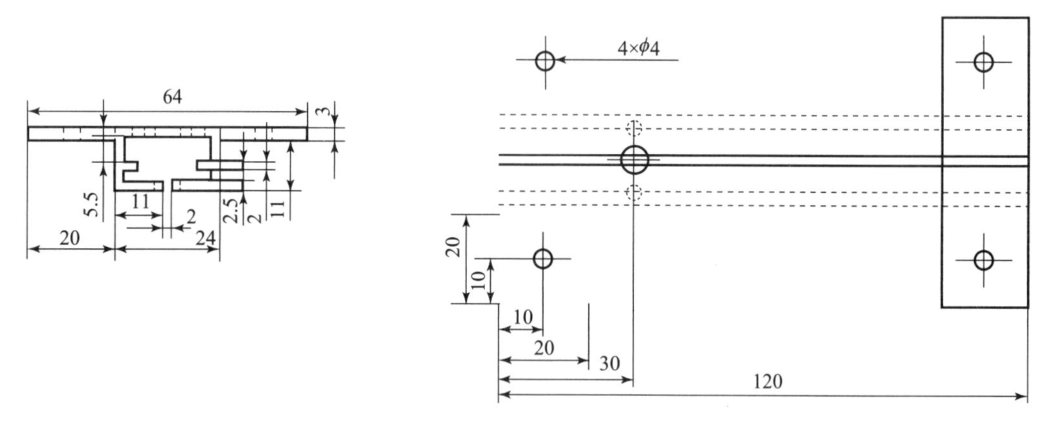

图6　端子排外壳

（4）端子排如图7所示。

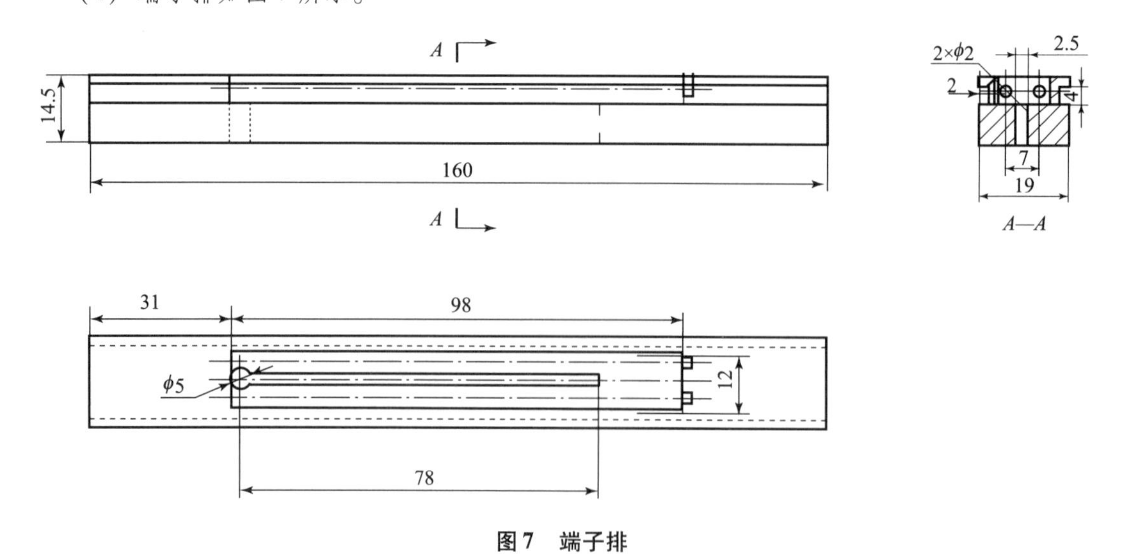

图7　端子排

3.2　电气控制参数的确定

(1) 继电器控制电路如图8所示。

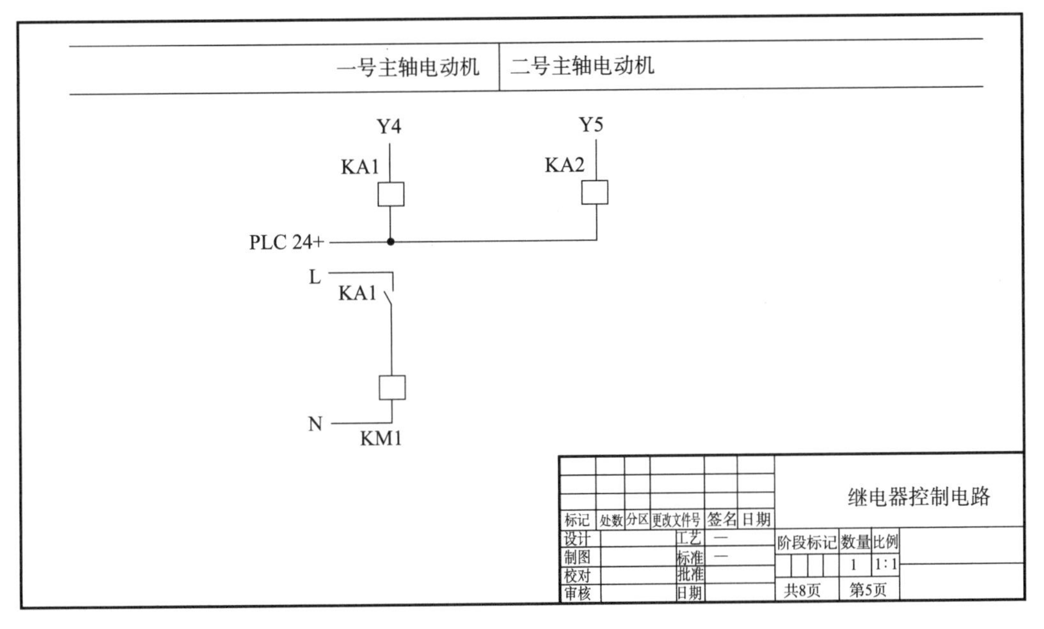

图8　继电器控制电路

(2) 主供电电路如图9所示。

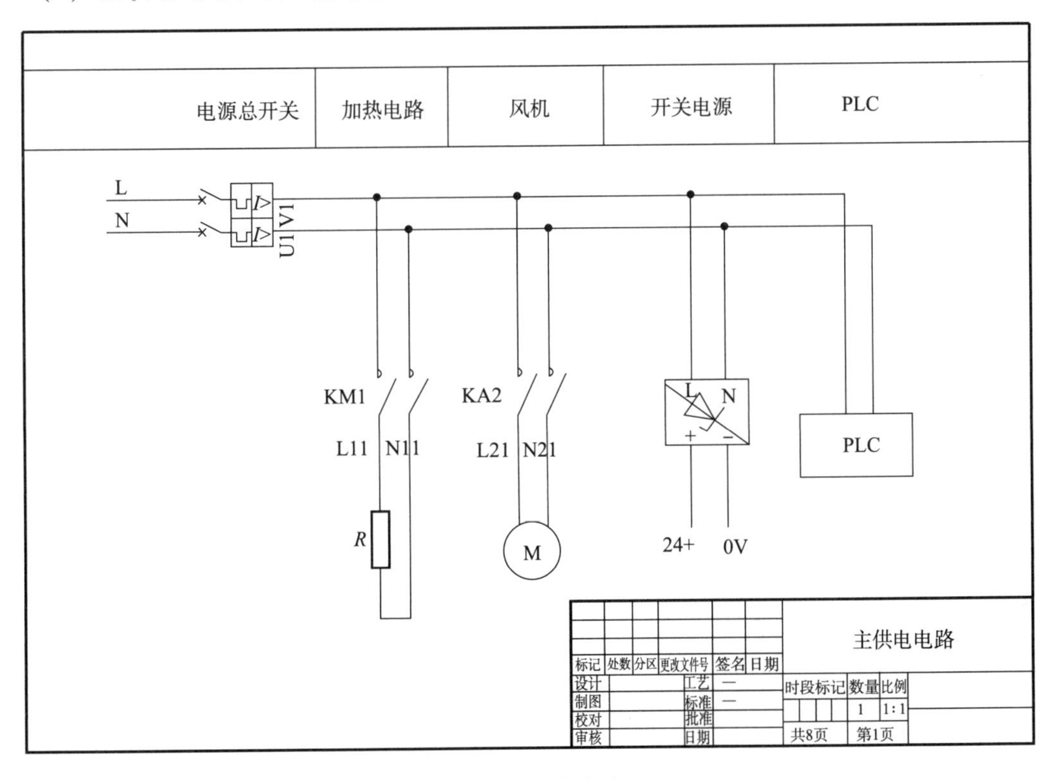

图9　主供电电路

（3）步进电动机接线图如图10所示。

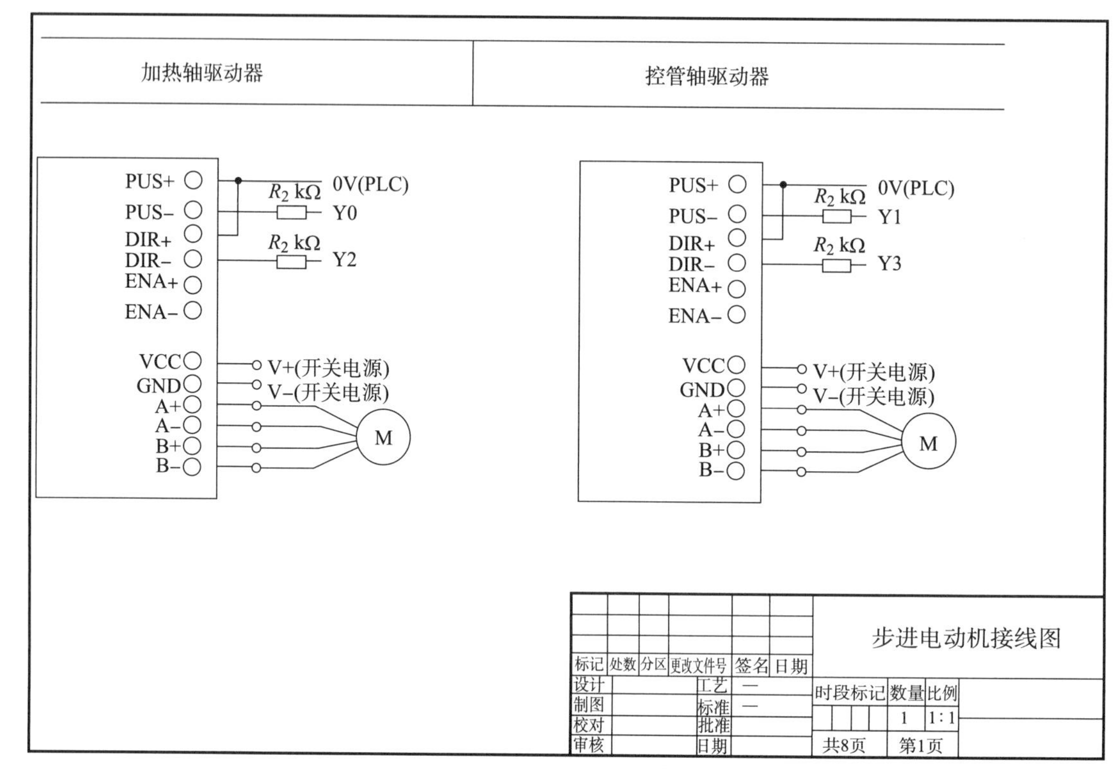

图10 步进电动机接线图

4 打端子机构的设计

4.1 圆柱螺旋弹簧设计

4.1.1 圆柱螺旋弹簧的参数及几何尺寸

1. 弹簧的主要尺寸

如图11所示，圆柱弹簧的主要尺寸有弹簧丝直径 d、弹簧圈外径 D、弹簧圈内径 D_1，弹簧圈中径 D_2，节距 t、螺旋升角 α、自由长度 H_0 等。

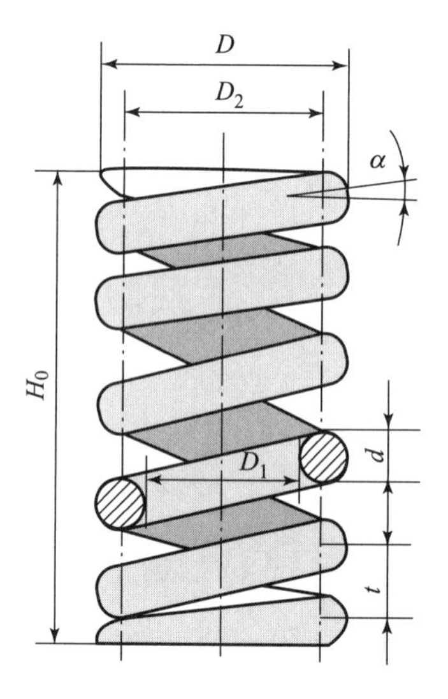

图11 弹簧主要尺寸

4.1.2 弹簧参数的计算

弹簧设计中，旋绕比（或称弹簧指数）C 是重要的参数之一。$C=D_2/d$，弹簧指数越小，其刚度越大，弹簧越硬，弹簧内外侧的应力相差越大，材料利用率低；反之弹簧越软。常用弹簧指数的选取如表1所示。

表 1　常用弹簧指数的选取

弹簧丝直径 d/mm	0.2～0.4	0.5～1	1.1～2.2	2.5～6	7～16	18～40
C	7～14	5～12	5～10	4～10	4～8	4～6

弹簧总圈数与其工作圈数间的关系为：

$$n_0 = n + 2\left(\frac{3}{4} \sim \frac{5}{4}\right)$$

弹簧节距 t 一般按下式计算：

$$t = d + \frac{\lambda_{max}}{n} + \Delta \text{（对压缩弹簧）}$$

$$t = d \text{（对拉伸弹簧）}$$

式中：λ_{max}——弹簧的最大变形量；

Δ——最大变形时相邻两弹簧丝间的最小距离，一般不小于 $0.1d$。

弹簧钢丝间距：$\delta = t - d$。

弹簧的自由长度：$H_0 = n\delta +（n_0 - 0.5）d$（两端并紧磨平）；

$H = n\delta +（n_0 + 1）d$（两端并紧，但不磨平）。

弹簧螺旋升角：$\alpha = tg^{-1}\left(\frac{t}{\pi D_2}\right)$，通常 α 取 5～90。

弹簧丝材料的长度：$L = \frac{\pi D_2 n_0}{\cos\alpha}$（对压缩弹簧）；

$L = \frac{\pi D_2 n_0}{\cos a} + L$（对拉伸弹簧，其中 L 为钩环尺寸）。

4.1.3　弹簧强度的计算

1. 弹簧的受力

图 12 所示的压缩弹簧，当受到轴向压力 F 时，在弹簧丝的任何横剖面上将作用：转矩 $T = FR\cos\alpha$，弯矩 $M = FR\sin\alpha$，切向力 $Q = F\cos\alpha$ 和法向力 $N = F\sin\alpha$（式中 R 为弹簧的平均半径）。弹簧螺旋升角 α 的值不大（对于压缩弹簧为 6°～90°），所以弯矩 M 和法向力 N 可

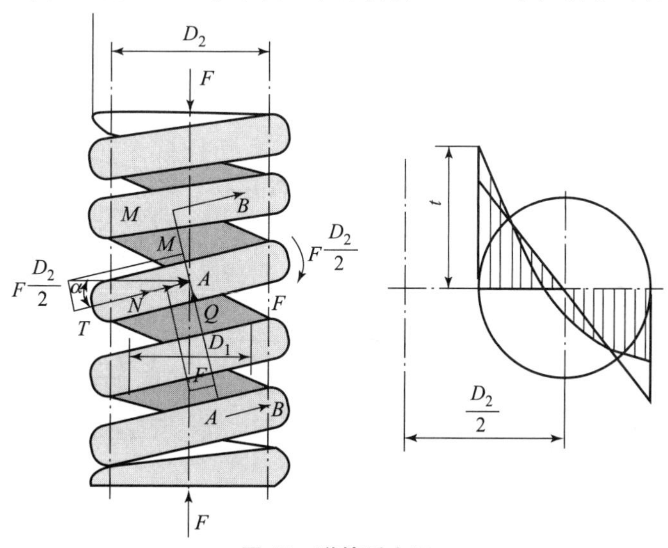

图 12　弹簧受力图

以忽略不计。因此，在弹簧丝中起主要作用的外力是转矩 T 和切向力 Q。α 的值较小时，$\cos\alpha \approx 1$，可取 $T = FR$ 和 $Q = F$。这种简化对于计算的准确性影响不大。

2. 弹簧的强度

从受力分析可见，弹簧受到的应力主要为转矩和横向力引起的剪应力，对于圆形弹簧丝系数 K_s 可以理解为切向力作用时对扭应力的修正系数，进一步考虑弹簧丝曲率的影响，可得到扭应力：

$$\tau = \frac{T}{W_t} + \frac{Q}{A} = \frac{F\dfrac{D_2}{2}}{\dfrac{\pi}{16}d^3} + \frac{F}{\dfrac{\pi}{4}d^2} = \frac{8FD_2}{\pi d^3}\left(1 + \frac{1}{2C}\right) + K_s\frac{8FD_2}{\pi d^3} \leqslant [\tau]$$

$$\tau = K_s\frac{8FD_2}{\pi d^3} \leqslant [\tau], K = \frac{0.615}{C} + \frac{4C - 1}{4C - 4}$$

$$d = 1.6$$

式中：K 为曲度系数，它考虑了弹簧丝曲率和切向力对扭应力的影响。

3. 弹簧的刚度

圆柱弹簧受载后的轴向变形量为：

$$\lambda = \frac{8FnD_2^3}{Gd^4} = \frac{8Fn^3}{Gd}$$

式中：n——弹簧的有效圈数；

G——弹簧的切变模量。

这样弹簧的刚度及圈数分别为：

$$K = \frac{F}{\lambda} = \frac{Gd^4}{8nD_2^3} = \frac{Gd}{8n^3}, n = \frac{G\lambda d^4}{8FD_2^3} = \frac{Gd\lambda}{8F^3}$$

4. 弹簧的稳定性

压缩弹簧的长度较大时，受载后容易发生图 13 所示失稳现象，所以还应进行稳定性的验算，如图 13 所示。

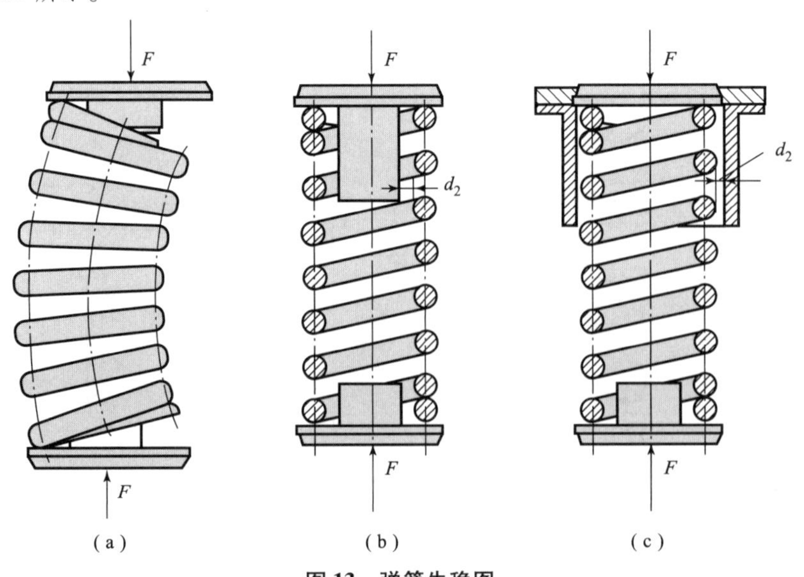

图 13 弹簧失稳图

为了便于制造，并避免失稳现象出现，通常建议弹簧的长径比 $b = H_0/D_2$ 按下列情况取值：

弹簧两端均为回转端时，$b \leqslant 2.6$；

弹簧两端均为固定端时，$b \leqslant 5.3$；

弹簧两端一端固定而另一端回转时，$b \leqslant 3.7$。

如果 b 大于上述数值时，则必须进行稳定性计算，并限制弹簧载荷 F 小于失稳时的临界载荷 F_{cr}。一般取 $F = F_{cr}/(2 \sim 2.5)$，其中临界载荷可按下式计算：

$$F_{cr} = C_B K H_0$$

式中：C_B——不稳定系数，由图 14 查取。

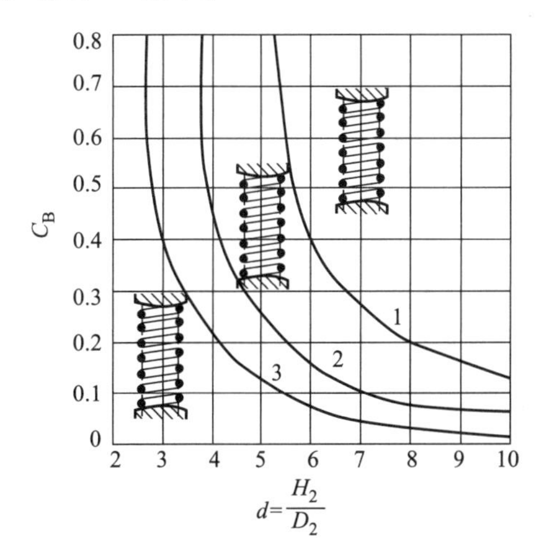

图 14　不稳定系数查取图

如果 $F > F_{cr}$，应重新选择有关参数，改变 b 值，提高 F_{cr} 的值，使其大于 F_{max} 之值，以保证弹簧的稳定性。如果受结构限制而不能改变参数，应加装导杆或导套，以免弹簧受载时产生侧向弯曲。

根据该产品所需特设定压缩圆柱螺旋弹簧参数如表 2 所示。

表 2　压缩圆柱螺旋弹簧参数

弹簧材料	材料直径	弹簧中径	切边模量	许用切应力	有效圈数	总圈数	自由高度	工作高度 1	工作高度 2
70 - C	1.0mm	9.0mm	550MPa	120MPa	10	12	25.0mm	23.0mm	20.0mm

根据相应公式计算各弹簧参数，因该弹簧为少量生产，为减少成本，特优先选用市面上参数与之相近的圆柱螺旋弹簧。

4.2　24V 直流减速电动机的选择

24V 直流减速电动机属于小功率减速电动机，也称为微型直流减速电动机，直径尺寸在 38mm 以下，常常应用在智能家居领域的电动窗帘、智能汽车领域的行李箱电动推杆，以及精度要求高的光学设备、仪表仪器、医疗设备、金融设备、微型电子产品领域。为了满足各行各业的设备应用要求，24V 直流减速电动机常常采用定制功率模式，这种模式大大提升了市场使用率。

24V 直流减速电动机备受青睐，主要是因为其具备传动效率高、噪声小、体积小、质量小、耗能低、防水防尘等特点。24V 直流减速电动机采用系列化、模块化，一站式集成制造服务，这样大大提升了质量和节省了制造成本。

通过联系及走访各减速电动机销售方，最终确定使用 XD－37GB555 型号电动机，并得到以下尺寸参数，如图 15 所示。

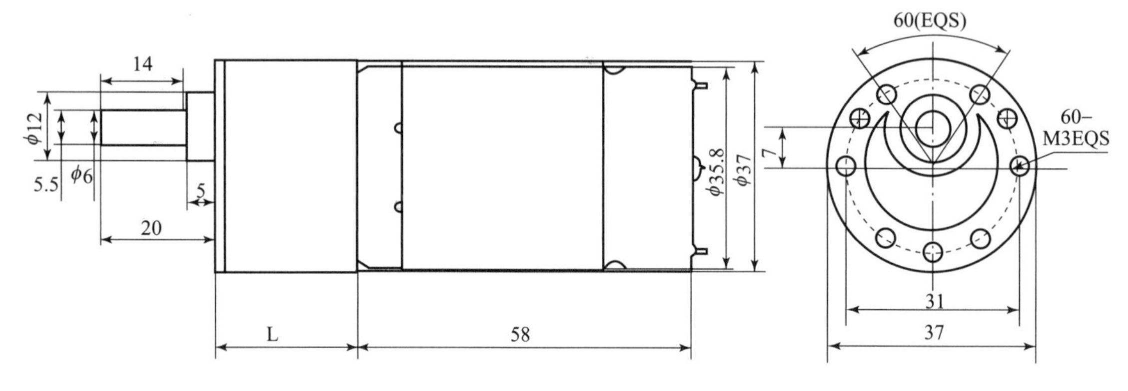

图 15　减速电动机尺寸参数

根据全自动针型端子机实际应用及所需弹簧参数，最终确定使用 24V XD－37GB555 空载转速为 600r/min 的直流减速电动机。

4.3　偏心轮的设计

偏心轮用于连接减速电动机输出轴，轮面与打端子顶杆接触，其主要功能为：减速电动机连接偏心轮带动偏心轮旋转，形成高度差，从而带动顶杆上下运动。

根据全自动针型端子机实际应用及与减速电动机输出轴相配合，特将偏心轮设计成外圆为 ϕ30mm、宽为 10mm、内孔为 ϕ6mm，为保证 ϕ6mm 内孔与减速电动机输出轴精密配合，需将 ϕ6mm 内孔加工到表面粗糙度 *Ra*3. 2，轮面表面粗糙度为 *Ra*6. 8。偏心轮最终设计尺寸如图 16 所示。

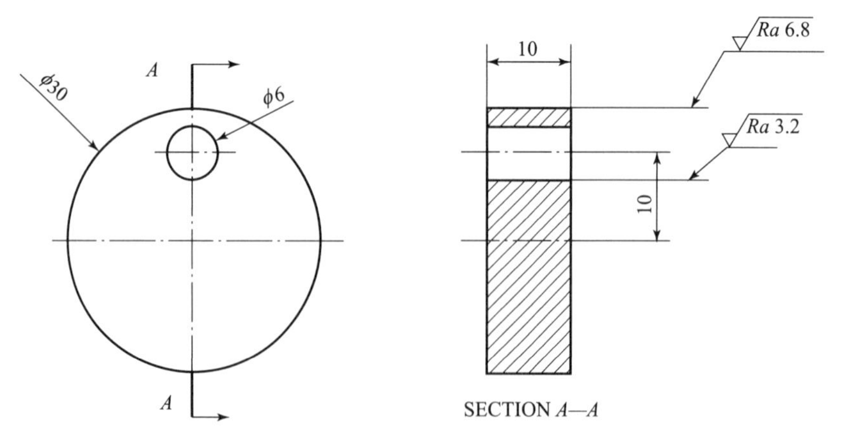

图 16　偏心轮最终设计尺寸

4.4　顶杆的设计

顶杆是打端子机构中偏心轮的圆周运动转化为顶杆垂直运动的重要部件，其主要运动为偏心轮旋转产生高度差，通过弹簧作用使顶杆上下垂直运动。

根据打端子机构实际应用，顶杆最终尺寸设计图如图 17 所示。

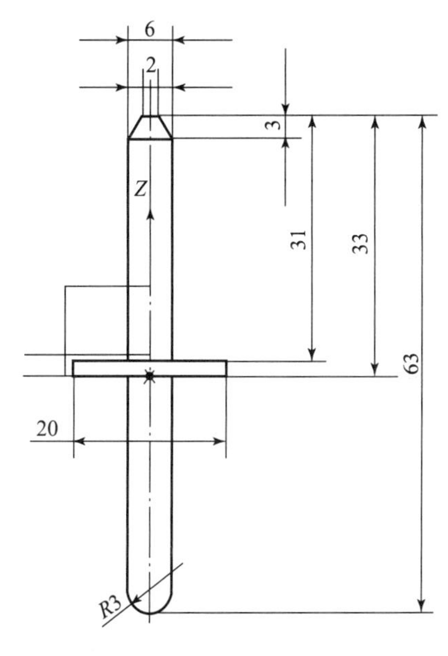

图 17　顶杆最终尺寸设计图

4.5　支撑板的设计

支撑板在打端子机构中作为弹簧的支撑件及顶杆的辅助件使用。

支撑板 1 由 ϕ20mm 外圆、2 个 M3×0.5 螺纹孔组成，ϕ20mm 外圆与 ϕ6mm 内孔之间部分用于支撑弹簧，ϕ6mm 内孔与顶杆配合用于支撑顶杆保持垂直上下运动，2 个 M3×0.5 螺纹孔将支撑板固定在支撑架上，图 18 为支撑板 1 设计图。

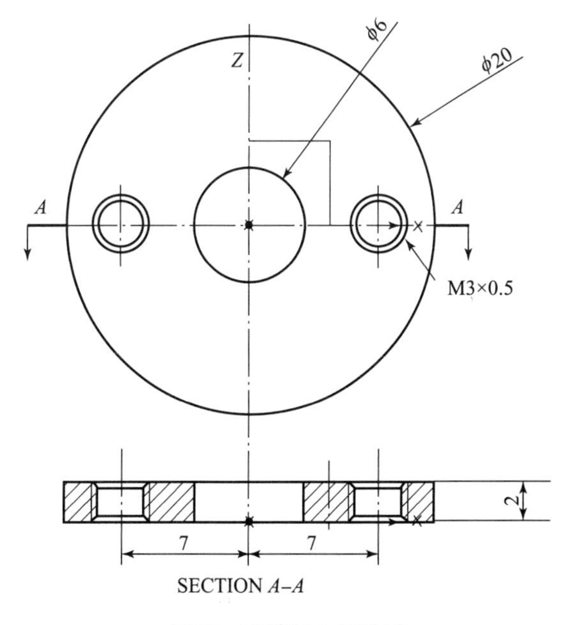

图 18　支撑板 1 设计图

支撑板 2ϕ6mm 内孔用于顶杆保持垂直上下运动，M3×0.5 螺纹孔将支撑板固定在支撑架上，图 19 为支撑板 2 设计图。

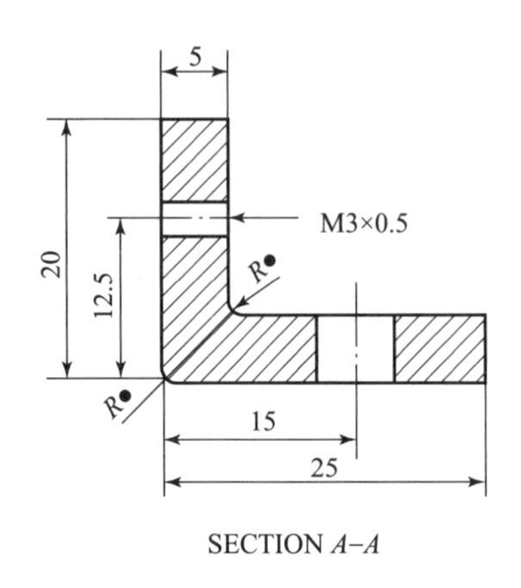

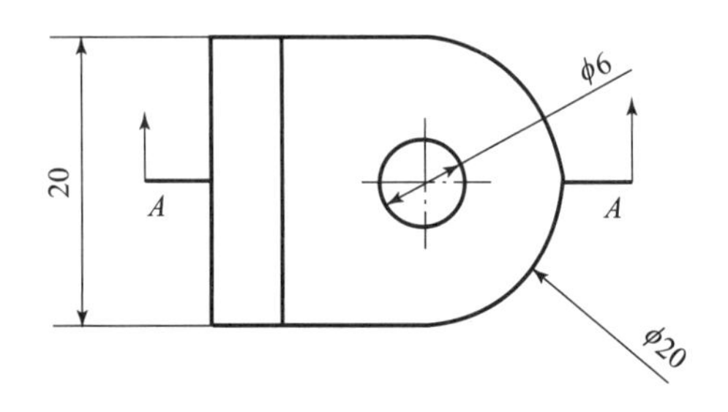

图 19 支撑板 2 设计图

5 打端子机构部分工件的加工

5.1 偏心轮的加工

5.1.1 毛坯选择

毛坯选择如表 3 所示。

表 3 毛坯选择

材料牌号	毛坯种类	毛坯外形尺寸	热处理
45 号钢	棒料	ϕ35mm×40mm	无

5.1.2 工装选择

单动卡盘、90°外圆车刀、A2.5 中心钻、2mm 切断刀、ϕ6mm 麻花钻、ϕ6mm 铰刀、百分表。

5.1.3 车床及量具选择

CA6140 车床、游标卡尺、内径千分尺。

5.1.4　编制工艺路线

零件加工工艺路线如表4所示。

表4　零件加工工艺路线

工序号	工序名称	工序内容	工艺装备
1	车	粗车端面	CA6140车床、45°外圆车刀
2	钻	用A2.5中心钻钻中心孔	A2.5中心钻
3	车	粗车外圆至ϕ31mm，半精车ϕ31mm外圆至ϕ30mm，轴向长度15mm	90°外圆车刀
4	钻	用麻花钻钻孔，保证轴向长度为15mm	ϕ6mm麻花钻
5	铰	用铰刀铰孔，保证轴向长度为15mm	ϕ6mm铰刀
6	切断	用切断刀切断工件，保证长度为10mm	2mm切断刀
7	测量	用各量具测量尺寸	游标卡尺、内径千分尺

5.2　顶杆的加工

5.2.1　毛坯选择

毛坯选择如表5所示。

表5　毛坯选择

材料牌号	毛坯种类	毛坯外形尺寸	热处理
45号钢	棒料	ϕ25mm×70mm	无

5.2.2　机床及工装选择

JOINT－CKI6136车床、自定心卡盘、90°外圆车刀、游标卡尺。

5.2.3　编写加工程序

```
O0001;
G54G17G90;
T0101;
M03S600;
G00X30Z0;
G01X0F0.2;
X2;
G01X6Z-3;
Z-31;
X20;
Z-33
X30;
G00X100Z100;
M05;
M30;
O0002;
G54G17G90;
T0202;
M03S600;
G00X30Z0;
G01X0F0.2;
G02X6Z-3R3;
G01Z-30;
X20;
```

```
X30;                          M05;
G00X100Z100;                  M30;
```

6 总结

本次大赛是对所学课程的一次深入的综合性的总复习，涉及的知识面比较广，能把所学的知识都联系起来，也是一次理论联系实际的训练，能够使我们的知识掌握得更牢，并能提升我们分析问题、解决问题的能力。

通过本次产品设计，我在各个方面都有了很大的提高，具体表现在以下几个方面：

(1) 对所学到的知识进行了归纳总结，进一步完善了自己的知识结构；

(2) 对所学知识点进行查漏补缺，并了解学习新的知识，开阔了视野，拓宽了自己的知识面，同时培养个人一定的创新思维；

(3) 利用理论知识解决实际问题的能力得到了提高，为以后正确解决工作和学习中的问题打下了坚实的基础；

(4) 学会了充分利用网络资源查阅相关资料，以及借助前人的研究成果寻求解决问题的思维方法，对新信息和新知识及时做笔记；

(5) 敢于面对困难，同时也懂得了互助合作的重要性；

(6) 提升了独立分析问题、解决问题的能力，对以后工作有相当大的作用。

参考文献（略）

（三）作品点评

该产品是由电、气两种动力结合，电气系统控制的压接端子的设备。其结构紧凑，压接端子效率高，且可不间断自动连续作业。整个设计重点实现自动夹线、自动剥线、自动套端子及自动压接端子，并对整个机身的框架进行规范合理的安排。该产品适用于电气行业对不同长度的电线压接端子，可代替传统手工压接端子，省时省力；缺憾是结构设计不是很完美，没完全实现自动化。

四、案例四 便携式开孔机

便携式开孔机获得第五届山东省大学生科技创新大赛二等奖。

（一）作品申报书

山东省大学生科技创新大赛
作品申报书

学　　　　校：淄博职业学院
作 品 名 称：便携式开孔机
组　　　　别：高职
所 属 专 业：机械制造与自动化
作品负责人：孟国辉
团队其他成员：邱丽娜　吴学武　胡开建　孙世强
指 导 教 师：曲振华　张芳
申 报 时 间：2018 年 9 月

山东省教育厅制

一、基本信息

作品情况		作品名称	便携式开孔机									
		作品类型	√实物创新　□创意创新　□实验创新　□生产创新							推荐学校	淄博职业学院	
		组别	□本科√高职　□研究生			所属专业	机械制造与自动化				完成时间	2018.9.9
团队构成情况	排序	身份	姓名	性别	出生年月	院系	所学专业	学制	年级	学号	邮箱	电话
	1	项目负责人	李明洋	男	1997.09	机电工程学院	机械制造与自动化	三年	3	略	略	略
	2	团队其他成员	邱丽娜	女	1997.01	机电工程学院	机械制造与自动化	三年	3	略	略	略
	3		吴学武	男	1997.12	机电工程学院	机械制造与自动化	三年	3	略	略	略
	4		胡开建	男	1997.11	机电工程学院	机械制造与自动化	三年	3	略	略	略
	5		孙世强	男	1997.08	机电工程学院	机械制造与自动化	三年	3	略	略	略
指导教师		排序	姓名	性别	出生年月	院系	职称	学位		研究领域	邮箱	电话
		1	曲振华	男	1981.12	机电工程学院	讲师	硕士		机械电子工程	略	略
		2	张芳	女	1980.01	机电工程学院	讲师	硕士		机电工程	略	略

注：1.“组别”选择方式为如果第一作者为本科生，则选择“本科”；如果第一作者为高职生，则选择“高职”；如果第一作者为研究生，则选择“研究生”。

2.“所属专业”是指按照参赛作品的属性，应该归属或靠近的专业名称。其中，组别为“本科”的需选择本科专业名称，组别为“高职”的需选择高职专业名称，组别为“研究生”的需选择研究生专业名称。

3.“排序”是指主要作者或指导教师对作品贡献程度大小的排列顺序，与今后获奖证书中的人员排序一致。

4.“所学专业”是指作者本人在校修读的规范专业全称。

5.“年级”填写截至 2017 年 6 月作者所在的年级。

二、科学性

通常在电气柜、大型立式铁柜、固定的竖直铁板及曲面板材上，根据实际情况开各种尺寸的安装孔。开小的圆孔一般用开孔器，开方孔一般用手持切割机和手持式等离子切割机，但是两种切割机开孔的尺寸和形状不易保证，且存在一定危险性；在后期加工中，如果用数控等离子切割机加工，成本太高，且机器体积庞大，操作不便。为此，我们针对后期如何开各种尺寸的安装孔，经过反复实验和改进，设计了这款安全系数高、成本低、操作方便、携带方便、可参数化控制的小型便携式开孔机。

其工作原理主要运用PLC电气控制系统编程技术，通过两个步进电动机，实现X、Y轴的移动，结合等离子切割技术来完成各种安装孔的切割。机械执行部分采用龙门式结构，这样不仅降低了手动开孔的危险，还提升了开孔速度，孔的尺寸大小也得到了一定的保证。

便携式开孔机的X、Y方向移动采用同步带、同步带轮及导柱滑块相互配合，由步进电动机带动实现X、Y方向的移动，精准定位，在X轴方向的导轨滑块上添加可上下浮动的切割枪头（Z轴），指定切割位置后开始切割，全部完成以后根据设定的程序自动复位到达初始位置。根据不同加工孔的尺寸及加工板的厚度调节加工补偿、加工速度及切割电流，启动开关由一种模式进行操作，做到最大限度地减少工作误差，保证加工尺寸的精确。

三、创新性

1. 创新点

（1）可以在弧度较小的曲面上进行切割；

（2）可以在垂直面等平面上进行轨迹形状的切割。

2. 关键技术

（1）切割速度可调：根据材料厚度调整不同的切割速度和切割电流；

（2）加工补偿：有效减小加工误差；

（3）定位找正装置：避免切割枪头遮挡视线，方便找到图形的几何中心，有效定位机器的摆放位置；

（4）正在设计手动升降底座和磁力座吸附装置：手动升降底座主要用于小型电气柜、铁柜开孔；磁力座能使机器竖直放置，克服开孔环境的限制，解决机器振动、错位所导致尺寸、形状不符的问题。

3. 优势对比

（1）安全对比：相比人工切割的方式，切割过程属于自动化，安全系数、开孔效率得到提升；

（2）成本对比：一般的数控等离子切割机在2万～3万元；激光切割机在30万元左右，我们的制作成本在3 000元左右，节约了成本；

（3）精度对比：相对手持切割机来说，切割尺寸、形状相对精确，一般能满足规格要求；

（4）体积对比：相对数控等离子切割机、激光切割机来说，携带方便，结构简单，体积小且质量小；

(5) 加工环境对比：加工范围广，相对数控等离子切割机、激光切割机来说，能在立式铁柜、竖直铁板等垂直面上进行加工，也可以在普通铁板、弧度较小的曲面铁板上加工。

四、实用性

(1) 电气柜生产商在电气柜后期开孔方面有很大需求，本产品能用于大型立式铁柜、固定的竖直铁板及曲面板材上各种安装孔的切割；

(2) 相对人工开孔来说，开孔速度快，且精度较高，操作简单，非专业人员也可进行切割，提高工作效率。我们设计的产品目前只是实验机，如果投入市场之后会将 PLC 换成单片机，降低成本；在枪头部分加上 Z 轴，实现自动升降。

(3) 与数控等离子切割机、激光切割机相比，加工成本低、操作方便、携带方便，更能减少操作人员的数量，减轻工人劳动强度。

(4) 现如今开孔机器比较单一、复杂，如手持切割机仅能手持切割，大型数控等离子切割机要数控编程制定轨迹才可切割，而我们的产品将它们加以结合，操作方式简单，即使非专业人员也能操作，因此我们设计的产品有很好的应用前景。

五、成果和效益

目前无。

六、入选作品公开宣传内容

作品名称：便携式开孔机

学校名称：淄博职业学院

作者：孟国辉

指导教师：曲振华、张芳

作品简介：

1. 功能

根据几种常见的安装孔的类型，我们设计了一个可以切割方孔、圆孔、椭圆孔、长圆孔的开孔机。

2. 结构组成

本产品由等离子切割机、切割部分、控制部分组成。

3. 工作原理

运用PLC电气控制系统编程技术，通过两个步进电动机，实现X、Y轴的移动，结合等离子切割技术来完成各种安装孔的切割。

4. 关键技术

（1）切割速度可调：可以根据材料厚度调整不同的切割速度和切割电流。

（2）加工补偿：能有效减少加工误差。

（3）我们在切割枪头处添加了定位找正装置，它能避免切割枪头遮挡视线，方便找到图形的几何中心，还能有效定位机器的摆放位置。

（4）我们正在设计手动升降底座和磁力座吸附装置，手动升降底座主要用于小型电气柜、铁柜开孔；磁力座能使机器竖直放置，克服开孔环境的限制，同时解决机器振动、错位所导致尺寸、形状不符的问题。

5. 优势

相对人工开孔及数控等离子切割机、激光切割机有以下优势：

（1）安全优势：切割过程自动化，安全系数、开孔效率得到提高；

（2）精度优势：切割尺寸、形状相对精确，一般能满足规格要求；

（3）成本优势：我们所设计的产品，制作成本在3 000元左右，节约了成本；

（4）体积优势：携带方便，结构简单，体积小且质量小；

（5）加工环境优势：加工范围广，能在立式铁柜、竖直铁板等垂直面上加工，也可以在普通铁板、弧度较小的曲面铁板上加工。

6. 推广前景

（1）市场方面：电气柜生产商对于电气柜后期开孔有很大需求，本产品也能用于大型立式铁柜固定的竖直铁板及曲面板材上各种安装孔的切割。

（2）效率方面：相对人工开孔来说，本产品开孔速度快，且精度较高，操作简单，非专业人员也可进行切割，提高了工作效率。

（3）经济方面：与数控等离子切割机、激光切割机相比，本产品加工成本低，能减少操作人员的数量，减轻工人劳动强度。

七、作者及指导教师承诺

本作品是作者在教师指导下独立完成的原创作品，无任何知识产权纠纷或争议。确认本申报书内容及附件材料真实、准确，对排序无异议。

作者签名：

指导教师签名：

年　月　日

八、推荐学校审查及推荐意见

<table><tr><td>2018 年 7 月 1 日前，本作品作者是具有我校正式学籍的全日制在校生。按照申报通知要求，我校对本作品的资格、申报书内容及附件材料进行了审核，确认真实。
同意推荐本作品参加第五届山东省大学生科技创新大赛。

负责人：（签字）　　学校公章：
年　月　日</td></tr></table>

（二）便携式开孔机作品研究报告

山东省大学生科技创新大赛
作品研究报告

推荐学校：淄博职业学院
作品名称：便携式开孔机
组　　别：实物产品创新
所属专业：机械制造与自动化
主要作者：孟国辉、邱丽娜
指导教师：曲振华、张芳
申报时间：2018 年 9 月 10 日

山东省教育厅制

摘　要：自动电气柜生产商日益增多，且他们对体积较小、操作简单且成本低的电气柜开孔机的需求量大，因此我们经过长时间的研究和讨论，并且在这个过程中反复实验和改进，设计了这一款安全系数高、趋于自动化的电气柜开孔机。本产品的主要工作原理是通过 PLC 编程技术控制系统编程，然后将程序导入控制面板中，在控制面板上选择想要加工孔的形状，单击开始加工按钮，步进电动机实现 *X*、*Y* 方向的移动，精准定位，在 *X* 方向的导轨滑块上添加上下浮动的切割枪头（*Z* 轴），以确定切割位置，并结合等离子切割技术来完成轨迹孔的切割。本产品的切割部分主要采用的是龙门式结构。本产品不仅大大提高了手动切割的安全系数，而且相对大型数控等离子切割机来说，大大降低了成本。

关键字：电气柜开孔、等离子切割、PLC 编程

1　电气柜开孔机产品简介

1.1　产品设计来源及研究意义

1.1.1　产品设计来源

大型开孔机、小型开孔器等普遍存在于社会上，但这些开孔的机器都有一定的局限性。

圆形开孔器根据不同大小的圆具有不同的孔径和规格，同时根据开孔时的深度不同，又分为标准型开孔器和深载型开孔器两类。它安装在手电钻、冲击钻、摇臂钻等电动工具上使用，虽然开孔精度较高、规格种类多，但仅能开圆形孔，且需借助机器才能完成孔的切割，开孔模式较单一。

数控等离子切割机由数控系统和机械构架两大部分组成。与传统手动和半自动切割方式相比，数控切割通过数控系统即控制器提供的切割技术、切割工艺和自动控制技术，有效控制和提高切割质量和切割效率。该设备还具有一定危险性，应该且只能由受过培训的人操作。综上所述，数控等离子切割机虽然也有一定的优点，但不仅成本高，且必须由经过培训的人进行操作，较复杂。

手持式切割机相对以上两种开孔机器来说操作就简单了很多，但它拥有以下缺点：

（1）为保证精度，必须有可靠的紧锁措施，使之在正常运行过程中不出现松动现象；

（2）须有可靠的夹紧辅助装量，尤其在切割小块材料时，以免飞出，引发事故；

（3）整机应装有仅用手不能拆除的切割锯片防护罩（大于 2mm 厚钢板制成），并确保切割锯片外露部分角度不大于 180°，以防万一锯片破损或被加工的碎物飞散伤及人体。

综上可知，手持式切割机不仅有一定危险性，而且切割精度也不一定得到保证。

此外，一些电气柜成型或定位后需要在上面开圆形、方形及各种形状的孔，针对他们的需求和市场调查我们开始设计这种开孔机。我们设计的开孔机不仅携带方便、成本低，且安全系数得到了提高，还可以根据实际加工情况摆放机器。例如，对于竖立固定好的电气柜，我们使用电磁铁将其吸附固定在上面，这样不仅解决了大型数控等离子切割机不能解决的问题，还解决了手动切割精度不高等问题。

针对以上问题经过反复实验，不断吸取教训并加以改进，设计出了这款结构简单、安全系数高、趋于自动化且可参数化控制的电气柜开孔机，后续我们将进一步加以完善。

本项目设计的电气柜开孔机主要应用于以下几个领域：

（1）应用于大多数电气柜生产商。他们生产的电气柜在成型和定位后需要开孔，而我们的电气柜开孔机及上面的磁力吸附装置刚好满足他们的要求。

（2）应用于大多数家庭中。一些家庭需要在柜子上开孔，小的开孔器太单一化，大的开孔机价格昂贵且不好携带，而我们设计的电气柜开孔机不仅开孔多样化，而且方便携带、操作简单，正好满足他们的需求。

1.1.2 研究意义

本产品有重要的研究意义，具体体现在以下几方面：

（1）由于磁力座吸附装置的设置，该产品能在大型立式铁柜、固定的竖直铁板及曲面板材成型或定位后进行开孔，这不仅克服了开孔时受到的环境限制，还能保证加工孔的尺寸精度，为后续工作人员降低困难，减小劳动强度。

（2）它不仅解决了小型开孔器开孔形状单一化的问题，还解决了大型数控等离子切割机携带不方便、成本高的问题；同时，它还解决了人工切割存在危险等问题。本产品为社会广大用户提供了便利，如果以后研究更加完善化，也将为社会做出贡献。

1.2 优点及创新点

（1）电气柜开孔机主要采用 PLC 电气控制系统，结合等离子切割技术来实现方形、圆形、椭圆形及其他形状孔的切割。

（2）成本低。我们设计的产品成本在 3 000 元左右，大型数控等离子切割机的成本在 2 万元左右，有的切割机成本甚至更高。

（3）全部切割过程实现自动化，相对手动切割机开孔来说安全系数得到了很大提升。

（4）操作相对简单，即使是非专业人员也可进行切割。

（5）该产品携带方便，结构较简单且体积小。

（6）本产品主要通过 PLC 编程技术编入程序，再导入控制面板中，通过调节面板中的参数控制其运动，因此，可参数化控制也是其一大优点。

（7）本产品在工作时可根据实际情况调节加工速度、加工孔大小等参数。

（8）本产品还设有对刀光束，用来确定加工孔的几何中心，从而找到机器合适的摆放位置。

（9）正在设计的磁力座吸附装置不仅能够突破开孔环境的限制，还解决了机器振动带来的尺寸误差过大等问题。

（10）本产品克服了已有开孔器存在的局限性，开孔形状复杂化，更容易满足人们的需求。

（11）参数还设有入切弧半径，它使切割时以圆弧方式进行，可以保证切割轨迹的正确性。

1.3 市场调研与市场预测

1.3.1 市场调研

当今社会，电气柜已普遍存在于每个家庭中，电气柜生产商也日益增加。我们针对电气柜生产商对多功能化电气柜开孔机的需求做了市场调研。我们采取向电气柜生产商、广大群众进行访问和在网上搜集资料的方法来进行调研。经过对生产商等的访问，我们了解到，大多数生产商在电气柜生产后期，由于要开各种各样，所以需要一种携带方便、操作简单且能克服环境限制的开孔机；在向广大群众访问时，他们的回答是，如果有一种可以开多形状孔且操作简单的开孔机，那么他们也可以在买来的电气柜上开自己所需要的的孔；在网上搜集资料了解到，对电气柜等开孔的机器数不胜数，但它们都有各自优缺点，如有的只能开一种孔（圆形开孔器），有的不方便携带且成本高（数控等离子切割机）等，而我们设计的产品将针对这些缺点来研究，尽最大可能克服这些缺点。经过市场调研，开孔机需要有以下特点：体积小、质量小，方便携带，成本低，趋于自动化。

1.3.2 市场预测

目前，市场上对电气柜进行开孔的机器种类多种多样。例如，手持切割机和手持式等离子切割机，切割方式太过笼统，且切割时危险系数较高；数控等离子切割机，体积较大、成本高，切割时需要在计算机上画出图，较复杂。综合来说，市场上的开孔机器单一化、复杂化，从而具有一定的局限性。

经过反复试验和改进，我们设计出了电气柜开孔机，通过 PLC 编程可加工相应孔的形状。这样不仅打破了手动开孔这种笼统的方式，且大大提高了安全系数；相对数控等离子切割机，我们设计的产品大大降低了成本，在操作方式等方面也得到了改善。

如今，有很多家庭使用电气柜，对小的、成本低的电气柜开孔机需求也日益增多，所以我们设计的产品有好的应用前景。

2 电气柜开孔机产品设计

2.1 电气柜开孔机的 UG 设计及总体设计

2.1.1 电气柜开孔机的 UG 设计

UG（Unigraphics NX）针对用户的虚拟产品设计和工艺设计的需求，提供了经过实验验证的解决方案。UG 具有多个模块功能，我们用到的是以下几个模块：

1. UG 实体建模（UG/Solid Modeling）

UG 实体建模提供了草图设计，各种曲线生成，编辑，布尔运算，扫掠实体，旋转实体，沿导轨扫掠，尺寸驱动、定义，编辑变量及其表达式，非参数化模型的参数化等工具。

2. UG 装配建模（UG/Assembly Modeling）

装配模型中零件数据是对零件本身的链接映象，保证装配模型和零件设计完全双向相关，并改进了软件操作性能，减少了存储空间的需求，零件设计修改后装配模型中的零件会自动更新，同时可在装配环境下直接修改零件设计；参数化的装配建模提供描述组件间配合关系的附加功能，也可用于说明通用紧固件组和其他重复部件。

3. 运动仿真模块

运动仿真是 UG/CAE（Computer Aided Engineering）模块中的主要部分，它能对任何二维或三维机构进行复杂的运动学分析、动力分析和设计仿真。通过对这个运动仿真模型进行运动学或动力学运动分析就可以验证该运动机构设计的合理性，并且可以利用图形输出各个部件的位移、坐标、加速度、速度和力的变化情况，对运动机构进行优化。

我们之所以能顺利设计出这个产品，是因为前期UG设计打下了一个坚实的基础。刚开始我们用“UG实体建模”这个模块进行零件绘图，在组长、组员的共同努力下奋斗两个多星期画出了这些零部件。通过实体建模我们很清晰地看到了各个零部件的三维立体图。然后我们开始对零部件进行装配，我们组成员分工明确，我主要负责垫板、步进电动机、导柱等的装配。不知不觉，时间一天天过去了，在装配过程中若零件图出现尺寸差错，我们组成员就一起静下心来找出错误，慢慢地我们设计的产品就配好了。为了得出本产品各个部件位移、速度等的变化情况，我们开始对其进行运动仿真，滑块中心孔与导轨上设运动副，使之成为可动连接，同步带与带轮之间采用加正反转的伺服电动机来分别驱动带轮和固定在同步带上的物体，再在切割枪头和滑块表面上设运动副，这样就完成了机器的仿真运动。我们一直调到出现好的运动仿真效果后，才开始了对产品实物的设计。

2.1.2 电气柜开孔机的工作原理

该设计的主要工作原理是采用PLC编程技术，电气柜开孔机采用同步带、同步带轮及导柱滑块相互配合的方式，由步进电动机带动机器实现X、Y方向的移动，以精准定位；在X轴方向的导轨滑块上添加可上下浮动的切割枪头（Z轴）指定切割位置，并结合等离子切割技术来完成孔的切割；全部完成以后，根据设定的程序自动复位到达初始位置。根据不同孔的加工尺寸及加工板的厚度调节加工补偿、加工速度及切割电流，启动开关后采用一种模式进行操作，做到最大限度减少工作误差，保证加工尺寸的精确。

2.1.3 电气柜开孔机的组成部分

电气柜开孔机主要组成部分包括等离子切割机主机、配电箱（控制部分）、气泵、切割部分，其总装图如图1所示。

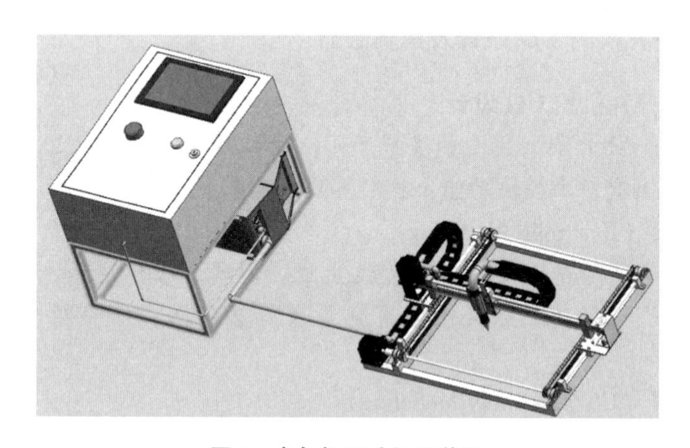

图1 电气柜开孔机总装图

1. 等离子切割机

LGK－40型号等离子切割机的有关参数如表1所示。

表 1　LKG－40 型号等离子切割机的有关参数

参数	参数	外形尺寸	395mm×153mm×301mm
输入电压/V	AC 220V±10%	空载损耗/W	40
频率/Hz	50/60	效率/%	80
额定输入电流/A	30	功率因数	0.73
空载电压/V	230	绝缘等级	F
输出电流调节/A	20～40	外壳防护等级	IP21
额定输出电压/V	96	起弧方式	接触起弧
额定负载持续率/%	60	建议空气压缩机压力/kg	4.5
质量/kg	9		

2. 配电箱（控制部分）

将 PLC 编程控制系统编制的程序导入控制部分的控制面板中来进行全部切割过程的操作。

3. 气泵

切割前先手动将气压调到一定值（4.5MPa），当等离子切割机工作时为其提供足够的气压。

4. 切割部分

切割部分是加工过程中的执行部分，也是加工过程中主要运动部分，它主要采用龙门式结构。

2.1.4　技术性能指标

（1）切割厚度：可以切割薄钣金的厚度为 2～3mm；

（2）工作速度：其数据可根据加工孔时的需求自由设定；

（3）切割尺寸大小：*X* 轴的切割尺寸为 0～280mm，*Y* 轴的切割尺寸为 0～400mm（根据所需尺寸要求输入）。

2.1.5　电气柜开孔机工作方式

首先通过手动方式打开气泵和空气开关，并通过调触摸屏上的 X、Y 键来调节 *X*、*Y* 轴的移动，借助对刀光束使之调到一个合适的加工位置；然后在参数设置中调节工作时所需的加工速度、加工补偿及其他相应数据；最后选取想要加工的孔的形状，调整完尺寸后单击“开始加工”按钮，机器自动运行，加工完成后自动停止。

2.2　电气柜开孔机的主要零部件设计

2.2.1　切割部分

切割部分主要由步进电动机、同步带、同步带轮、导柱、切割枪头、滑块、垫板、固定板等零部件组成，其装配图如图 2 所示。

1. 垫板的设计

垫板主要用于固定滑块、电动机支座及导柱支座，其零件图如图 3 所示。

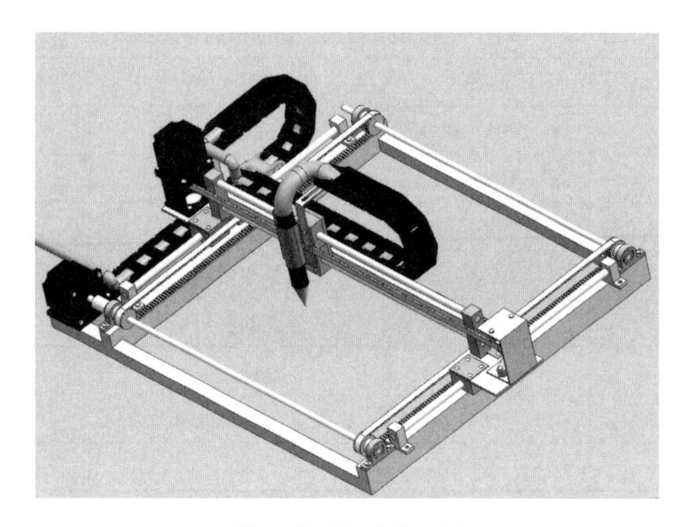

图 2　切割部分装配图

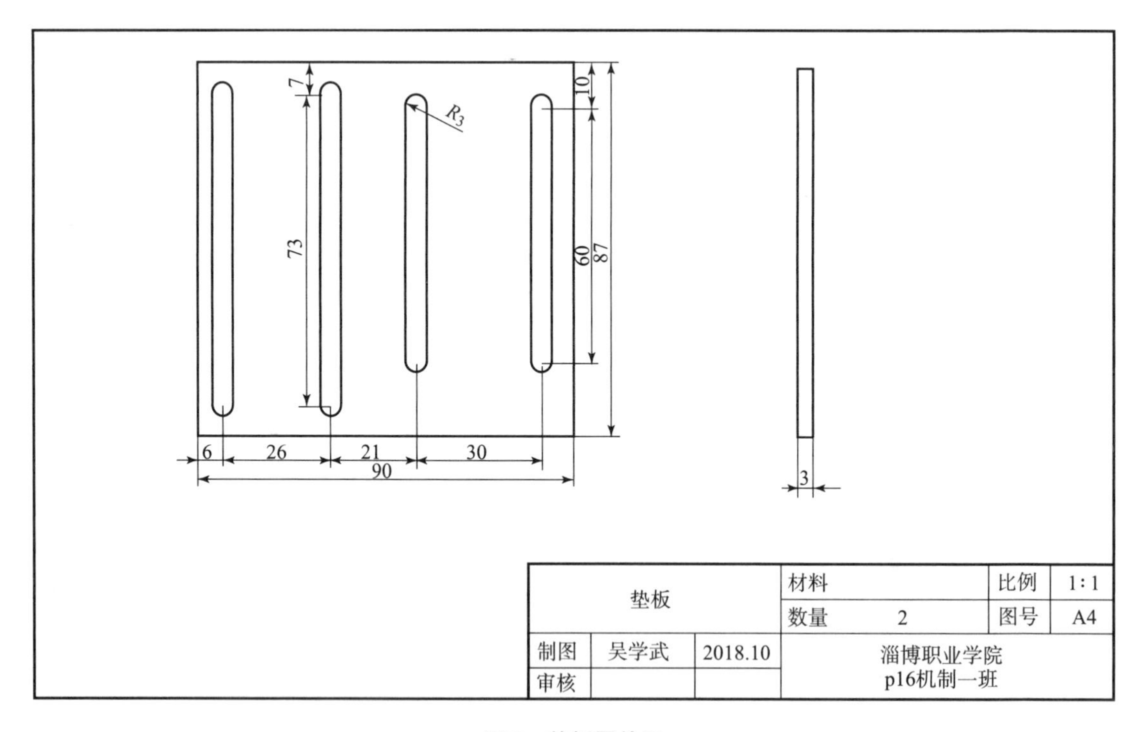

图 3　垫板零件图

2. 固定板的设计

固定板主要用于滑块和切割枪头的固定，其零件图如图 4 所示。

3. 紧固件的设计

紧固件主要用于切割枪头的紧固，其零件图如图 5 所示。

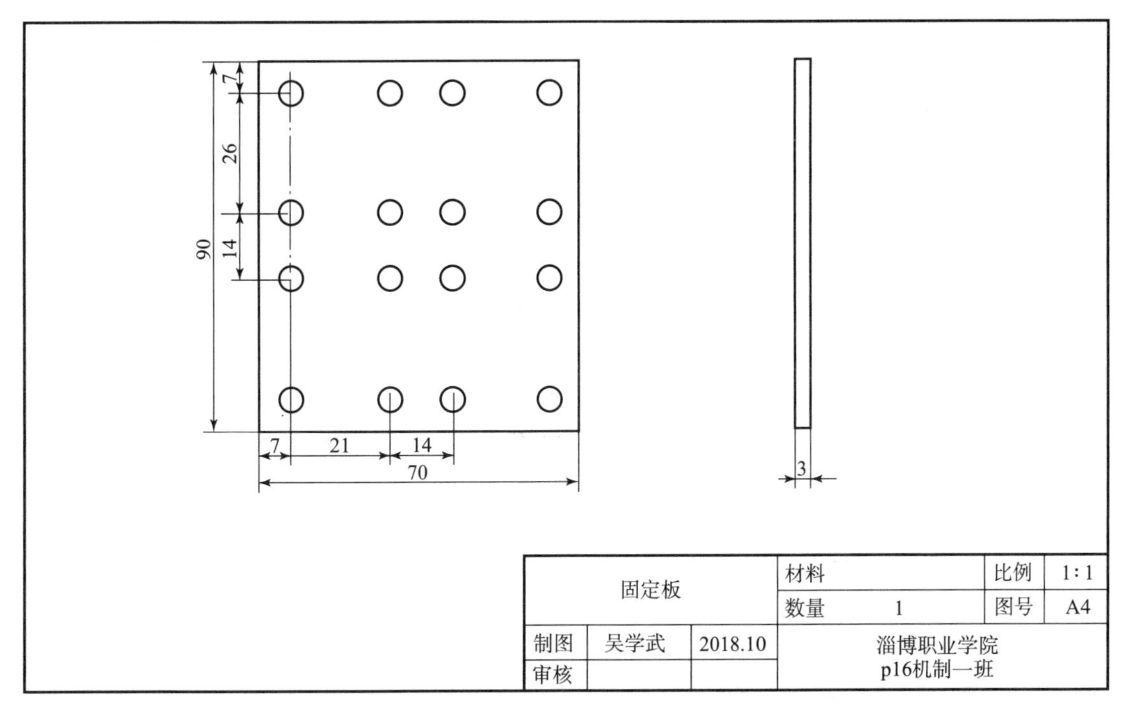

图 4 固定板零件图

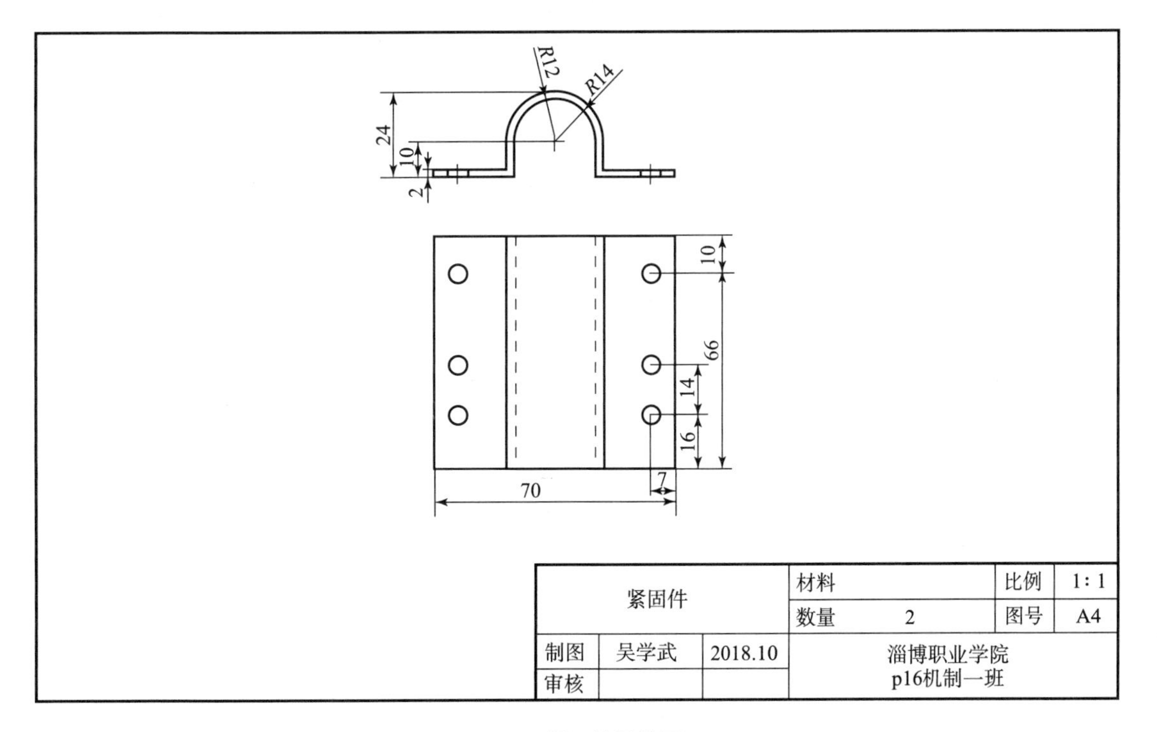

图 5 紧固件零件图

2.2.2 步进电动机的选择

根据实际测量得知步进电动机负载所受的转矩为1.89N·m，步进电动机的负载运行转速为200r/min。当电气柜开孔机正常工作时，X、Y轴相对移动，加工过程完成以后根据设定的程序自动停止并回到起始点，通过力学的计算可知：

$$
\begin{aligned}
M_a &= (J_m + J_t) \times n/T \times 1.02 \times 10^{-2} \\
&= (1.89 + 10) \times 200/4 \times 102 \times 10^{-2} \\
&= 3\ 060\ (\mathrm{N})
\end{aligned}
$$

即电气柜开孔机正常工作时，受到的切向力为3 060N。

式中：M_a——电动机启动加速力矩；

J_m——电动机自身惯量；

J_t——电动机自身负载；

n——电动机所需达到的转速；

T——电动机升速时间。

2.3 控制系统的整体设计

2.3.1 步进电动机的微步驱动电路的设计

根据资料《步进电动机的选择与参数详解》查得步进电动机的步距角如表2所示。

表2 步进电动机步距角的参数

电动机固有步距角	所有驱动器类型及工作状态	电动机运行时的真正步距角
0.9°/1.8°	驱动器工作在半步状态	0.9°
0.9°/1.8°	驱动器工作在5细分状态	0.36°
0.9°/1.8°	驱动器工作在10细分状态	0.18°
0.9°/1.8°	驱动器工作在20细分状态	0.09°
0.9°/1.8°	驱动器工作在40细分状态	0.045°

采用细分驱动技术可以大大提高步进电动机的步距分辨率，减小转矩波动，避免低频共振及减小运行噪声，就经济和实用方面考虑我们选用的是驱动器10细分状态。

2.3.2 控制系统电路图

（1）输入电路：输入电路图如图6所示。

（2）主供电路：主要作用是保证控制面板的正常打开和切割部分的正常运动。主供电路图如图7所示。

（3）PLC接线：本产品通过PLC编程技术编写程序，通过数据线将其传入控制面板中。PLC接线的主要作用是传输数据。PLC接线地址输入电路图如图8所示。

（4）继电器：继电器的作用是防止电压过大烧坏电源，主要起防护作用。继电器控制电路如图9所示。

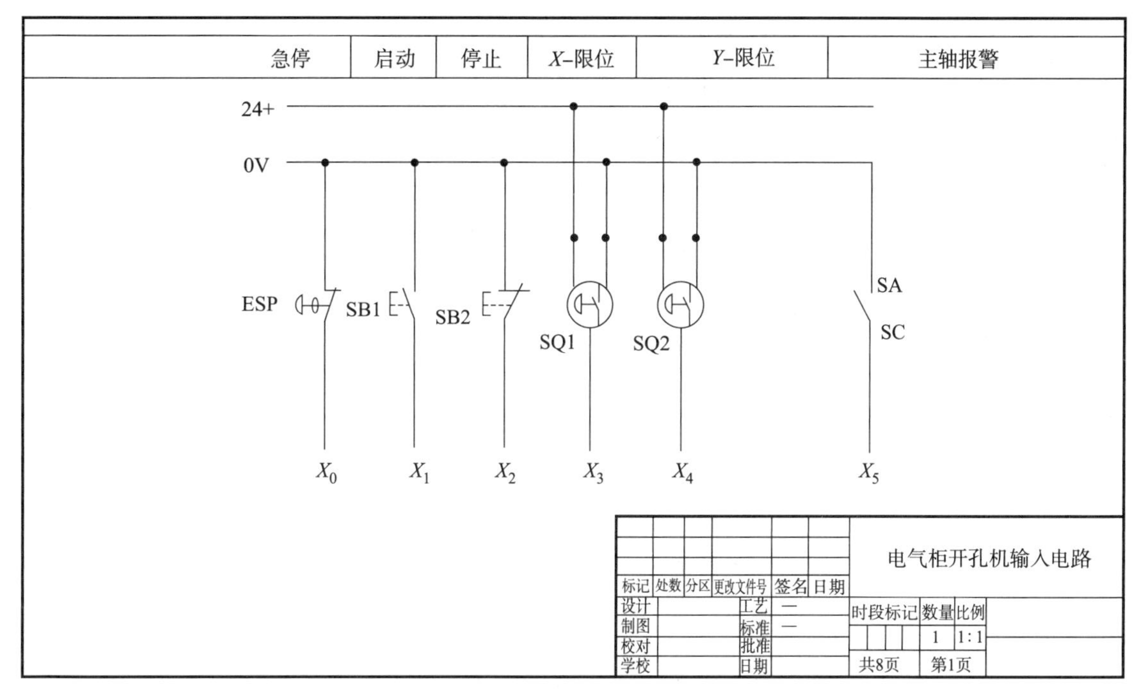

图6　输入电路图

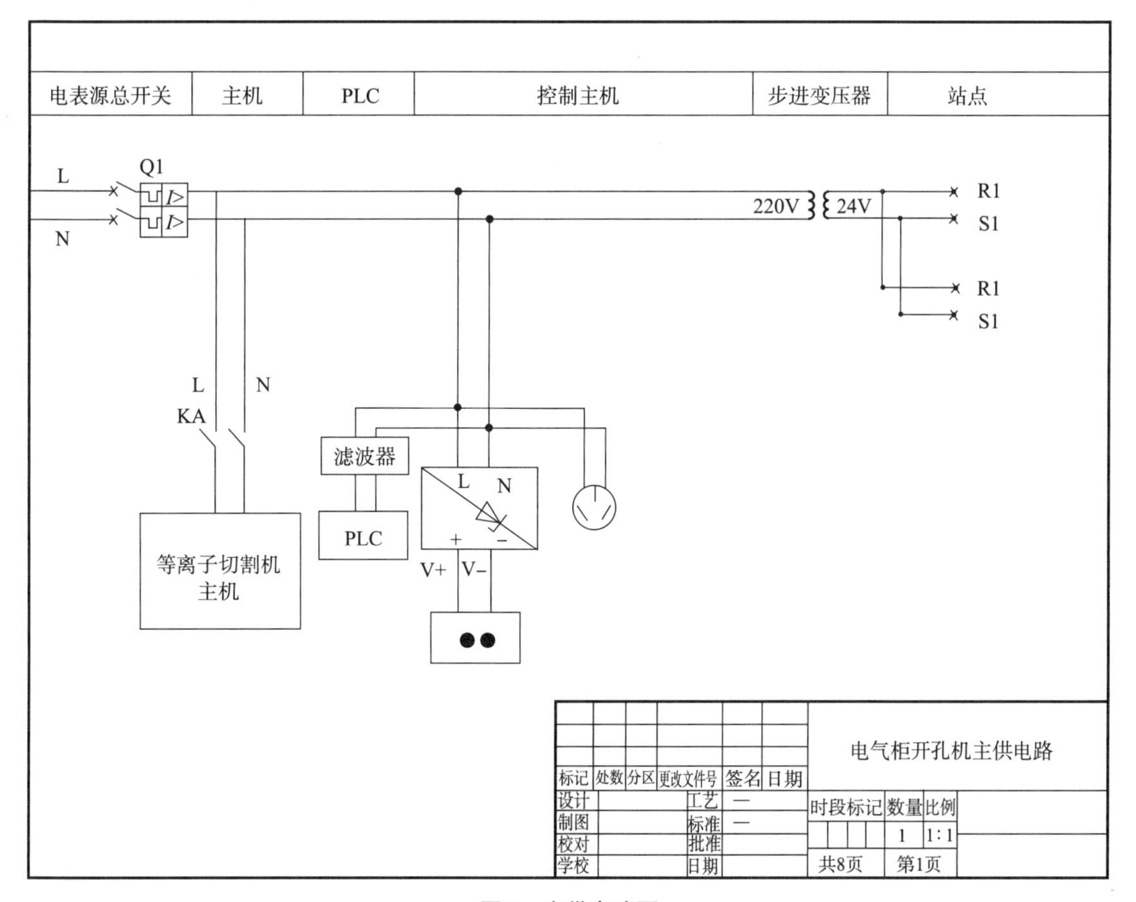

图7　主供电路图

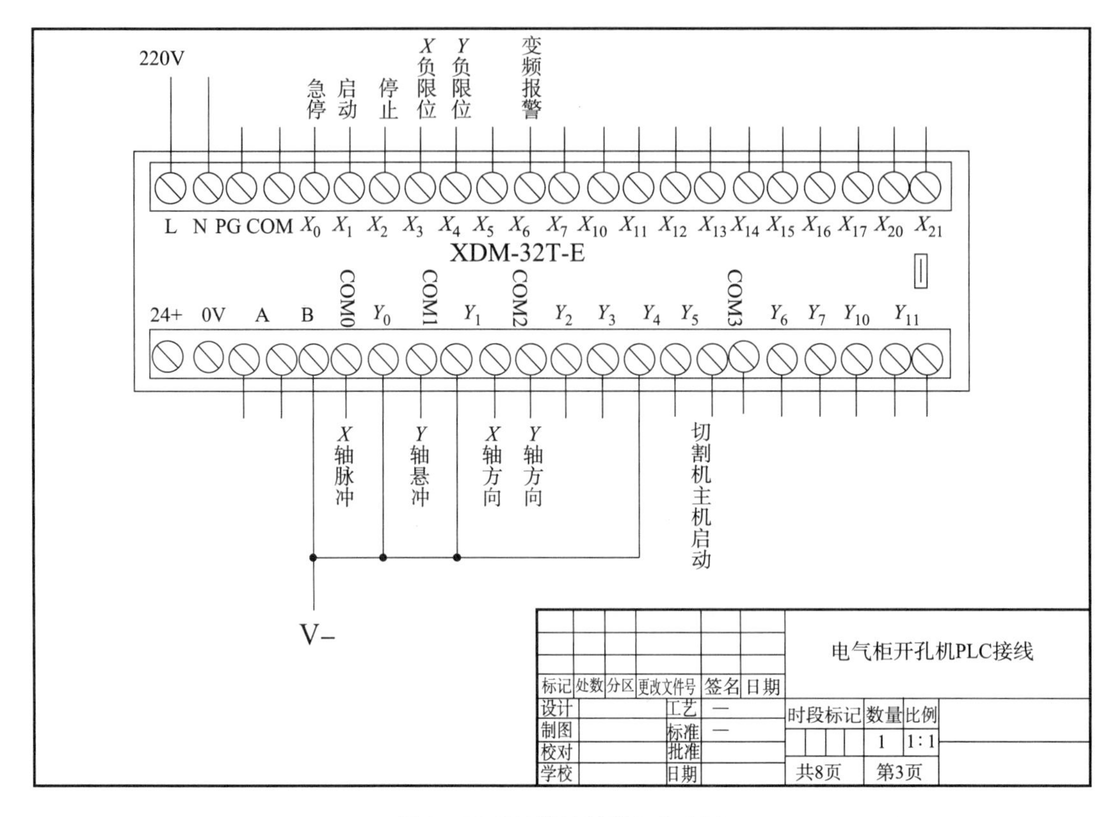

图 8　PLC 接线地址输入电路图

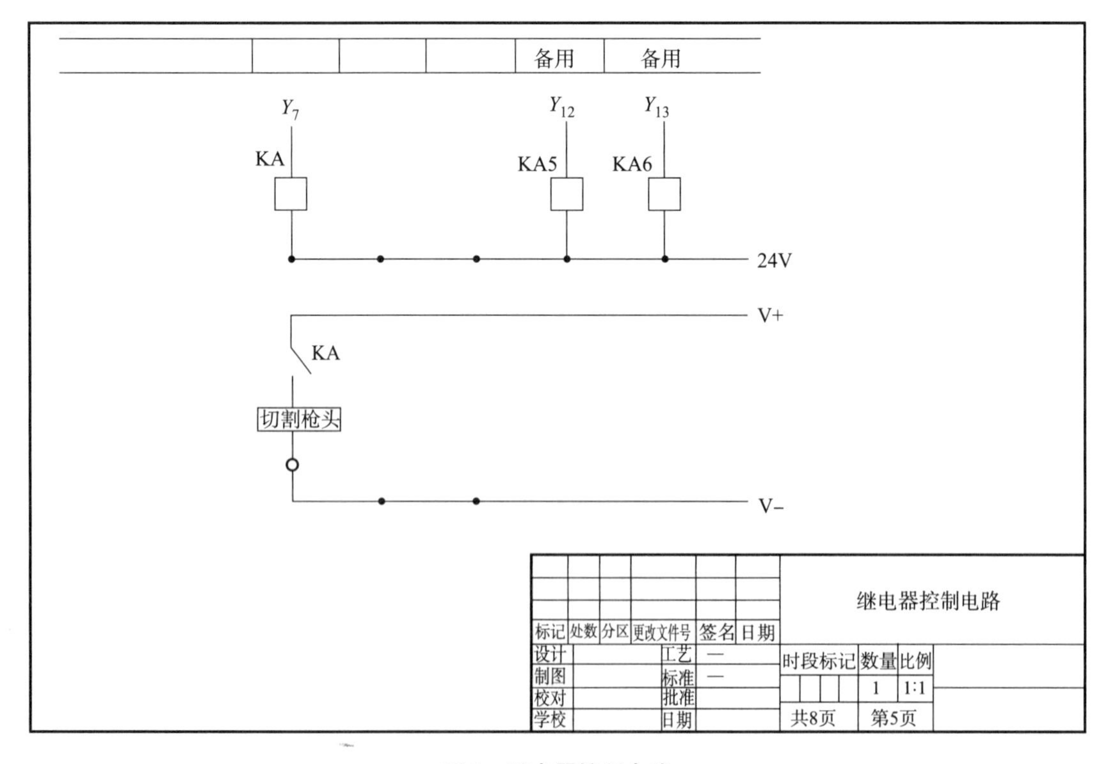

图 9　继电器控制电路

（5）步进电动机：通过电动机上的开关来调节脉冲当量，从而调节 X、Y 轴的运动速度。步进电机接线图如图 10 所示。

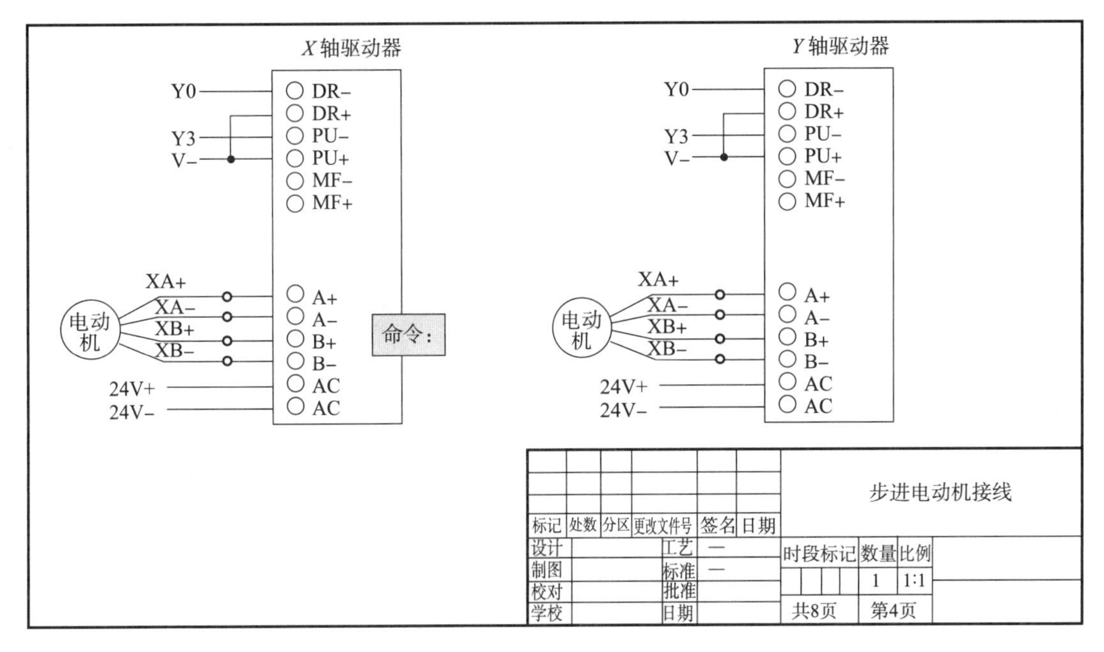

图 10　步进电动机接线图

（6）XT：接线端子，主要起连接作用，连接控制面板上的开关与切割部分的线路，保证能通过控制面板来操作切割部分。XT 接线图如图 11 所示。

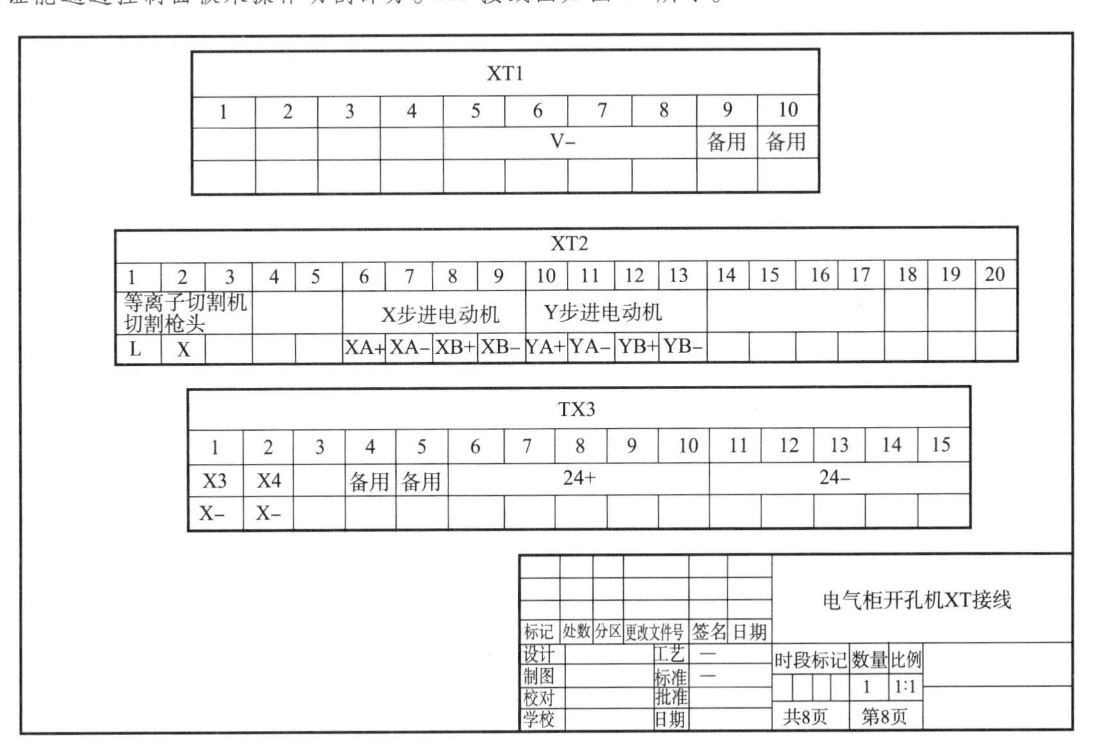

XT1

1	2	3	4	5	6	7	8	9	10
				V−				备用	备用

XT2

1	2	3	4	5	6	7	8	9	10	11	12	13	14	15	16	17	18	19	20
等离子切割机切割枪头					X步进电动机				Y步进电动机										
L	X				XA+	XA−	XB+	XB−	YA+	YA−	YB+	YB−							

TX3

1	2	3	4	5	6	7	8	9	10	11	12	13	14	15
X3	X4		备用	备用			24+				24−			
X−	X−													

图 11　XT 接线图

2.4 控制面板参数的设定

控制面板上的参数主要是通过“Touch Win 编辑工具”软件进行编制的。Touch Win 编辑工具又称信捷触摸屏编程软件，是一款专门用于工程编程的软件，主要适用于 TH 系列、TG 系列和 XMH 系列的触摸屏。这里我们采用 TH 系列。

此处我们采用指示灯按钮、数据显示、中文输入、设置数据等部件功能设置了触摸屏上的相关参数，具体参数如图 12 和图 13 所示。

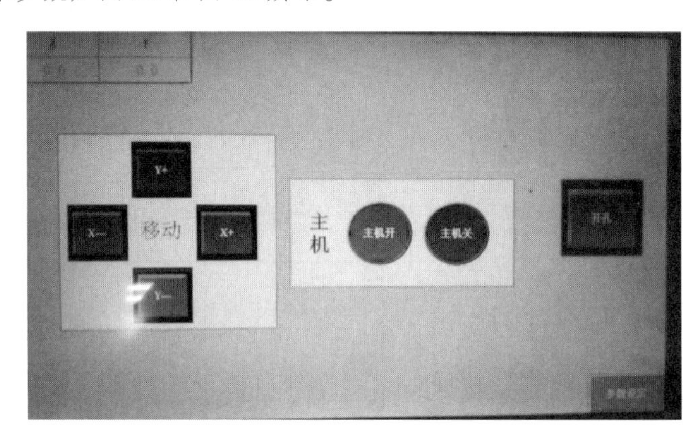

图 12　手动控制

轴	脉冲当量	加减速时间	负极限	正极限	备用
XY	84.032	1	-10000	20000	0

轴速度	回零高速	回零低速	手动	定位	加工	椭圆加工
XY	967297	5000	5000	1000	1000	100

加工补偿	数据
A	0.00
B	0.00
R	0.00

其他	数据
入切弧半径/mm	1.0
主机延时/s	1.0

其他	数据
入切弧速度	100
椭圆细分	2

返回

图 13　控制面板参数

相关参数的介绍如下：

(1) *XY* 轴速度。手动：通过调节加减速时间来手动控制 *XY* 轴移动的速度。

(2) 原点定位 (*X*, 0　*Y*, 0)：通过调节回零速度来控制回原点的速度。

(3) 加工：加工方形和圆形的速度。

(4) 椭圆加工：加工椭圆的速度。

(5) 加工补偿：调整数据使枪头运动轨迹和工件轮廓重合。

(6) 入切弧半径：为保证切割轨迹的正确性，以圆弧进入的方式进刀切割，如果切割孔较小，入切弧半径可输入为零，如图14所示。

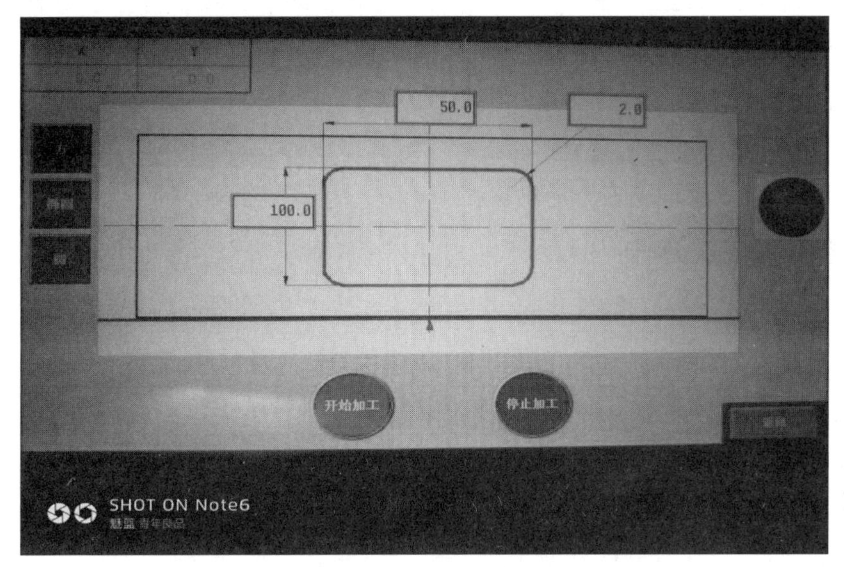

图14　入切弧半径

3　零部件数控加工工艺分析及编程

滑块通过圆柱形导轨滑动，结合同步带带动切割枪头的移动。对零件滑块进行加工工艺分析，其图样如图15所示。

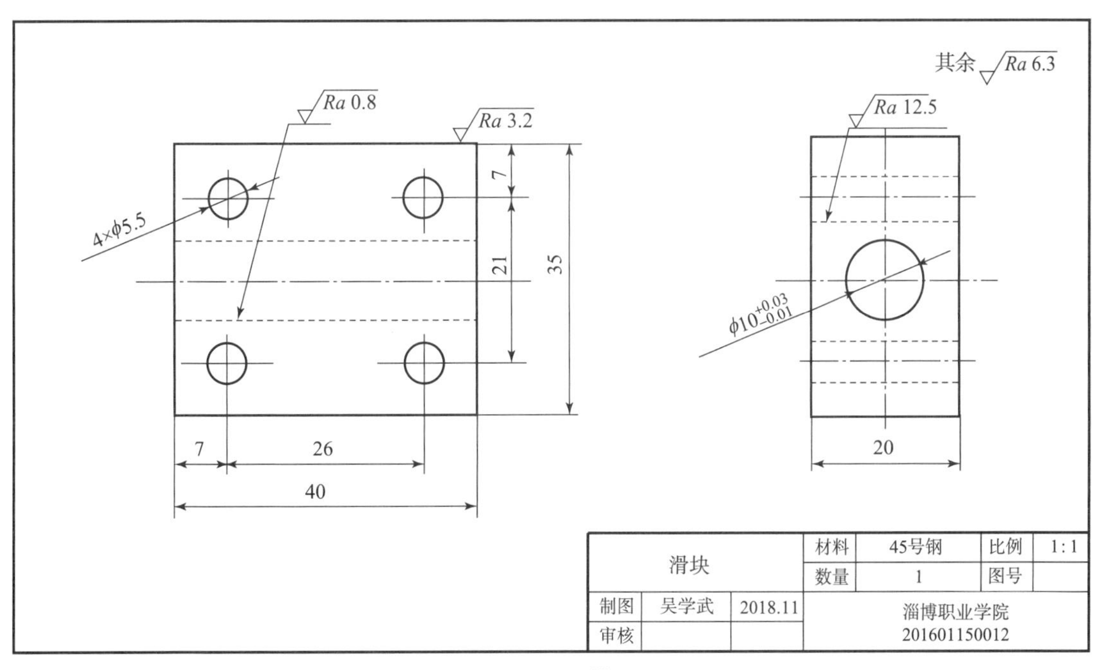

图15　滑块

3.1 图样分析

该工件是一个长方体块，上面有四个小孔和一个大的通孔。工件表面和四个小孔加工精度不高，大的通孔加工精度要求高，其公称尺寸为 ϕ10mm，上极限偏差为 +0.03mm，下极限偏差为 −0.01mm，表面粗糙度为 0.8μm。

3.2 确定装夹方案、定位基准、编程原点

选用数控铣床加工零件。该零件好装夹，因此选用平口钳装（加工表面时也可采用工艺板），依次选用上表面和侧面为定位基准，运用上表面和侧面的中心点依次为编程原点。

3.3 数控加工工序卡

数据加工工序卡如表 3 所示。

表 3　数据加工工序卡

产品名称		零件名称		零件图号				
电气柜开孔机		滑块						
单位名称	夹具名称		使用设备	铣床				
	平口钳		FANUC 0i 铣床	现代制造技术中心				
序号	工艺内容	刀具规格/mm	主轴转速/($r \cdot min^{-1}$)	进给速度/($mm \cdot r^{-1}$)	背吃刀量/mm	刀具材料	程序编号	量具
1	下料							
2	装夹找正							
3	粗铣平面	D10 立铣刀	600	0.6	1.5	硬质合金	O0001	游标卡尺
4	精铣平面	D5 立铣刀	800	0.5	0.3	高速钢	O0002	游标卡尺
5	钻中心孔	A2.5 中心钻	300	1	0.6	硬质合金		游标卡尺
6	钻四个小孔	D5.5 麻花钻	700	1		高速钢	O0003	游标卡尺钢板尺
7	加工侧面（装夹找正）							游标卡尺千分尺
8	钻中心孔	A2.5 中心钻	300	2	1	硬质合金		
9	钻大孔	D9.5 麻花钻	600	1		硬质合金	O0004	游标卡尺
10	扩孔	D9.8 麻花钻	500	0.8		硬质合金	O0005	游标卡尺
11	铰孔	D10 铰刀	400	0.5		硬质合金	O0006	游标卡尺
12	去毛刺检验							

3.4 编制程序

1. 面铣粗加工

```
O0001;
G54 G17 G90;
M03 S600;
G00 X0 Y0;
Z5;
G01 X-15 Y-25 F0.6;
Z-4;
Y25;
```

```
X -6;
Y -24;
X4;
Y25;
X13;
Y -24;
```

2. 面铣精加工

```
O0002;
G54 G40 G17 G90;
M03 S800 M08;
G00 X0 Y0;
Z3;
G01 X -15 Y -21 F0.3;
Z -1;
Y25;
X -6;
Y -21;
```

3. 小孔的加工

```
O0003;
N0010 G40 G17 G90 G70
N0020 G91 G28 Z0.0
N0030 T00 M06
N0040 G00 G90 X.5118 Y.4134 S0 M03
N0050 G43 Z.1181 H00
```

4. 钻大孔

```
O0003;
N0010 G40 G17 G90 G70
N0020 G91 G28 Z0.0
N0030 T00 M06
N0040 G00 G90 X0.0 Y0.0 S0 M03
```

5. 扩孔

```
O0004;
N0010 G40 G17 G90 G70
N0020 G91 G28 Z0.0
N0030 T00 M06
N0040 G00 G90 X0.0 Y0.0 S0 M03
```

6. 铰孔

```
O0005;
N0010 G40 G17 G90 G70
```

```
X18;
Y25;
G00 Z100;
X0 Y0;
M05;
M30;
```

```
X4;
Y25;
X13;
Y -21;
X18;
Y25;
G00 Z100;
X100 Y100 M09;
M05;
M30;
```

```
N0060 G81 Z -1.1024 R.1181 F9.8
N0070 Y -.4134
N0080 X -.5118
N0090 Y.4134
N0100 G80
N0110 M02
```

```
N0050 G43 Z.1181 H00
N0060 G81 Z -3.1496 R.1181 F9.8
N0070 G80
N0080 M02
%.
```

```
N0050 G43 Z.1181 H00
N0060 G81 Z -3.1496 R.1181 F9.8
N0070 G80
N0080 M02
%
```

```
N0020 G91 G28 Z0.0
N0030 T00 M06
```

```
N0040 G00 G90 X0.0 Y0.0 S0 M03
N0050 G43 Z.1181 H00
N0060 G81 Z -3.1496 R.1181 F9.8
N0070 G80
N0080 M02
%
```

3.5 制定走刀路线

平面粗铣的走刀路线如图 16 所示。

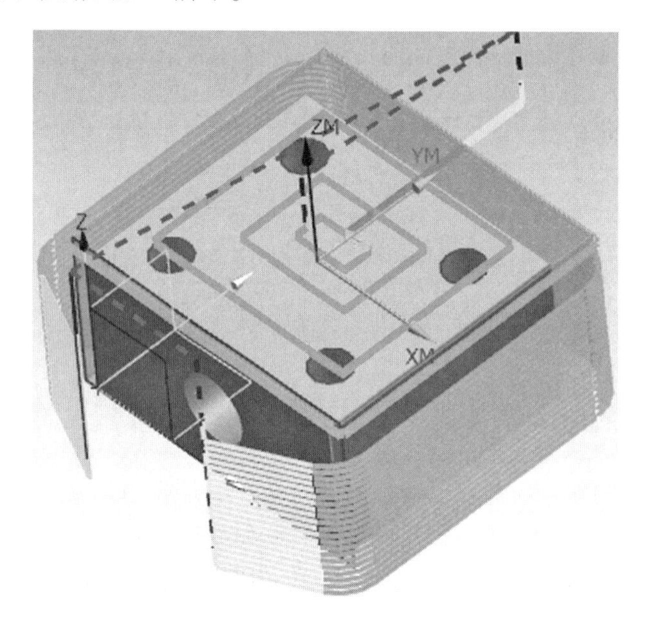

图 16 平面粗铣的走刀路线

平面精铣的走刀路线如图 17 所示。

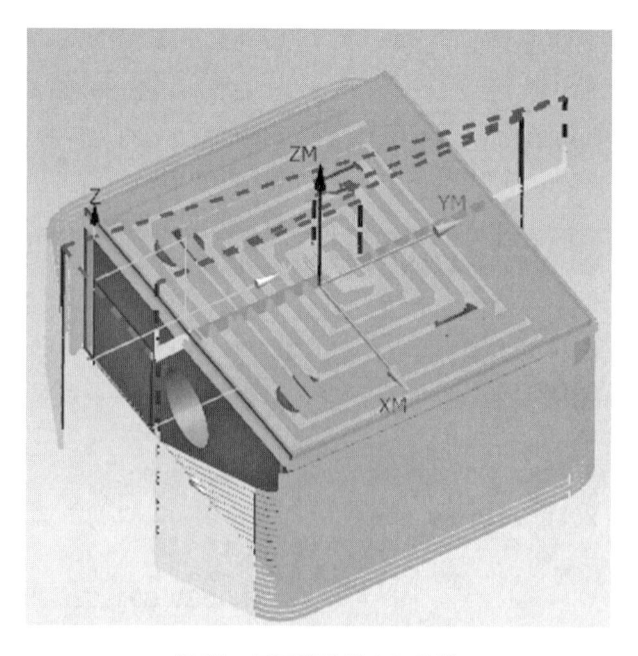

图 17 平面精铣的走刀路线

加工小孔的走刀路线如图18所示。

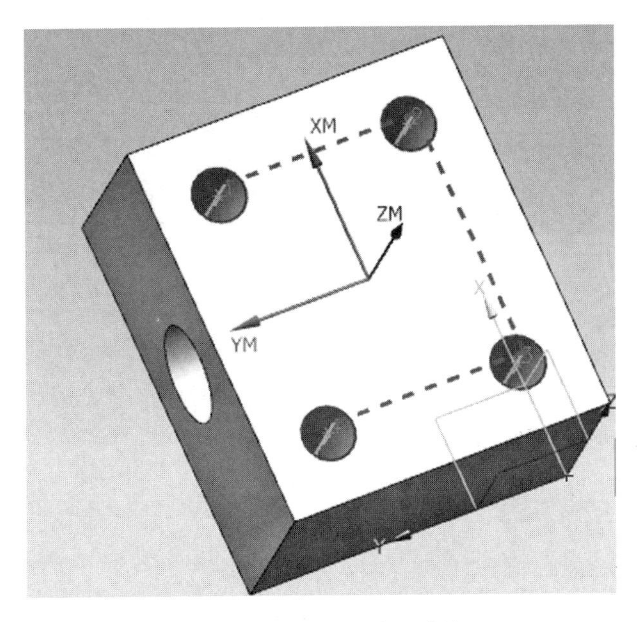

图18　加工小孔的走刀路线

加工大孔的走刀路线如图19所示。

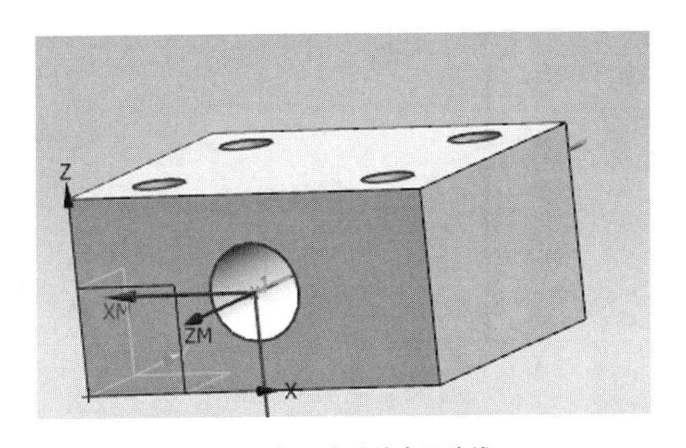

图19　加工大孔的走刀路线

扩孔的走刀路线如图20所示。

铰孔的走刀路线如图21所示。

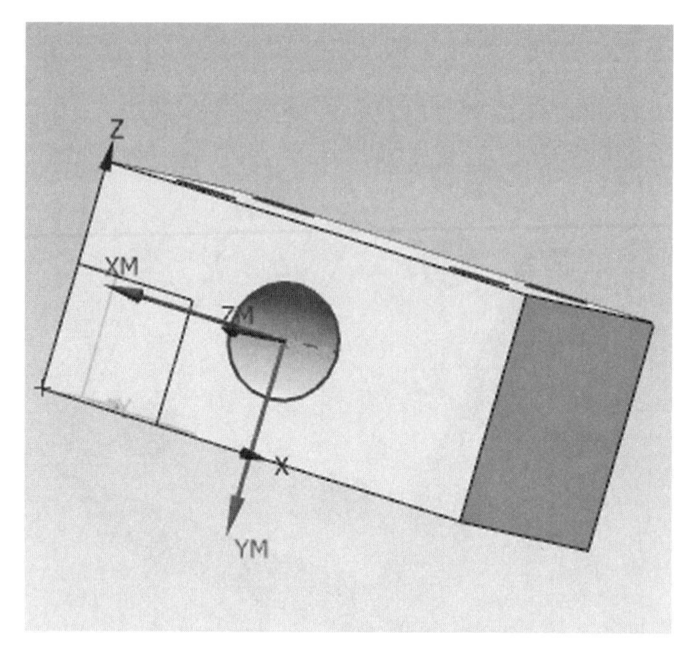

图 20 扩孔的走刀路线

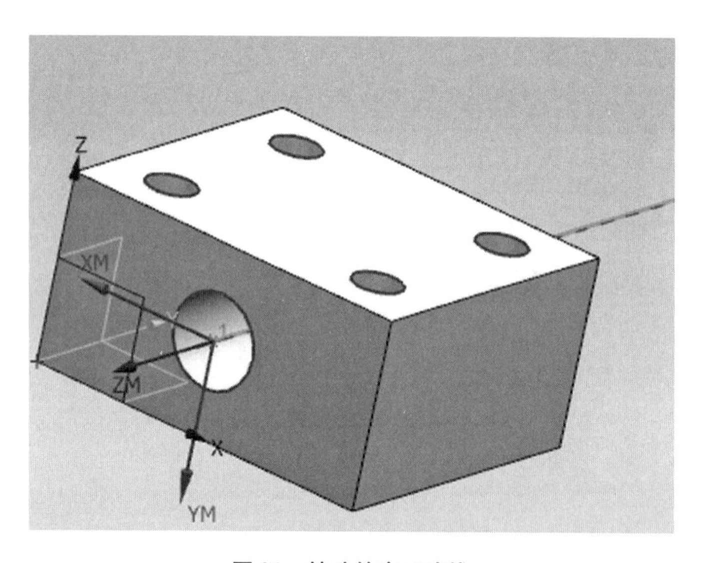

图 21 铰孔的走刀路线

4 零部件数控加工仿真

4.1 选择机床

打开宇龙仿真软件，选择 FANUC 系统 FANUC 0i 铣床，如图 22 所示。

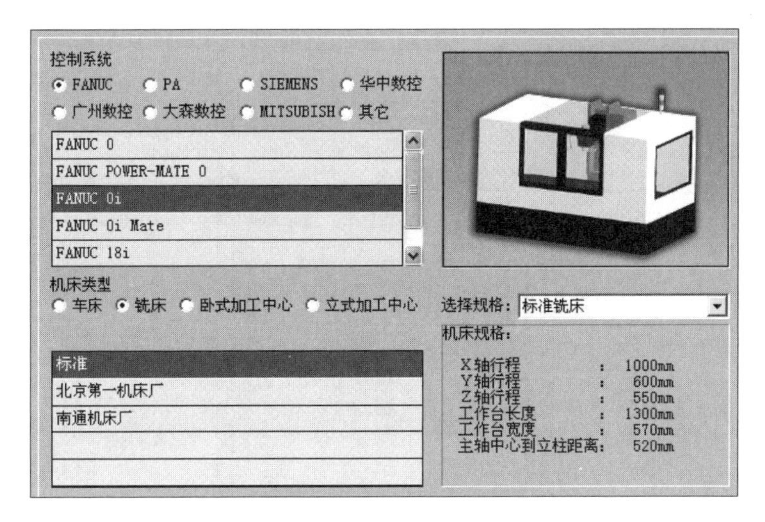

图 22　铣床选择示意图

4.2　开机回参考点

单击操作面板上的启动按钮，然后启动急停按钮，在回参考点状态下回参考点，直至 X 原点灯、Z 原点灯都亮为止。在回参考点时注意先回 Z 轴方向，再回 X 轴、Y 轴方向，以避免刀架与尾座发生碰撞。

4.3　选择刀具

单击工具栏上的“选择刀具”按钮，分别选择 D10 立铣刀、D5 立铣刀、A2.5 中心钻、D5.5 麻花钻和 D9.5 麻花钻、D9.8 麻花钻、D10 铰刀，分别对每把刀进行对刀，操作如图 23 所示。

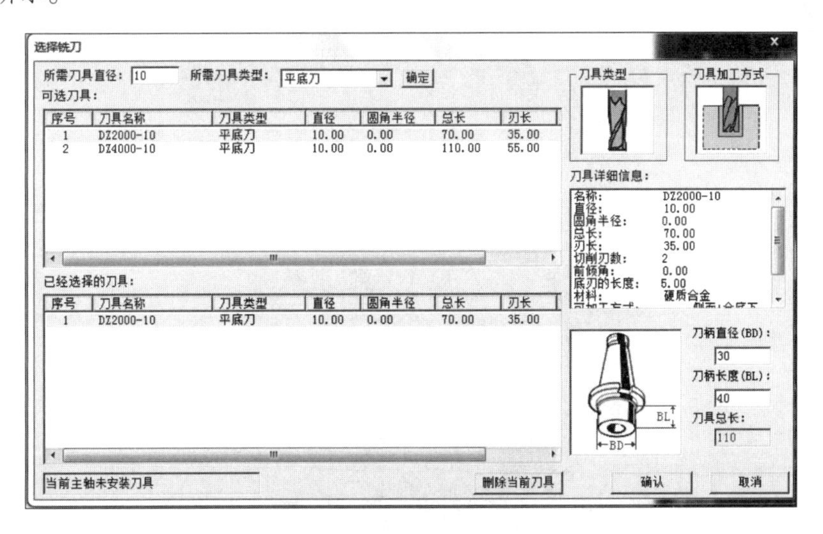

图 23　刀具的选择示意图

4.4　毛坯的选择

选择长为 45mm、宽为 40mm、高为 25mm 的长方形毛坯，如图 24 所示。

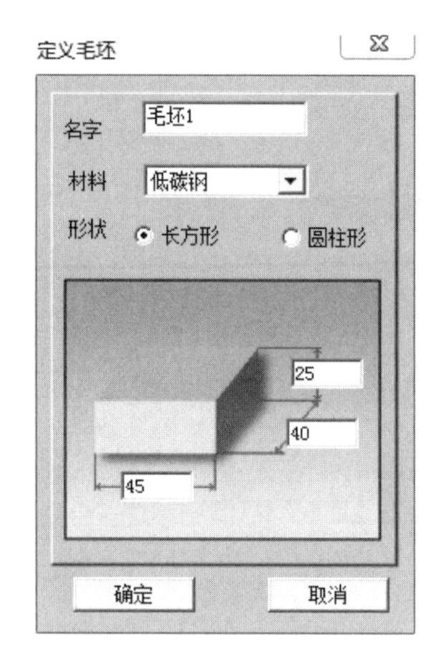

图 24　毛坯选择示意图

4.5　安装刀具和毛坯

安装刀具和毛坯后，通过对刀操作确定工件在机床上的位置，也即确定工件坐标系与机床坐标系的相互位置关系，在铣床中使用寻边器对 *XY* 向、*Z* 向使用对刀棒对刀。

4.6　零件加工步骤仿真

1. 面铣粗加工

先选用毛坯上表面为基本平面，选用 D10 立铣刀进行加工，加工结果如图 25 所示。

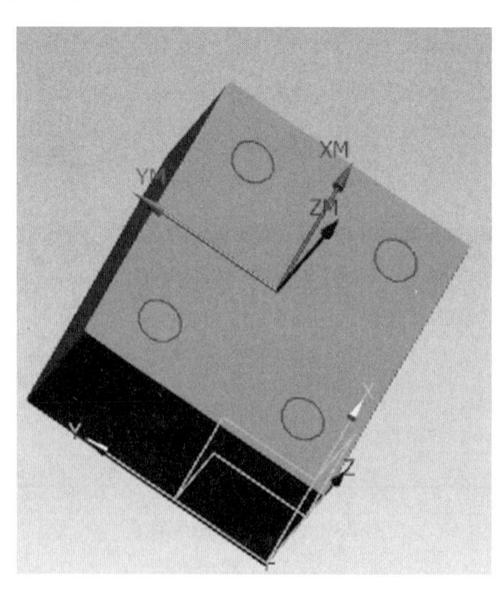

图 25　面铣粗加工结果

2. 面铣精加工

用平面铣进行精加工，加工结果如图 26 所示。

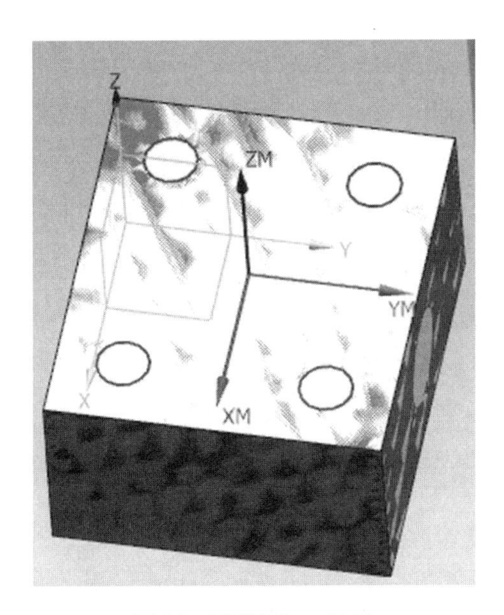

图 26　面铣精加工结果

3. 加工 ϕ5mm 的小孔

首先使用 A2.5 的中心钻打 2～3mm 深的中心孔，然后换用 D5.5 麻花钻进行四个小孔的加工，加工结果如图 27 所示。

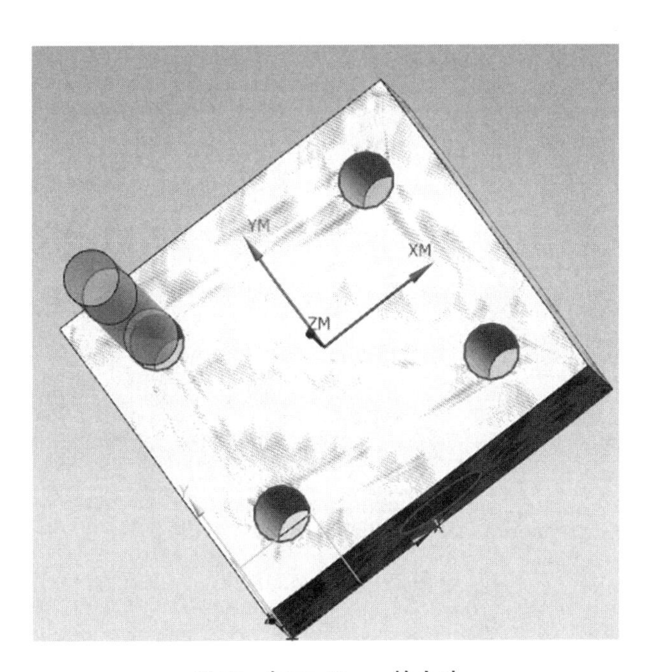

图 27　加工 ϕ5mm 的小孔

4. 加工 ϕ10mm 的大通孔

(1) 调换装夹位置，以侧面为基本平面，先使用 A2.5 的中心钻打 2～3mm 深的中心孔，然后换用 D9.5 麻花钻进行钻孔，加工结果如图 28 所示。

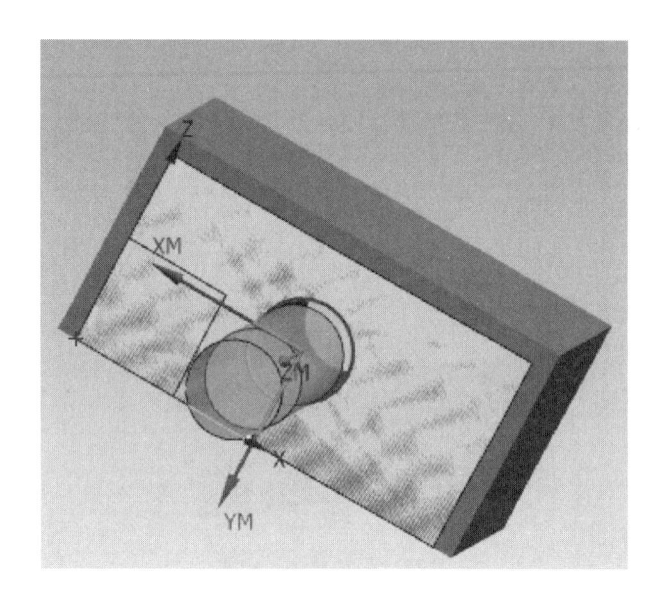

图 28 钻孔加工结果

(2) 用 D9.8 麻花钻进行扩孔，加工结果如图 29 所示。

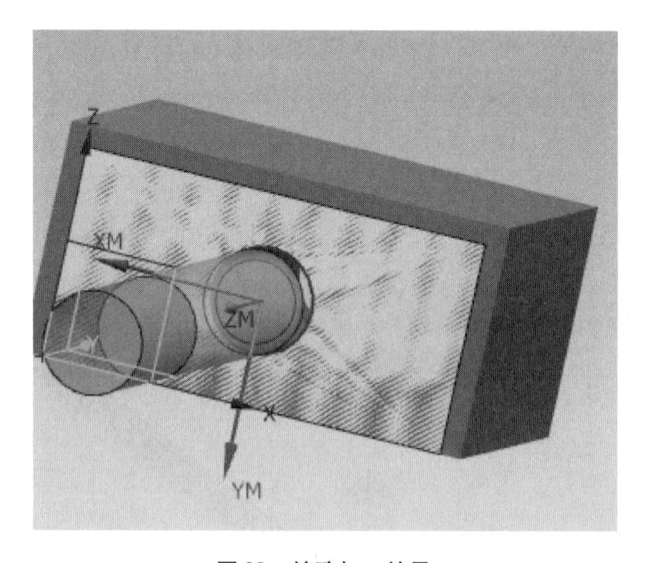

图 29 扩孔加工结果

(3) 用 D10 铰刀进行铰孔，加工结果如图 30 所示。

5. 测量

用测量工具进行测量，检验加工零件尺寸是否在精度要求范围内。

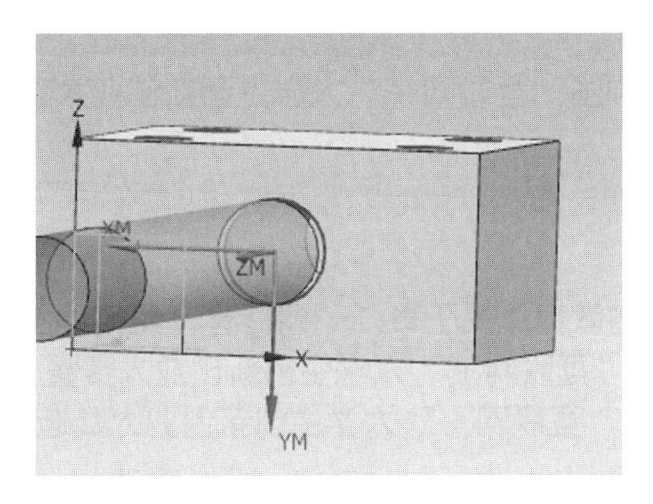

图 30 铰孔加工结果

结论

通过这次产品设计，我学到了很多东西。我明白了一个产品设计的总体思路是什么，这使我的综合能力得到了提高。通过查阅各种资料，我不仅巩固了以前所学的知识，并且学到了新的知识，与以后的工作能够更好地衔接。

在零件的加工方面，我对图一样、装夹方式、刀具的选用、加工参数进行全面的分析，并利用宇龙数控车床软件对其中的一个零件进行加工仿真，这样就可以对加工工艺及加工参数进行合理的调整，尽量避免在实际加工中出现不必要的损失。通过分析研究，我对加工工艺及加工参数有了更好的了解，对宇龙仿真软件的应用更加熟练。

在老师和同学们的细心指导和帮助下，我克服了一个又一个的困难，这不仅使我的心智得以锻炼，并且也让我懂得了“不放弃，就能成功”的道理。

本次参赛不仅锻炼了我的动手能力，同时也使我明白了自己的弱项，以便更好地进行针对性学习。这对我来说是非常重要的一个学习过程，通过设计我明白了一个产品的设计思路与方法，这为我以后步入社会工作奠定了基础。

参考文献（略）

致谢（略）

（三）作品点评

该产品的主要工作原理是通过 PLC 编程技术控制系统编程，然后将程序导入其控制面板，选择想要加工孔的形状单击“开始加工”按钮，其步进电动机将带动机器实现 X、Y 方向的移动，精准定位，在 X 方向的导轨滑块上添加上下浮动的切割枪头（Z 轴），以确定切割位置，并结合等离子切割技术来完成轨迹孔的切割。可以在弧度较小的曲面上进行切割，也可以在垂直面等平面上进行轨迹形状的切割。该产品不仅大大提高了手动切割的安全系数，相对于大型数控等离子切割机来说，还大大降低了成本。该产品结构合理，机械和电气控制完美结合。

第三节 中国“互联网+”大学生创新创业大赛案例简介

一、大赛通知

山东省教育厅关于举办“建行杯”第五届山东省“互联网+”大学生创新创业大赛暨第五届中国“互联网+”大学生创新创业大赛选拔赛的通知

各市教育（教体）局，各普通高等学校：

为贯彻落实全国教育大会精神，深入落实习近平总书记给中国“互联网+”大学生创新创业大赛“青年红色筑梦之旅”大学生的重要回信精神，贯彻落实《国务院办公厅关于深化高等学校创新创业教育改革的实施意见》（国办发〔2015〕36号）等文件要求，根据《教育部关于举办第五届中国“互联网+”大学生创新创业大赛的通知》（教高函〔2019〕8号）要求，决定举办“建行杯”第五届山东省“互联网+”大学生创新创业大赛暨第五届中国“互联网+”大学生创新创业大赛选拔赛。现将有关事项通知如下：

一、大赛主题

敢为人先放飞青春梦 勇立潮头建功新时代

二、大赛目的与任务

（一）以赛促学，培养创新创业生力军。大赛旨在激发学生的创造力，培养造就“大众创业、万众创新”生力军；鼓励广大青年扎根中国大地了解国情民情，在创新创业中增长智慧才干，在艰苦奋斗中锤炼意志品质，把激昂的青春梦融入伟大的中国梦，努力成长为德才兼备的有为人才。

（二）以赛促教，探索素质教育新途径。把大赛作为深化创新创业教育改革的重要抓手，引导各地各高校主动服务国家战略和区域发展，开展课程体系、教学方法、教师能力、管理制度等方面的综合改革。以大赛为牵引，带动职业教育、基础教育深化教学改革，全面推进素质教育，切实提高学生的创新精神、创业意识和创新创业能力。

（三）以赛促创，搭建成果转化新平台。推动赛事成果转化和产学研用紧密结合，促进“互联网+”新业态形成，服务经济高质量发展。以创新引领创业、以创业带动就业，努力形成高校毕业生更高质量创业就业的新局面。

三、大赛总体安排

本届大赛对接全国大赛，充分体现山东特色，实现学校、学生类型的全覆盖。广泛实施“青年红色筑梦之旅”活动，促进创新创业教育与思想政治教育、专业教育、体育、美育、劳动教育紧密结合。服务乡村振兴和脱贫攻坚等国家战略，助推科研成果转化应用，服务国家创新发展。省赛将举办“1+3”系列活动，“1”是主体赛事，包括高教主赛道、“青年红色筑梦之旅”赛道、职教赛道和萌芽版块。“3”是3项同期活动，包括“青年红色筑梦之旅”活动、优秀师生创新创业项目路演活动、高校创新创业教育成果展。

四、组织机构

本届大赛由省教育厅、省委网信办、省扶贫开发办、团省委、省发展改革委、省工业和信息化厅、省科技厅、省财政厅、省人力资源社会保障厅、省农业农村厅、省生态环境厅和省科学院等省直部门单位共同主办，中国建设银行股份有限公司山东省分行和山东教育电视台协办。大赛设组织委员会（简称大赛组委会）、组委会办公室、专家委员会和纪律与监督委员会。

（一）组委会。负责活动统筹与领导工作，由省委教育工委常务副书记、省教育厅厅长邓云锋担任主任，有关部门负责人作为成员，负责大赛的组织实施。

（二）组委会办公室。设在山东省学生就业创业教育咨询中心，负责大赛的执行、宣传、推广、沟通、协调、推进等日常工作。

（三）专家委员会。由全国相关行业专家和我省大赛优秀指导教师作为成员，负责参赛项目评审，指导大学生创新创业和项目对接。

（四）纪律与监督委员会。负责对大赛组织评审工作和协办单位相关工作进行监督，负责活动争议的调解处理等工作。各高校可根据实际成立相应机构，开展本校活动的组织实施、项目评审和推荐等工作。

五、参赛项目要求及类型

（一）参赛项目根据各赛道相应的要求，只能选择一个符合要求的赛道参赛。参赛项目不只限于“互联网＋”项目，鼓励各类创新创业项目参赛，根据行业背景选择相应类型。具体要求及类型详见各赛道方案。

（二）已获往届中国“互联网＋”大学生创新创业大赛全国总决赛各赛道金奖和银奖的项目，不可报名参加第五届大赛。已获往届山东省“互联网＋”大学生创新创业大赛金奖且未获往届中国“互联网＋”大学生创新创业大赛全国总决赛各赛道金奖和银奖的项目可以报名参赛，但不重复授奖。

（三）高校学生参赛项目由所在学校负责审核参赛对象资格。各市教育局负责审核中职中专学生和普通高中学生参赛资格。

六、比赛赛制

大赛采用校级（市级）初赛、省级复赛、省级决赛三级赛制（不含萌芽版块）。校级（市级）初赛由各普通高校（或各设区的市教育局）负责组织，遴选参加省级复赛的项目团队。省级复赛和省级决赛由大赛组委会负责组织。省级复赛通过会议评审和网络评审相结合的方式进行；省级决赛采用现场比赛的方式进行。萌芽板块比赛方案详见附件4。

七、参赛项目数量

（一）本科和高职高专院校须达到15%的在校生参赛率；高教主赛道参加校级初赛的项目数一般要达到每千名在校生20项以上；报名参加“青年红色筑梦之旅”赛道的项目数一般要达到每千名在校生2项以上；具有博士点高校推荐国际赛道项目一般不少于3项，硕士点高校推荐国际赛道项目一般不少于2项，本科高校推荐国际赛道项目一般不少于1项。鼓励高职院校积极推荐国际赛道项目。

（二）本科和高职高专院校晋级省赛的名额以6月30日24时各院校在“全国大学生创业服务网”上进入校赛阶段的报名项目数为基数按50∶1的比例进行分配，同时考虑各院校赛事组织、上届大赛获奖等因素进行调整。高教主赛道、职教赛道和“青年红色筑梦之旅”

赛道合并计算晋级省赛名额；校赛阶段低于25项的不设晋级名额。

（三）中职中专学校晋级省赛的名额以6月30日24时各校在“全国大学生创业服务网”上进入校赛阶段的报名项目数为基数按10∶1的比例分配到各市，由各市分配到有关中职中专学校。鼓励中职中专学校积极发动学生参赛，原则上各市平均每校报名项目数不低于10项。

（四）推荐省赛奖励名额：上届大赛国赛和省赛获奖高校可获得相应推荐省赛奖励名额。获国赛金奖增加3个名额、获国赛银奖增加2个名额、获省赛金奖增加1个名额（以最高奖项计算）；获省赛高校优秀组织奖增加1个名额。

（五）各校入选省赛各赛道各轮次项目数不做限制。每所高校入选全国总决赛高教主赛道项目总数不超过4个，每所院校入选全国总决赛“青年红色筑梦之旅”赛道、职教赛道、萌芽版块项目各不超过2个。

（六）严禁虚报或乱报项目，如有发现将缩减推荐省赛名额并取消优秀组织奖评选资格。

八、赛程安排

（一）参赛报名（4—6月）。参赛团队通过登录“全国大学生创业服务网”（cy. ncss. cn）或微信公众号（名称为“全国大学生创业服务网”或“中国‘互联网+’大学生创新创业大赛”）任一方式进行报名。报名系统开放时间为2019年4月5日，由各校根据校赛安排自行决定报名截止时间。

（二）校级初赛（6月30日前）。各院校登录cy. ncss. cn/gl/login进行大赛管理和信息查看。校级账号由省级管理用户进行管理和分配。校赛比赛环节、评审方式等由各院校自行决定。校级初赛须在6月30日前结束并完成省赛项目推荐，推荐项目应有校赛排名，供省赛遴选参考。6月30日—8月15日期间，各高校还可继续发动学生在“全国大学生创业服务网”报名，申报数量较多的学校将有机会获得优秀组织奖。

（三）省级复赛。

分为专家组会议评审和网络评审两轮。通过专家组会议评审，共遴选出1 000个左右项目参加网络评审。其中主赛道约500个、“青年红色筑梦之旅”赛道约200个、职教赛道约300个。通过网络评审，共遴选出300个左右项目参加现场决赛。其中主赛道约150个、“青年红色筑梦之旅”赛道约60个、职教赛道约90个。

（四）省级决赛。

省级决赛定于2019年7月下旬举办，通过现场比赛的方式进行。将决出金奖、银奖、铜奖及其他各类奖项。省级复赛、决赛具体时间、地点及安排另行通知。

九、评审规则

请登录“全国大学生创业服务网”（cy. ncss. cn）查看具体内容。

十、大赛奖项

高教主赛道、“青年红色筑梦之旅”赛道、职教赛道共设金奖100个、银奖200个、铜奖300个，金奖每项奖励5万元；设单项奖若干项；优秀创新创业导师若干名。获奖项目颁发获奖证书；设萌芽版块创新潜力奖20个，获奖项目颁发获奖证书；设高校主赛道优秀组织奖1个、“青年红色筑梦之旅”赛道优秀组织奖10个、中职中专学校优秀组织奖10个，按照竞赛组织情况、“青年红色筑梦之旅”活动组织情况和获奖情况综合认定，颁发奖牌。对参加全国总决赛高教主赛道、“青年红色筑梦之旅”赛道和职教赛道成绩优异的项目进行额外奖励，其中全国金奖每项奖励10万元，全国银奖每项奖励5万元。

十一、赛事服务

各院校还可通过腾讯微校平台进行赛事宣传（weixiao. qq. com/shuangchuang），腾讯云将根据参赛团队的组别提供不同级别的免费云服务支持，给予项目激励和孵化指导。

十二、工作要求

（一）各市、各校要认真做好大赛的宣传动员和组织工作，为在校生和毕业生参与竞赛提供必要的条件和支持，做好学校初赛组织工作。根据情况组织师生观看大学生创新创业题材电影《当我们海阔天空》，激励更多学生了解“双创”、投身“双创”。

（二）各校要坚持以赛促学、以赛促教、以赛促创，积极推进学生创新创业训练和实践，不断提高创新创业人才培养水平，厚植“大众创业、万众创新”土壤，助力“双创”升级，为建设创新型国家提供源源不断的人才智力支撑。

（三）各高校要鼓励教师将科技成果产业化，带领学生创新创业。要制定切实可行的激励政策，发动专业教师积极参与大赛，鼓励已创业教师报名参加师生共创组的比赛。

（四）建设银行山东省分行冠名本届大赛，并为举办大赛和深化创新创业教育改革提供必要支持和服务。各市、各高校要积极与当地建行做好对接工作，进一步推动产教融合、校企合作，完善协同育人机制。

（五）省赛不设国际赛道，国赛组委会将根据各省推荐国际赛道项目数量授权省赛组委会组织省级国际赛道项目初赛。请各高校积极推荐本校外国留学生、海外校友、国外合作高校师生参加国际赛道比赛。参赛项目团队负责人如果同时具备国际和国内双学籍，可以同时代表国内外两个高校参赛，奖项可以由国内外两个高校同时获得。具体要求与国赛通知保持一致。

（六）请各市教育局、各高校、各中职中专学校于5月17日前登录大赛联系人信息登记页面（https://www. wenjuan. com/s/NJBjmm/）填报2名联系人信息，其中1人作为大赛系统管理员。请各市教育局通知本市中职中专学校到指定页面填报信息。

（七）各高校要研究制订校级初赛实施方案（含组织机构、赛事安排、宣传动员、激励政策、经费和制度保障等），并于2019年5月17日前将实施方案以“学校名称+校赛实施方案”命名发送至邮箱sdjycy@ shandong. cn。

（八）各高校要制定符合本校实际的“青年红色筑梦之旅”活动方案（须明确活动时间、地点、规模、形式、支持条件等内容），并于2019年5月17日前以“学校名称+红旅活动方案”命名发送至邮箱sdjycy@ shandong. cn。

（九）请各市教育局、各高校、各中职中专学校大赛负责人、负责具体操作老师各1人加入省赛QQ群（群号：496220701），以便于赛事工作沟通及交流。

省赛组委会联系人：

山东省学生就业创业教育咨询中心　李浩

联系电话：0531—81916708

电子邮箱：sdjycy@ shandong. cn

青岛大学　杨敏

联系电话：0532—85951205

电子邮箱：272359899@ qq. com

省教育厅高等教育处　仇宝艳

联系电话：0531—81916019

附件：1. 第五届山东省“互联网+”大学生创新创业大赛高教主赛道方案

2. 第五届山东省“互联网+”大学生创新创业大赛“青年红色筑梦之旅”赛道方案

3. 第五届山东省“互联网+”大学生创新创业大赛职教赛道方案

4. 第五届山东省“互联网+”大学生创新创业大赛萌芽版块方案

5. 第五届山东省“互联网+”大学生创新创业大赛“青年红色筑梦之旅”活动方案

山东省教育厅

2019年5月6日

二、案例　无人值守菌种大棚

无人值守菌种大棚项目获得院级三等奖。

（一）无人值守菌种大棚计划书

第一部分：项目背景介绍

1. 菌类介绍

民以食为天，食用菌历来是我国人民和世界人民喜爱的食物，并以鲜嫩可口，香郁诱人的独特风味而成为宴席上的珍品佳肴。随着科学的进步，人们的食物结构也逐渐向低能量和植物性蛋白的方向发展，食用菌已被公认为是比较理想的健康食品。

食用菌营养丰富，药用价值很高，应用范围十分广泛，发展食用菌生产势在必行。我国幅员辽阔，资源丰富，发展食用菌生产有着得天独厚的有利条件。随着国内外市场对食用菌的需求量不断增加，发展食用菌生产大有可为。

2. 菌类的需求

中国的膳食结构特点和欧美国家不一样。长期以来，中国的膳食结构以植物性膳食为主，也就是蔬果类、粮谷类吃得比较多；而欧美国家的膳食结构以动物性食物为主，也就是动物性食物、蛋白质和脂肪的摄入占比比较多。研究显示，动物性膳食结构和慢性病成正相关。随着改革开放，我国的植物性膳食结构也逐渐在细化。现在我国居民摄入动物性食物的量已经远远超过了10年前，而粮谷类的摄入量在不断减少。所以，近年来，我国一些慢性病的发生率在直线上升。食用菌含有人体所需要的8种氨基酸。大部分食用菌产品不仅味道鲜美，而且营养丰富。据科学研究证明，1kg干品食用菌所含的精蛋白相当于1.7kg猪肉，大部分新鲜食用菌粗蛋白的含量平均为3.22%，相当于蔬菜的2倍多，是一般水果的近10倍，因此其被认为是最理想的蛋白质和组合营养来源。为了防止动物蛋白质摄入过多，发展食用菌是一个极好的途径。最近，日本要求其国民每人每天食用0.1~0.5kg食用菌，主要也是从促进本民族的健康发展考虑的。我国发展食用菌生产，对弥补食物中优质蛋白质的供应不足，提高人民健康水平，既有重要的现实意义，又有深远的历史意义。

据专家分析，蘑菇的需求居高不下。而蘑菇种植过程中注水是一个很重要的环节。以淄博市周村区商家镇七河村的七河生物科技有限公司为例，公司每年生产蘑菇500万kg，生产菌棒700万只。

3. 产业发展

目前，全国食用菌年产值千万元以上的县500多个，亿元以上的县100多个，从业人口逾2 000万，形成了黑龙江省东宁县（今为东宁市）、辽宁省岫岩县、河北省平泉县（今为平泉市）、河南省西峡县、浙江省庆元县、湖北随州、福建古田等一大批全国知名的食用菌生产基地。

有的县食用菌产值近百亿元，很多地区通过发展食用菌产业实现了精准扶贫和脱贫。全国已建立了数千个食用菌种植村和特色小镇，成为农业发展的新亮点。

近年来，随着食用菌产业的快速发展和消费者质量安全消费意识的增强，我国食用菌生产模式及时实现了转型升级，一部分传统的作坊式、家庭式栽培正在被标准化、工厂化生产模式所替代。

全国生产加工及贸易的企业众多，仅工厂化生产的规模企业就有近500家，主板上市企业5家。大型企业相对集中，分布在江苏、福建、山东等省份。其中，每日生产鲜菇量100吨以上的企业有20多家，如上海雪榕生物科技股份有限公司、天水众兴菌业科技股份有限公司等，其产品类型涵盖双孢菇、金针菇、蟹味菇、杏鲍菇、白灵菇等。

针对适用于农村栽培模式的大宗食用菌品种，我国在具有区域特色的高效专用食用菌栽培基质研究方面不断有新突破。

现有工厂化栽培技术、物联网和智能化技术应用较广泛。食用菌产业的专用机械和专用设施等装备，包括专用菌种生产系统、专用制袋系统（含高效灭菌柜）、专用出菇棚（房）、温光水气自动控制系统等取得新成果。

随着人们生活水平的提高，我国食用菌消费量在以每年7%以上的速度持续增长，假设每个家庭每天消费食用菌类300g，那么中国3亿家庭的年消费量就是3 285万t，市场潜力十分巨大。

4. 菌类生产实例

以淄博市周村区商家镇七河村的七河生物科技有限公司为例，公司目前采用的是人工注水，七河生物科技有限公司四分厂代洪庆厂长为我们介绍，菌棒的生产周期是四个月，而每个月需要注水2~3次，人工注水是计件的，以计件结算工资，代厂长说他们公司熟练工人的工作量大约每天是4 000件，每个大棚内大约有10 000只菌棒，每个大棚需要两人一天注完。

可见，菌棒注水问题的解决对于推动菌棒的生产是非常有必要的。我们的项目就是针对香菇、木耳等食用菌棒种植过程中的注水所研发的一款菌棒注水设备。

第二部分：产品简介

1. 设计创意

前期经过市场调研发现，目前菌棒注水工作费事费力，生产效率很低，我们设计了菌棒自动注水机的样机。后期我们项目组到淄博市周村区商家镇七河村的七河生物科技有限公司实地考察，再对比国外先进农业生产技术，发现我们的技术落后很多。尤其是看到德国农机产品的发展后，我们重新定位产品的设计理念，引入互联网技术，设计全天候无人值守的菌类种植大棚生产模式，实现互联网助推现代农业发展，实现农业生产的智能化、精准化、数字化、可控化。

本产品运用互联网技术对菌种大棚的温度、湿度等条件进行全天候的控制并反馈到数据库，农场情况可一目了然地展现在网络终端上，再根据网络读取适宜菌棒生长数据负反馈给种植大棚，由大棚智能调控数据命令全自动注水机等机器工作，为菌类生长模拟出最佳环境，实现全天候无人值守的菌类种植大棚生产模式。具体控制项目如图 1 所示。无人值守菌类种植大棚具体布局如图 2 所示。

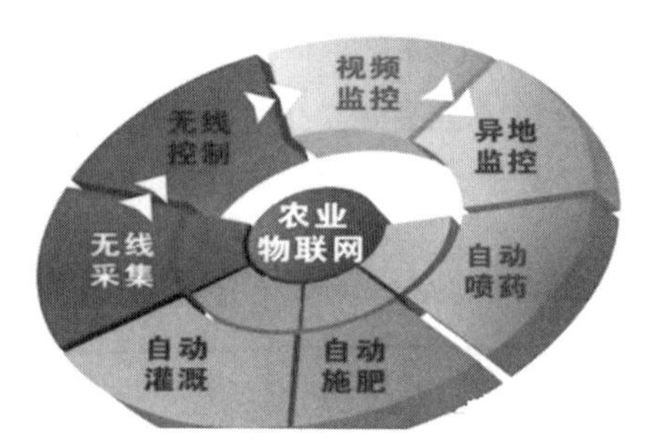

图 1 无人值守菌类种植大棚控制项目

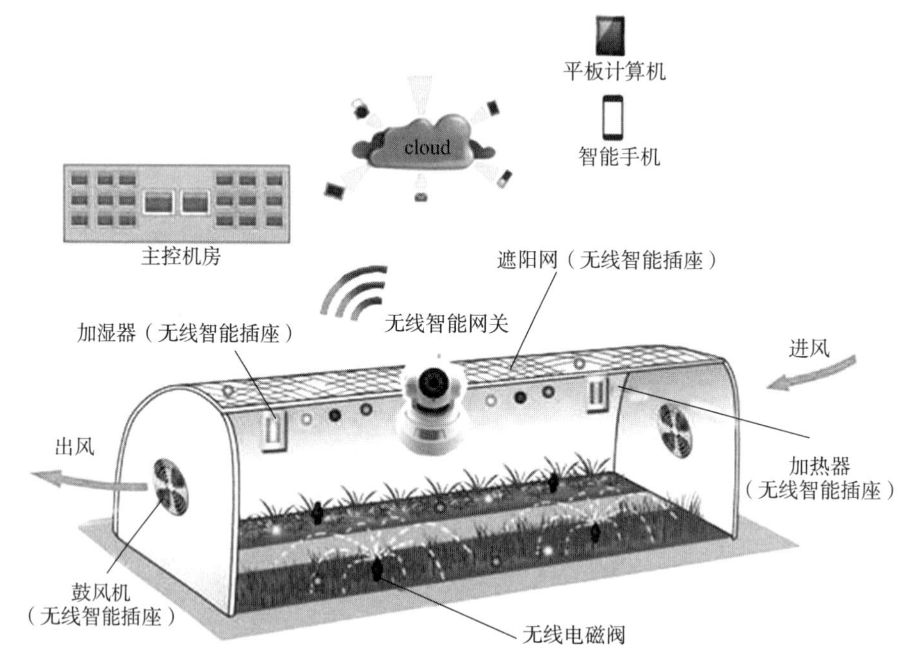

图 2 无人值守菌类种植大棚具体布局

2. 产品特点

(1) 大棚利用“互联网 +”的系统控制整个生产大棚，实现了注水、施肥、收获一体化，无人化的操作大大节省了人工。

(2) 大棚内的温度、湿度随时监控，根据不同的生长周期及室外的环境而改变，保持恒温、恒湿，给菌种提供了最佳的生长环境。

(3) 菌种需定期注水，实现机械手自动注水，水量可控，取代了原始人工注水，大大提高了生产效率，并降低了水资源的浪费。

第三部分：市场分析及定位

1. 食用菌的产量、产地分析

我国食用菌年产量占世界总产量的 75% 以上，其总产值在我国种植业中的排名仅次于粮、棉、油、菜、果，居第六位。我国食用菌的栽培种类有 70～80 种，形成商品的有 50 多种，具有一定生产规模的有20种以上。中国产业信息网发布的《2016—2022年中国食用菌市场运营态势与投资战略研究报告》显示，2008—2014年我国食用菌行业产量情况如图3所示。2014年全国食用菌年产量前十名省份如表1所示，年产量100万t及以上的还有辽宁省（121.17万t）、广西壮族自治区（120.26万t）和江西省（100万t），50万t以上的有湖南、广东、陕西和安徽4个省。

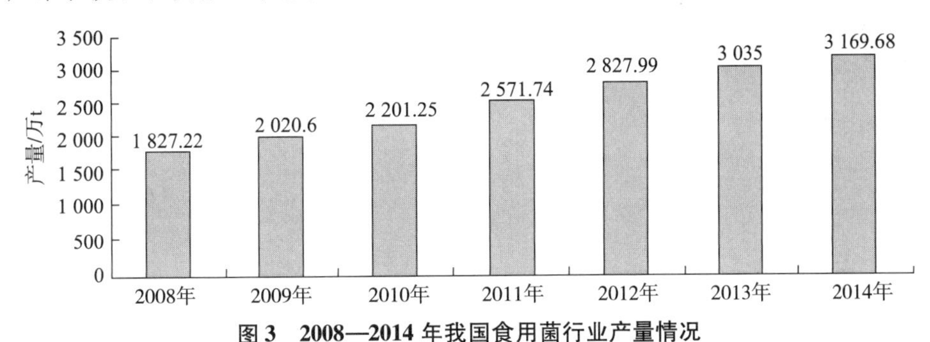

图3　2008—2014年我国食用菌行业产量情况

表1　2014年全国食用菌年产量前十名省份

省份	产量/万t
河南省	473.7
山东省	412.51
黑龙江省	286.51
江苏省	233.37
福建省	231.6
河北省	209.7
四川省	160
湖北省	135.55
浙江省	134.16
吉林省	131.16

产业信息网发布的《2015—2020年中国香菇行业发展趋势及前景趋势报告》显示，2013年我国香菇产量为710.3万t，2014年国内产量增长至735万t，占同期国内食用菌总产量的21.2%。2007—2014年我国香菇产量走势图如图4所示。

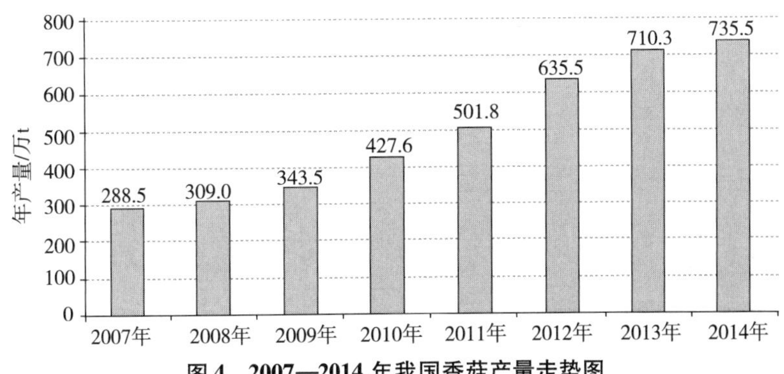

图4　2007—2014年我国香菇产量走势图

资料来源：智研数据中心

我国历史上段木香菇的主产区分布在长江流域及以南地区。推广木屑代料栽培后，南至海南，北至黑龙江，东起福建、浙江沿海，西至新疆、西藏，全国33个省、自治区和直辖市均有栽培，香菇生产已成为山区经济发展的重要增长点和数百万劳动力的就业门路。

2. 香菇产品市场价格和消费量分析

目前，我国香菇主产区可分为东南（福建、浙江）、华中（湖北、河南）、东北（辽宁、吉林）和西南（四川、重庆、云南）四大产区。我国香菇产量主要来自代料香菇，而代料香菇的主产地是东南和华中产区。据统计2013年我国香菇消费量为709.2万t，2014年国内消费量增长至733.9万t，如图5所示。

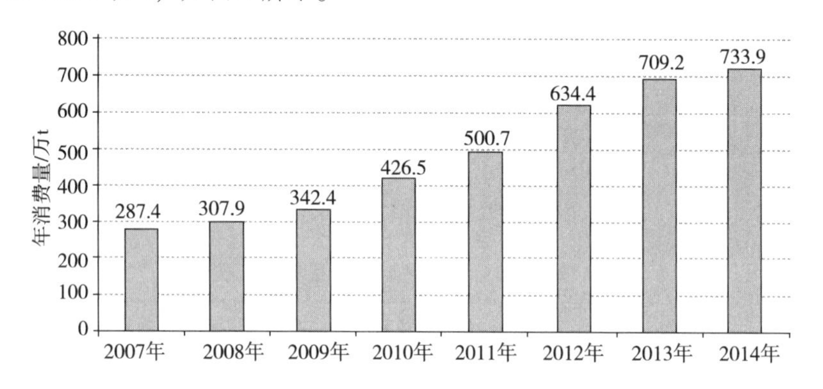

图5　2007—2014年我国香菇消费量走势图

资料来源：智研数据研究中心

当今，随着经济的发展，我国居民的饮食观念和习惯正在逐渐改变，由吃得饱、吃得好向吃得营养、吃得健康转变。人们对食用菌的营养价值和保健功效的认识日益加深，“一荤、一素、一菇”的正餐结构也将被消费者所接受。而作为重要食、药用菌品种的香菇，消费需求量将不断增长，香菇产业有着广阔的发展前景。

3. 规模蘑菇种植农场

我国规模蘑菇种植农场的总数无法精确统计，至今还没有机构做这项统计工作。然而，我们可以从中国食用菌协会的会员单位中找到一部分规模的蘑菇种植农场。从表2中，我们可以发现，在中国食用菌协会的会员单位中，共有986家蘑菇种植农场，其中河南省最多，有159家，山东省有120家，福建省有90家。

表2　食用菌协会的规模农场会员单位数

地区	规模农场数/家
河南省	159
山东	120
福建	90
浙江	90
河北	61
广东	52
湖北	47

续表

地区	规模农场数
湖南	42
四川	36
安徽	33
辽宁	32
江苏	30
北京	28
黑龙江	27
云南	22
广西	20
江西	18
山西	17
陕西	17
吉林	16
上海	15
内蒙古	10
甘肃	8
贵州	6
新疆	6
天津	5
重庆	4
青海	2
合计	986

根据上述资料，综合有关人士分析，我国的食用菌种植量、销售量呈增长趋势。食用菌种植过程中注水环节是不可或缺的，目前大多数大中小种植企业仍然采用人工注水，而人工注水不仅费时费力，还浪费水资源。

项目组到淄博市周村区商家镇七河村的七河生物科技有限公司参观的时候，代洪庆厂长对我们设计的这个注水设备很欢迎，表示希望我们来他厂里试机，并且表示如果能够取得好的效果，愿意做此款注水设备的第一批客户。

第四部分：竞争战略和商业模式

1. 竞争战略

我们在七河生物科技有限公司了解到，每个大棚的菌棒架之间的间隔是1m左右。代厂长还告诉我们，他们关注机器的两点：一是能够满足在大棚内使用；二是机器的效率一定要高。

（1）竞争对手分析。据了解，目前市面上也有生产菌种注水方面设备的公司，如安阳君邦食用菌机械有限公司。安阳君邦食用菌机械有限公司在销的注水机是《我爱发明》中张敏鹏先生设计的全自动香菇菌棒注水机，市场价5 400元。此款注水机规格小（132cm×55cm×80cm），适用地形广，但是生产效率较低，一人操作难度高，劳动强度大。

另外，河南菇丰食用菌机械设备网上推出了一款双工作面的注水设备，可两人同时工作，市价6 200元，工作效率提高了一倍，但规格过大（130cm×500cm×150cm），不能够在大棚内使用。

（2）竞争优势。我们的注水设备规格小，适用地形广，菌棒采用弹匣式储棒槽装载，操作更为方便，效率大大增加，多人或单人操作都行且不误工。

2. 商业模式

我们设计的产品计划采用实体推广为主网络销售为辅的商业模式。据中国食用菌协会提供的数据，全国食用菌规模化农场近千家，河南、山东为食用菌种植大省。这些规模化农场的需求量是占有市场绝大部分份额的，因此我们决定先打开这些地区较大型的规模食用菌合作社市场，以点带面逐步打开市场，而小型的个体种植则采用网络销售的模式，单独开发。

第五部分：组织与管理

公司成立初期必须明确以下内容：

（1）提出公司统一的理念、目标、价值观。

（2）明确公司的经营方向、盈利模式、组织架构。

（3）确定由公司统一实施的职责功能，并付诸实施。

公司组织框架：总经理（一名），原则上由公司法人担任，或由公司股东任命，全面负责公司运营；副总经理（一名），由公司股东担任，或由公司股东任命，和总经理共同负责公司运营；总经理助理（一名），对外招聘，协助公司负责人做好市场拓展工作兼任人力资源工作；各项对外工作找财务公司替代，公司内部的账务由副总经理兼任财务，由公司负责人兼任，全面管理事项。

公司基本管理制度由公司经营层讨论具体管理办法，包括薪酬、公司权益分配、日常管理制度等，制定具体的日常工作准则、考核准则，具体细节讨论通过后形成公司文件。

公司初期各项营业目标：解决公司生存问题，与合作社建立合作关系，发展合作伙伴，追踪长期客户。

营业收入目标：公司自成立产生各项营业费用为起点，1个月内实现第一笔收入，具体营业收入目标，经公司运营层讨论制定。

附：

公司组织机构管理制度

1. 目的

为了更好地完善企业管理工作，明确企业管理组织程序，达到提高企业经营效率的目的。

2. 范围

本制度规范了公司组织机构的管理模式、功能、程序，部门和岗位设置、职责等，适用于企业内部的管理运作。

3. 职责

公司组织管理制度由管理部负责制定，管理部负责根据公司的发展需要，对公司组织机构的制度进行制定、修改、发布、检查，并根据组织机构的设置，制定各部门的职责和岗位职责，以及工作流程等。

其他部门配合管理部做好公司组织机构的管理工作，并根据组织机构所规定的部门职责及岗位职责的要求做好本职工作。

4. 组织机构管理办法

4.1　组织机构图

4.2　组织机构设置

4.2.1　公司组织管理在总经理的领导下，设立总经理负责制；

4.2.2　公司组织管理层分为高层、中层、基层三个层次；

4.2.3　管理程序分别为总经理、副总经理；

4.2.4　根据组织机构管理原则下设岗位及部门：

①高层：总经理、副总经理。

②中层：部门主管。

③部门：管理部、技术研发部、工程项目部、工程维护部、业务部。

4.2.5　部门设置的功能：

①管理部：负责建立公司的各项行政管理制度，并对各项管理制度实施情况进行检查。根据公司目前的管理要求，公司行政事务及财务、仓库、合同管理等统一由管理部管理。

②技术研发部：负责公司技术研发。

③工程维护部：负责公司产品的维护、退换货及客诉的处理。

④工程项目部：负责公司项目的安装指导、调试，下设调试和设计岗位。

⑤业务部：负责公司项目的业务开拓和应收账款的追踪，分业务员和业务助理岗位。

5. 部门职责、岗位职责

5.1　总经理职责

5.1.1　负责公司全面经营管理工作；

5.1.2　制定公司发展规划，组织实施公司经营计划和投资方案；

5.1.3　组织实施公司内部人事、财务经营管理的设置方案；

5.1.4　组织实施公司章程；

5.1.5　公共社会关系处理；

5.1.6　负责公司采购管理工作；

5.1.7　负责公司管理人员的任免。

5.2　副总经理职责

5.2.1　在总经理的领导下，负责公司日常管理工作；

5.2.2　负责公司经营计划的实施并监督各部门计划实施的落实；

5.2.3 负责检查各项制度的落实情况;

5.2.4 负责制订公司业务开拓计划和实施;

5.2.5 负责公司工程项目的管理并指导监督各部门主管的工作情况;

5.2.6 负责公司项目、维护、业务人员的聘用、培训、考核、奖惩、降级、辞退等;

5.2.8 负责配合总经理做好其他方面的工作。

5.3 管理部职责

5.3.1 在总经理的领导下,负责管理部的日常管理工作;

5.3.2 负责建立公司的各项管理制度,并对制度的实施情况进行检查;

5.3.3 负责公司的行政、人事管理工作;

5.3.4 负责公司员工考勤及工资核定;

5.3.5 负责公司的办公用品采购和管理;

5.3.6 负责公司档案管理工作;

5.3.7 负责公司外来人员的接待;

5.3.8 负责公司对外事务的联络;

5.3.9 协助其他部门做好行政事务的处理;

5.3.10 负责公司会议的安排;

5.3.11 负责公司财务的管理;

5.3.12 负责公司仓库管理;

5.3.13 负责公司合同管理。

5.4 行政(人事)职责

5.4.1 负责公司员工的聘用、培训、考核、奖惩、晋升、降级、离职;

5.4.2 负责公司员工薪资、福利的分配与发放;

5.4.3 负责公司考勤、卫生、安全等;

5.4.4 负责公司会议的召集、记录及会议决议的监督执行;

5.4.5 负责公司办公用品的管理与发放,并对公司财产进行管理;

5.4.6 负责公司行政文件的打印、复印、整理和归档;

5.4.7 负责公司日常文件的起草,表单的制作;

5.4.8 负责公司对外事务及证件的办理;

5.4.9 协助处理总经理、副总经理临时交办的其他事项。

5.5 财务职责

5.5.1 根据合法、有效的原始凭证,编制记账凭证;

5.5.2 做好明细账的登录、核对工作;

5.5.3 根据管理需要,提供各种管理报表所需要的资料;

5.5.4 根据财务规定审核收付款凭证,及时办理货款支付及报销费用现金支出;

5.5.5 认真做好货款及其他款项的回收工作,办理现金收款时要点数准确,提高辨别假币的能力,避免收受假币而给公司造成损失;

5.5.6 认真遵守现金结算制度,收到货款及时存入银行,不准坐支货款,确保资金安全;

5.5.7 遵守银行结算制度,不得利用公司账户为其他单位和个人套取现金,不准出借公司账户；

5.5.8　根据收付款凭证，每日登记现金日记账，银行存款日记账；

5.5.9　现金日记账要月清日清，每日核对库存现金，确保资金安全；

5.5.10　每月银行存款日记账与银行对账单核对，编制未达账项调节表。

5.5.11　在财务管理方面为仓库提供业务上的指导和监督。

5.6　合同管理职责

5.6.1　负责公司所有项目合同的借、存档管理；

5.6.2　负责公司已竣工项目合同的存档管理；

5.6.3　负责公司所有项目合同收款计划的管理；

5.6.4　负责依据项目合同和工程进展制定采购计划；

5.6.5　负责建立合同档案资料。

5.7　仓管职责

5.7.1　负责产品设备系列的标识和入库、出库控制；

5.7.2　负责定期组织仓库物资的盘点和核对工作，并上报主管；

5.7.3　负责妥善保管库存记录并保证其完整准确、信息及时可靠；

5.7.4　负责仔细核对入、出库产品的名称、数量、规格等，并登记上账；

5.7.5　利用已有标志或新加标志和使用卡片标签等，标明物品规格型号、名称与数量，做到账、卡、物一致，并放置在所规定的区域；

5.7.6　负责产品退、换货的管理工作；

5.7.7　其他部门应配合仓库做好管理工作。

5.8　技术研发部职责

5.8.1　负责公司代理产品性能的实验工作；

5.8.2　负责公司工程软件系统的研发工作；

5.8.3　负责公司项目的自控、消防、安防、网络布线地板等先进弱电技术的开发与应用；

5.8.4　负责公司项目部、维护部的技术支持；

5.8.5　负责掌握行业技术的发展动向，为公司的经营决策提供数据资料；

5.8.6　负责技术文件的管理和保密工作。

5.9　工程项目部职责

5.9.1　负责工程项目的分析和安装系统设计；

5.9.2　负责工程项目的产品安装指导说明；

5.9.3　负责工程项目的调试工作；

5.9.4　负责工程项目的进展追踪；

5.9.5　负责与施工方的事务联络；

5.9.6　负责工程现场的考察工作；

5.9.7　负责做好工程项目的资料管理工作；

5.9.8　负责定期做好工程项目的进展、调试情况的总结汇报工作；

5.9.9　负责做好工程项目的调试记录，应详细记录客户名称、具体地址、联系方式、调试日期、产品调试情况等相关信息，要求施工方负责人确认签字，并上交上级主管评定存档；

5.9.10 调试时产品有问题时，负责及时与公司联系，确保公司产品及时补货、供货；

5.9.11 负责完成上级交代的任务。

5.10 售后维护部

5.10.1 负责建立项目维护的档案，兑现公司对客户服务的承诺；

5.10.2 负责工程现场维护，对需要上门服务，应及时赶赴现场处理各种故障，出发前要携带有关检测工具和备品配件；

5.10.3 负责做好工程维护的纪录，应详细记录客户名称、具体地址、联系方式、维护日期、产品维护期限等相关信息，查清存在的问题和故障现象，以上内容登记清楚后，汇报上级主管并存档；

5.10.4 负责对损坏产品的原因鉴定说明，并及时做相应的维护处理，包括与甲方的沟通及责任判定，产品的换货处理等。

5.11 业务部职责

5.11.1 在副总经理的领导下，负责公司业务运作；

5.11.2 负责公司业务管理工作，并建立相关制度；

5.11.3 负责业务人员的培训及管理；

5.11.4 负责做好产品推荐工作；

5.11.5 负责制订市场开拓计划，完成公司下达的项目量目标；

5.11.6 负责公司应收账款的回收工作。

5.11.7 负责建立和完善客户资料的管理；

5.11.8 负责业务员的绩效考核。

5.12 业务员职责

5.12.1 在副总经理的领导下，负责业务开拓工作；

5.12.2 负责完成公司下达的业务指标；

5.12.3 定期做好周计划、月计划报表并及时上报；

5.12.4 负责做好业务活动的配合事项。

5.13 业务助理职责

5.13.1 在副总经理的领导下，负责业务部的日常事务性工作；

5.13.2 负责处理本部门与其他部门之间的工作关系；

5.13.3 负责做好业务会议的通知、记录及整理；

5.13.4 负责收集业务人员的业务计划；

5.13.5 负责收集、整理市场信息及时反馈给相关部门；

5.13.6 负责所服务过的客户进行追踪；

5.13.7 负责对客诉处理；

5.13.8 做好公司的发货工作及退换货处理；

5.13.9 协助其他部门做好客户的管理。

6. 其他

根据公司设置的组织管理原则，对每个部门的具体人员采用工作内容具体分解表，说明每个人员的职责、岗位，同时确定主要工作和兼职内容及其他具体工作细项内容等，这样就可以明确公司每位人员的工作分工及内容，若人员变动就可以直接调整公司人员工作分解表。

随着公司的发展，公司定期进行组织机构的重新调整及岗位、部门内容的调整，并对本制度进行修改，重新发布。

第六部分：营销策略

1. 产品策略

注册商标、外观设计。

2. 促销策略

（1）前期：由于我们的公司刚刚成立，我们的产品和公司的知名度低，很难进入其他企业已经稳定的销售渠道中去。因此，我们不得不暂时采取高成本低效益的营销战略。上门推销：以淄博区域内的菌棒种植合作社为首要发展目标，公司销售员上门推销，采用免费试用、送货上门的促销方式，快速取得市场口碑。制作产品宣传网站，进行产品功能介绍，加强宣传。

（2）中期：公司在前期取得口碑和一些稳定的客源之后，以淄博为中心向周边地区的合作社推广产品，拓宽市场。

第七部分：风险评估及对策

1. 市场风险

（1）公司在发展前期所有预先制定的一系列体制可能不够完善，前期生产效益可能不能达到预期目标。这些随着公司的经营时间推移及诚信的积累，会很快得到解决。另外，公司成立之初还未与相关生产合作企业建立牢固的合作关系。随着合作的深入，公司会寻找出最佳的合作公司，并且采购部门会在最短时间内高效地完成采购。

（2）市场方面。公司成立前期的市场是否能够打开，关系到公司是否能够稳定运行。例如，可能出现种植合作社看不上我们的设备不愿采购的情况。这样的问题需要公司市场营销部门随时调整营销策略，积极选拔出营销人才，快速打开市场，以点带面，开发重点潜在客户，在市场中站稳脚跟。

（3）运作效率低下。在公司建立初期，可能各部门工作的衔接会出现一定障碍，配合不够默契，各部门运作效率低下。需要公司快速制定工作流程，明确各部门职责，规划出切实可行的公司目标，增强各部门的协调性，使公司运行效率达到最大化。

2. 行业风险

（1）市场上的现有竞争公司对于本公司的反应和市场竞争行为；

（2）国外巨头的进入和国内大型企业向这一领域的转型；

（3）把握专利代理市场的政策走向和最新动态；

（4）建立一支熟悉专利审核知识与营销专业知识的销售工程师队伍，逐步建立完善的市场网络，针对市场形势进行策略的调整，加强分销渠道管理；

（5）加大研发投入，了解行业需求，有针对性地开发创新型的专利代理，并加强同行业企业的优势互补和技术吸收；

（6）形成以专利代理新技术为主的同心多元化产业链，分散经营风险，加强市场渗透；
（7）内部管理柔性化，加强内部决策的专业化和科学化，加强财务管理和供应链建设。

第八部分：财务计划

1. 公司初期建设资金表

公司初期建设资金使用统计表如表3所示。

表3 公司初期建设资金使用统计表

项目无人值守菌种大棚	金额/万元	备注
基础设施	20	菌种大棚及各种配套设施
材料	10	明细：工作台、办公用具以及生产所需材料
部门运营	10	各部门的人员招聘、员工的前期工资
流动资金	10	公司日常生产的资金流动
网站制作	2	制作公司网站，加强产品宣传
总计	52	初期建设的所需资金

2. 作品点评

前期学生们设计了菌棒自动注水机样机，受到了企业的欢迎。后期项目组到淄博市周村区商家镇七河村的七河生物科技有限公司实地考察，再对比国外先进农业生产技术，发现我们的技术落后很多。尤其是看到德国农机产品的发展后，学生们重新定位产品的理念，引入互联网技术，设计全天候无人值守的菌类种植大棚生产模式，实现互联网助推现代农业发展，实现农业生产的智能化、精准化、数字化、可控化。本产品运用互联网技术对菌种大棚的温度、湿度等条件进行全天候的控制并反馈到数据库，农场情况可一目了然地展现在网络终端上，再根据网络读取适宜菌棒生长数据负反馈给种植大棚，由大棚智能调控数据命令全自动注水机等机器工作，为菌类生长模拟出最佳环境，实现全天候无人值守的菌类种植大棚生产模式。

参考文献

[1] 姜振鹏．“双师型”师资队伍建设浅谈[J]．中国职业技术教育，2002（6）：32.

[2] 董建强，陈雁．“校企合作”是高职“双师型”师资队伍建设的重要途径[J]．职业技术教育，2002（34）：50－52.

[3] 张瑛．高职院校“双师型”师资队伍建设浅议[J]．中国成人教育，2009（2）：82－83.

[4] 李华明，李莉，丁文生．“项目实训”是高职院校导师制人才培养模式的新突破：以广东农工商职业技术学院法律诊所实践为视角[J]．广东技术师范学院学报，2011（10）：15.

[5] 杨生华．齿轮接触有限元分析[J]．计算力学学报，2003，20（2）：189－194.

[6] 马秋成，韩利芬，罗益宁，等．UG－CAE 篇[M]．北京：机械工业出版社，2002.

[7] 赵娥．汽车变速器优化设计与有限元分析[D]．哈尔滨：哈尔滨工业大学，2004.

[8] 耿鲁怡，徐六飞．UG 结构分析培训教程[M]．北京：清华大学出版社，2005.

[9] 沈梅，赵娟．机械识图与制图[M]．北京：化学工业出版社，2008.

[10] 王雪艳，成聪，庞红．机械技术基础[M]．武汉：华中科技大学出版社，2007.

[11] 陈立德．机械设计基础课程设计指导书[M]．3 版．北京：高等教育出版社，2007.

[12] 田鸣．机械技术基础[M]．北京：机械工业出版社，2005.

[13] 杨可桢，程光蕴，李仲生．机械设计基础[M]．北京：高等教育出版社，2006.

[14] 广西农业机械化学校．机械设计基础[M]．北京：中国农业机械出版社，1981.

[15] 刘华．公差配合与测量技术[M]．北京：人民邮电出版社，2007.

[16] 闻邦椿．机械设计手册[M]．6 版．北京：机械工业出版社，2018.

[17] 龚光容．机械制造技术基础[M]．上海：上海交通大学出版社，2004.

[18] 成大先．机械设计手册[M]．5 版．北京：化学工业出版社，2008.

[19] 孙翰英，庞红，刘秋月．数控机床零件加工[M]．北京：清华大学出版社，2010.

[20] 国家职业资格培训教材编审委员会．车工（初级）[M]．北京：机械工业出版社，2008.

[21] 鲁建慧，郭滨．机械工程基础[M]．哈尔滨：黑龙江人民出版社，2000.

[22] 郑树森．机械零件设计手册[M]．哈尔滨：哈尔滨工业大学，1998.

[23] 中国农业机械化科学研究院．农业机械设计手册[M]．北京：中国农业科学技术出版社，2007.
[24] 镇江农业机械学院．农业机械学[M]．北京：中国农业机械出版社，1981.
[25] 李益民．机械制造工艺设计简明手册[M]．北京：机械工业出版社，2011.
[26] 东北工学院机械零件设计手册编写组．机械零件设计手册[M]．北京：冶金工业出版社，1980.
[27] 黄小毛，万鹏，潘海兵，等．基于气动 PLC 控制的食用菌锥形种木机[J]．农机化研究，2011（10）：175－178.
[28] 李国一，李革，苏和生，等．食用菌培养料自动定量装袋机的设计[J]．农机化研究，2010（1）：110－112.
[29] 刘映森，王兰青，高玉千，等．香菇液体菌种固化技术研究[J]．中国食用菌，2009（1）：16－17.